光电信息科学与工程类专业精品教材

Zemax 光学设计实践基础

施跃春　吴平辉　陈家璧　**编著**

电子工业出版社·
Publishing House of Electronics Industry
北京·BEIJING

内 容 简 介

本书注重 Zemax 光学设计实践，同时为了实践联系理论，各章节先简单介绍相关理论或背景，然后落实在具体 Zemax 设计方法上。本书首先给出 Zemax 光学设计入门操作、优化的基本概念、透镜基本原理与基本优化设计、平面系统设计、光束限制设计与多重结构设计、光能计算、像差计算；然后给出像质评价、Zemax 优化设计方法、面向光通信模块的 4 个设计案例和面向成像镜头的三片式成像系统及苹果手机镜头设计案例；最后给出超构透镜与 Zemax 联合设计案例。

本书适合院校光学、物理及电子信息等专业的大专生与本科生学习，也适合相关专业的研究生及工程师学习。

图书在版编目（CIP）数据

Zemax 光学设计实践基础 / 施跃春，吴平辉，陈家璧编著. —北京：电子工业出版社，2023.12

ISBN 978-7-121-46624-3

Ⅰ. ①Z… Ⅱ. ①施… ②吴… ③陈… Ⅲ. ①光学设计—研究 Ⅳ. ①TN202

中国国家版本馆 CIP 数据核字（2023）第 214182 号

责任编辑：杜　军
印　　刷：北京虎彩文化传播有限公司
装　　订：北京虎彩文化传播有限公司
出版发行：电子工业出版社
　　　　　北京市海淀区万寿路 173 信箱　　　邮编：100036
开　　本：787×1092　　1/16　　印张：12.5　　字数：328 千字
版　　次：2023 年 12 月第 1 版
印　　次：2024 年 11 月第 2 次印刷
定　　价：42.00 元

凡所购买电子工业出版社图书有缺损问题，请向购买书店调换。若书店售缺，请与本社发行部联系，联系及邮购电话：（010）88254888，88258888。

质量投诉请发邮件至 zlts@phei.com.cn，盗版侵权举报请发邮件到 dbqq@phei.com.cn。

本书咨询联系方式：dujun@phei.com.cn。

前　言

　　当前教材与教学中应用光学基础理论知识与光学工程设计思想之间存在一个鸿沟，似乎这是两个近乎独立的知识体系，甚至常常被分成两个不同学期学习。显然对读者而言存在诸多困难，一方面大幅延长学习时间，降低学习效果；另一方面读者自行复习补课，完成两者知识融合。这是当前 Zemax 光学设计学习的一大问题。事实上，随着计算机辅助光学设计工具的发展，目前所学习的部分光学理论知识已经很少用到。所以本书尝试将 Zemax 光学设计中涉及的基本原理与概念及基本理论计算先进行简明介绍，然后马上进行 Zemax 光学设计实训，尽量将两者融为一体。同时针对现有教材所选案例比较陈旧的问题，本书遴选了当前科学、前沿与工程技术研究中的部分经典案例。本书介绍了 Zemax 光学设计基本操作、相关算法原理及当前光电信息技术的两大重要领域——光通信模块与成像镜头的典型设计案例。对 Zemax 操作与光学设计案例中涉及的光学原理与理论计算进行简明介绍，形成一个完整的知识体系，从而将光学和算法基本理论与工程设计思想融为一体，使读者提高 Zemax 光学设计工程实践能力。本书第 1 章作为入门部分，先介绍了 Zemax 软件的界面、光学设计基本步骤，然后通过光线追迹理论计算引出球差分析，并在此基础上进一步说明了 Zemax 光学设计中的像差表示，初步介绍了优化算法。第 2 章介绍了透镜理想模型理论计算基础知识，给出了一个双胶合透镜理想模型理论计算，并在此基础上进行了单透镜和双胶合透镜的 Zemax 设计，比较了双胶合透镜的 Zemax 优化设计结构和理论计算值的差别。第 3 章介绍了 Zemax 平面系统设计基本方法，结合平面光学系统的理论计算进行了 Zemax 光学设计。第 4 章介绍了 Zemax 中光束限制的设计方法及基本的光路设计，同时给出了一个多重结构设计案例。第 5 章介绍了 Zemax 中光能相关计算，并给出了一个 LED 照明设计案例。第 6 章利用 Zemax 分析了不同像差的表示方法。第 7 章主要讲述了像质评价，给出了虚拟现实眼镜设计案例。第 8 章详细介绍了 Zemax 优化设计原理及公差分析。第 9 章给出了光通信模块中与耦合相关的 4 个典型设计案例，具体包括双透镜光纤耦合设计、半导体激光器与单模光纤耦合设计、基于偏振元件的光环形器设计及基于滤波片的 Z-BLOCK 波分复用器设计。第 10 章给出了库克三片式成像镜头和苹果手机镜头两个典型成像镜头设计案例。第 11 章介绍了当前光学成像领域的前沿技术中具有代表性的超构透镜的基本概念，进一步介绍了超构透镜与 Zemax 联合设计案例。

　　本书可能会有缺点，希望有更多的同行与同学在使用中不吝指教，给予批评与指导，使得我们的教材能够不断改进与提高变成大家的教材，成为同行们喜爱的教材。本书由施跃春、吴平辉、陈家璧编著。此外，朱善斌工程师、闫明雪工程师、朱晓军博士、陆骏博士、陈绩博士、张鹏博士，以及南京大学微波光子与光子集成技术研究组的研究生洪梓铭、赵雍、曾鑫涛、吴皓源、何扬、马春良、葛涵天、苏宁等同学对本书的编著提供了大量的帮助，在此深表感谢。

目　　录

第 1 章　Zemax 光学设计初步 1

　1.1　光线追迹理论计算 1

　　1.1.1　实际光线单折射球面光路计算 1

　　1.1.2　共轴球面系统光路计算 3

　1.2　Zemax 的界面简介与光学建模方式 7

　　1.2.1　Zemax 的界面简介 7

　　1.2.2　Zemax 光学建模与基本计算流程 9

　1.3　Zemax 中的像差评价与镜面参数设置初步 10

　　1.3.1　Spot Diagram 与 Ray Aberration 简介 10

　　1.3.2　纯离焦 14

　　1.3.3　纯球差 16

　　1.3.4　球差和离焦 19

　1.4　自动优化设计概念初步 19

第 2 章　Zemax 透镜设计 23

　2.1　透镜计算理论基础 23

　　2.1.1　单折射球面的基点、基面与焦距 23

　　2.1.2　透镜的基点与焦距 24

　2.2　单透镜 Zemax 设计实例 27

　2.3　双胶合透镜 Zemax 设计实例 32

第 3 章　Zemax 平面系统设计 36

　3.1　具有平面系统元件的光学系统理论计算 36

　　3.1.1　平行平板的成像性质 36

　　3.1.2　平行平板的等效空气层的基本概念 37

　　3.1.3　反射镜的基本概念 37

　　3.1.4　反射棱镜的基本概念 38

　3.2　Zemax 中的坐标断点 42

　　3.2.1　Zemax 中的坐标系 42

3.2.2 坐标变换 43

3.2.3 Zemax 中的坐标断点设置 44

3.3 光学系统中具有反射镜或者平行平板的 Zemax 仿真分析 46

3.4 具有反射镜的光学系统 Zemax 设计实例——牛顿望远镜 49

3.5 具有阿米西屋脊棱镜与五棱镜组合的光学系统 Zemax 设计实例 52

第 4 章 Zemax 光束限制设计与多重结构设计 56

4.1 光学系统中的孔径光阑、入射光瞳与出射光瞳 56

4.1.1 入射光瞳与出射光瞳 56

4.1.2 入射窗与出射窗 57

4.2 光学系统的景深 59

4.3 Zemax 中光束限制的设计方法——单透镜光束限制的设计与分析 60

4.4 Zemax 中渐晕的设计方法 64

4.5 Zemax 的多重结构设计——反射式扫描系统设计 70

第 5 章 Zemax 光能计算 75

5.1 光能和光度学的基本概念 75

5.2 光学系统中的光能损失分析与计算 76

5.2.1 透射面的反射损失 76

5.2.2 镀金属层的反射面的吸收损失 77

5.2.3 透射光学材料内部的吸收损失 77

5.3 Zemax 中相对照度、镀膜简介及序列/非序列混合模型与照明设计实例 ... 77

5.3.1 相对照度 77

5.3.2 镀膜 78

5.3.3 利用序列/非序列混合模型设计一个 LED（点光源）的照明系统 ... 80

第 6 章 Zemax 像差计算 86

6.1 像差的基本概念 86

6.1.1 球差 86

6.1.2 彗差 87

6.1.3 像散 89

6.1.4 场曲 90

6.1.5 畸变 91

6.2 色差 92

6.2.1 位置色差 93

6.2.2　倍率色差 93

6.3　Zemax 中的像差模拟与分析 94

6.3.1　球差 94

6.3.2　彗差 95

6.3.3　像散 97

6.3.4　场曲 98

6.3.5　畸变 100

6.3.6　色差 100

第 7 章　像质评价 104

7.1　光学传递函数像质评价基本概念 105

7.2　人眼的 Zemax 模型及其在 VR 中的应用 107

第 8 章　Zemax 中的优化与公差 113

8.1　Zemax 优化方法简介 113

8.1.1　优化方法概述 113

8.1.2　光学系统数学建模 114

8.1.3　Zemax 中评价函数的定义 116

8.1.4　Zemax 操作符的定义 117

8.1.5　默认评价函数 117

8.2　Zemax 公差分析简介 118

第 9 章　光通信模块 Zemax 设计初步 123

9.1　双透镜光纤耦合设计 123

9.2　半导体激光器与单模光纤耦合设计 135

9.3　基于偏振元件的光环形器设计 143

9.4　基于滤波片的 Z-BLOCK 波分复用器设计 151

第 10 章　成像镜头 Zemax 设计初步 164

10.1　库克三片式成像镜头设计 164

10.2　苹果手机镜头剖析 171

第 11 章　超构透镜光学设计 184

参考文献 193

第 1 章　Zemax 光学设计初步

　　Zemax 是一款利用光线追迹法来模拟光学系统的仿真建模与自动优化软件。它的使用界面简单、易操作、功能强大,包含各种序列与非序列的光学系统仿真,可以模拟光的折射、反射、衍射及偏振等各种光学特性。目前,Zemax 在工业界得到了广泛使用。想要学习好Zemax 光学设计,一方面需要熟练掌握界面操作,另一方面需要理解设计背后光学的基本概念、算法的基本原理,学习他人的优秀设计案例,以及和工程实践紧密结合,这样才能成为一名优秀的设计者。

1.1　光线追迹理论计算

1.1.1　实际光线单折射球面光路计算

　　在描述光学系统成像时,一般采用代数参量的方式描述光线的入射角度、球面的凹凸形状、球心的位置,以及物和像的虚、实、正、倒等情况。此时,必须统一明确,如向量、角度等所有几何参量的定义及符号规则,并严格按照规则进行公式推导和计算。图 1-1 为物体经单折射球面成像的光路图。为了方便计算,本书中统一假设光线为自左向右传播。

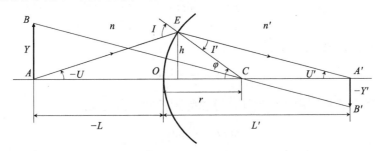

图 1-1　物体经单折射球面成像的光路图

　　通过球心的直线 AA' 称为光轴,光轴与折射球面的交点 O 称为顶点。垂直于光轴的物体 AB 经过该球面所成的像为 $A'B'$。球面两侧(物方和像方)的折射率分别为 n 和 n'。

　　沿光轴方向的线段参量如下。

- 物方截距(物距)L:光轴上物点 A 到球面顶点 O 的距离。
- 像方截距(像距)L':光轴上像点 A'到球面顶点 O 的距离。
- 球面半径 r:球心到球面顶点 O 的距离。

　　垂直于光轴的线段参量如下。

- 物高 Y:物体偏离光轴的垂直距离。
- 像高 Y':像偏离光轴的垂直距离。
- 光线的入射高度 h:光线与球面的交点到光轴的垂直距离。

　　对于以上线段参量的正负号,有以下规定:所有沿光轴方向的线段,以球面顶点 O 为原点,在原点左边为负,在原点右边为正;所有垂直于光轴的线段,以光轴为基准,在光轴的上方为正，在光轴的下方为负。可以判断出，在图 1-1 中，物距 L 为负，像距 L' 为正，球面半径 r 为正，物高 Y 为正，像高 Y' 为负，光线的入射高度 h 为正。

光线与光轴的角度参量如下。

- 物方孔径角 U：轴上物点 A 发出的光线与光轴的夹角。
- 像方孔径角 U'：聚焦到轴上像点 A' 的光线与光轴的夹角。

光线与法线的角度参量如下。

- 入射角 I：入射光线与入射点的法线的夹角。
- 折射角 I'：折射光线与折射点的法线的夹角。

光轴与法线的角度参量如下。

球心角 φ：光线在球面上交点的法线与光轴的夹角。

对于以上角度参量的正负号，有以下规定：按照锐角测量，顺时针旋转为正，逆时针旋转为负。其中光线与光轴的角度参量，由光轴起始旋转到光线；光线与法线的角度参量，由光线起始旋转到法线；光轴与法线的夹角，从光轴起始旋转到法线。可以判断出，在图 1-1 中，物方孔径角 U 为负，像方孔径角 U' 为正，入射角 I 为正，折射角 I' 为正，球心角 φ 为正。

通过折射定律和单折射球面的结构参数就可以计算出入射光通过折射面后的光线传播轨迹。根据上述的符号规则，当给定单折射球面系统的结构，即单折射球面半径 r、球面两侧的折射率 n 和 n'、入射光线物距 L 和物方孔径角 U 时，即可通过折射定律求得折射光线像距 L' 和像方孔径角 U'。现以图 1-1 为例进行计算公式的推导。

在 $\triangle AEC$ 中应用正弦定律应有：

$$\frac{\sin I}{-L+r}=\frac{\sin(-U)}{r}$$

由此可以得到入射角 I 的公式：

$$\sin I=\frac{L-r}{r}\sin U \tag{1-1}$$

在光线的入射点 E 处应用折射定律，可以得到折射角的公式：

$$\sin I'=\frac{n}{n'}\sin I \tag{1-2}$$

由图 1-1 中的几何关系可知，$\varphi=U+I=U'+I'$，由此得到像方孔径角：

$$U'=U+I-I' \tag{1-3}$$

在 $\triangle CEA'$ 中应用正弦定律，可以得到：

$$\frac{\sin I'}{L'-r}=\frac{\sin U'}{r}$$

由此可以得到像方截距：

$$L'=r\left(1+\frac{\sin I'}{\sin U'}\right) \tag{1-4}$$

式（1-1）～式（1-4）即子午面内实际光线的光路计算公式组。该公式组由折射定律严格推导得到，折射光线的相关变量 L' 和 U' 可按该公式组精确求得。由于共轴球面系统的轴对称性，轴上物点 A 在一个子午面内所发出的光线，可以代表该光线沿光轴旋转一周所形成的圆锥面上的全部光线（物方孔径角为 U 的全部光线）。这些光线将相交于光轴上的同一像方截距 L' 处。

通过该公式组可以计算实际光线在光学系统中的传播路径，从而得到该系统的光学性能，这个过程称为"光线追迹",也是目前光学设计软件计算光路结构及进行优化设计的基础。

下面将讨论两种特殊情况下的光路计算。

如图 1-2 所示,如果物点 A 位于轴上无限远处,这时可以认为入射光线平行于光轴,即 $L = -\infty$,$U = 0$。式(1-1)已不再适用于这一情况。此时入射光线与球面相交的位置由光线的入射高度 h 决定,式(1-1)应改写为如下的形式:

$$\sin I = \frac{h}{r} \tag{1-5}$$

其余计算步骤保持不变,便可以得到无限远点成像的光路计算公式。

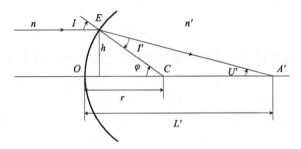

图 1-2　物点在轴上无限远处情况下的光路

如果折射面为平面,那么这时可以认为单折射球面的半径为无穷大,即 $r = \infty$,相应的光路图如图 1-3 所示。

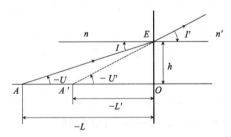

图 1-3　折射面为平面情况下的光路图

式(1-1)~式(1-4)已不再适用于这一情况。此时应使用如下形式的公式:

$$I = -U \tag{1-6}$$

$$\sin I' = \frac{n}{n'}\sin I \tag{1-7}$$

$$U' = -I' \tag{1-8}$$

$$L' = L\frac{n'\cos U'}{n \cos U} \tag{1-9}$$

1.1.2　共轴球面系统光路计算

如图 1-4 所示,一个共轴球面系统由多个折射面构成。该系统的结构参数描述如下:每个折射球面的曲率半径分别为 $r_1, r_2, r_3, \cdots, r_k$;相邻折射面顶点之间的间隔分别为 $d_1, d_2, d_3, \cdots, d_{k-1}$,其中 d_1 表示第一面顶点与第二面顶点之间沿光轴方向的距离,以此类推;各球面之间介质的折射率分别为 $n_1, n_2, n_3, \cdots, n_k, n_{k+1}$,其中 n_1 表示第一面前方空间(整个系统物方)介质的折射率,n_2 表示第一面与第二面之间介质的折射率,显然,n_{k+1} 表示第 k 面后方空间(整个系统像方）介质的折射率。

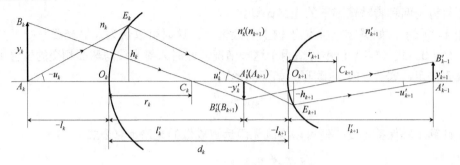

图 1-4 共轴球面光学系统的成像

为了方便，同时能说明问题，这里考虑近轴区给出光线追迹计算方法。依据上述给定的结构参数，即可进行系统的光路计算。在光线经多个面连续折射成像的过程中，显然前一个面的像方空间就是后一个面的物方空间，前一个面的像就是后一个面的物。因此，可以得到有如下关系的转面过渡公式，这里因为考虑近轴，所以相关参数用小写字母表示。

$$n_2 = n_1', n_3 = n_2', \cdots, n_{k+1} = n_k'$$
$$u_2 = u_1', u_3 = u_2', \cdots, u_{k+1} = u_k'$$
$$y_2 = y_1', y_3 = y_2', \cdots, y_{k+1} = y_k' \tag{1-10}$$
$$l_2 = l_1' - d_1, l_3 = l_2' - d_2, \cdots, l_{k+1} = l_k' - d_k$$
$$h_2 = h_1' - d_1 u_1', h_3 = h_2' - d_2 u_2', \cdots, h_{k+1} = h_k' - d_k u_k'$$

例如，图 1-4 所示为某一光学系统的第 k 面和第 $k+1$ 面的成像情况。第 k 面与第 $k+1$ 面之间的转面关系应为

$$n_{k+1} = n_k', u_{k+1} = u_k', y_{k+1} = y_k', l_{k+1} = l_k' - d_k \tag{1-11}$$

在近轴区域，将 $l'u' = lu = h$ 结合式（1-11）可以得到：

$$h_{k+1} = h_k - d_k u_k' \tag{1-12}$$

式（1-12）为光线入射高度的过渡公式。

例 1-1

如图 1-5 所示，设以图上 O 点为球心的单折射球面半径为 $r = 25\text{mm}$，单折射球面左侧为空气，右侧为 BK7 玻璃。单折射球面两侧的折射率为 $n=1$，$n'=1.5168$。物点 A 位于单折射球面顶点左侧 50mm 处。当物点 A 发出的入射光线的孔径角 U 分别为 $-1°$、$-3°$和 $-8°$时，求像距 L' 和像方孔径角 U'。

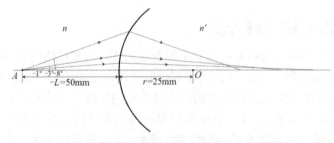

图 1-5 单折射球面对轴上点的不完善成像

解：（1）当入射光线的孔径角 U 为 $-1°$ 时：

由式（1-1）有　　　　　$\sin I = \dfrac{-50-25}{25} \times \sin(-1°) \approx 0.0524$

可得　　　　　　　　　　$I \approx 3.00°$

由式（1-2）有　　　　　$\sin I' = \dfrac{1}{1.5168} \times \sin(3.00°) \approx 0.0345$

可得　　　　　　　　　　$I' \approx 1.98°$

由式（1-3）可得　　　　$U' = -1° + 3.00° - 1.98° = 0.02°$

由式（1-4）可得　　　　$L' = 25 \times \left[1 + \dfrac{\sin(-1.98°)}{\sin(-0.02°)} \right] \approx 2499.51\text{mm}$

（2）当入射光线的孔径角 U 为 $-3°$ 时：

由式（1-1）有　　　　　$\sin I = \dfrac{-50-25}{25} \times \sin(-3°) \approx 0.1570$

可得　　　　　　　　　　$I \approx 9.03°$

由式（1-2）有　　　　　$\sin I' = \dfrac{1}{1.5168} \times \sin(9.03°) \approx 0.1035$

可得　　　　　　　　　　$I' \approx 5.94°$

由式（1-3）可得　　　　$U' = -3° + 9.03° - 5.94° = 0.09°$

由式（1-4）可得　　　　$L' = 25 \times \left[1 + \dfrac{\sin(5.94°)}{\sin(0.09°)} \right] \approx 1672.05\text{mm}$

（3）当入射光线的孔径角 $-U$ 为 $-8°$ 时：

由式（1-1）有　　　　　$\sin I = \dfrac{-50-25}{25} \times \sin(-8°) \approx 0.4176$

可得　　　　　　　　　　$I \approx 24.68°$

由式（1-2）有　　　　　$\sin I' = \dfrac{1}{1.5168} \times \sin(24.68°) \approx 0.2753$

可得　　　　　　　　　　$I' \approx 15.98°$

由式（1-3）可得　　　　$U' = -8° + 24.68° - 15.98° = 0.70°$

由式（1-4）可得　　　　$L' = 25 \times \left[1 + \dfrac{\sin(15.98°)}{\sin(0.70°)} \right] \approx 588.36\text{mm}$

由上述计算结果可以看出，轴上物点 A 发出的不同孔径角 U 的光线，经单折射球面折射后，将具有不同的像距 L'，即它们不相交于轴线上的同一点。正如本例题对应的图 1-5 中一个物点发出的光以不同孔径角入射到单折射球面后在像方的聚焦情况。这说明一个物点发出的同心光束经过单折射球面成像后将不再聚焦为一点。这种成像被称为"不完善成像"，光学系统中的这种不完善成像的缺陷被称为"像差"。由本例题可以看到，球面光学系统对轴上物点成像一般都会产生像差，这种像差被称为"球差"。在下文中基于 Zemax，将进一步分析球差。此外，读者也可以通过式（1-4）分析单折射球面是否存在某些特殊的物点可以得到完善像。

例 1-2

如图 1-6 所示，双胶合透镜由两个透镜紧密黏合而成，中间没有空气间隙，其结构参数如下：

$n = 1.0$（空气）；

$r_1 = 30.819\text{mm}$，$d_1 = 2\text{mm}$，$n_1' = n_2 = 1.5168$（BK7 玻璃）；

$r_2 = -25.028\text{mm}$，$d_2 = 2\text{mm}$，$n_2' = n_3 = 1.7174$（SF1 玻璃）；

$r_3 = -62.710\text{mm}$，$n_3' = 1.0$（空气）；

若入射条件为 $l_1 = -\infty$，$u_1 = 0$，$h_1 = 12\text{mm}$，求像方截距 l_3' 及像方孔径角 u_3'。

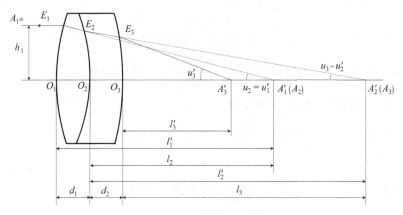

图 1-6　双胶合透镜的成像

解：双胶合透镜由三个折射面构成，利用近轴区近似，光线追迹的计算过程如表 1-1 所示。因为近轴近似计算，这里的参数符号对应 1.1.1 节中都为小写字母。最终计算结果：像方截距 l_3'=48.3742mm，像方孔径角 u_3'=0.24rad。

此外为了进行比较，也计算了入射高度为 2mm 时的情况。计算得到像方孔径角 u_3' = 0.0402rad，此时的焦距 f' = 49.6807mm。可见，当入射光束的高度越低时，焦距越接近于傍轴焦距 50mm（参考第 2 章例 2-1 和 Zemax 双胶合透镜组仿真部分），表明光束越靠近近轴区域，越接近完善成像。

表 1-1　光线追迹的计算过程

折射面序号	1	2	3
l		88.4295	186.0545
−			
r		−25.028	−62.710
$l-r$	—	113.4575	248.7645
×			
u	h_1=12.00	0.1327	0.0624
+			
r	30.819	−25.028	−62.710
i	0.3894	−0.6016	−0.2475
×			
n/n'	1/1.5168	1.5168/1.7174	1.7174/1

折射面序号	1	2	3
i'	0.2567	-0.5313	-0.4251
$\times$			
r	30.819	-25.028	-62.710
$+\, u'$	0.1327	0.0624	0.24
$l'-r$	59.6175	213.099	111.0751
$+$			
r	30.819	-25.028	-62.710
l'	89.6175	188.071	48.3651
u		0.1327	0.0624
$+\, i$	0.3894	-0.6016	-0.2475
$u+i$	0.38937	-0.4689	-0.1851
$-i'$	0.25671	-0.5313	-0.4251
u'	0.1327	0.0624	0.24
l		88.4295	186.0545
$\times$			
u		0.1327	0.0624
$l\cdot u$	12.00	11.7346	11.6098
$+\, u'$	0.1327	0.0624	0.24
l'	90.4295	188.0545	48.3742
$-d$	2	2	
l	88.4295	186.0545	48.3742

1.2　Zemax 的界面简介与光学建模方式

1.2.1　Zemax 的界面简介

1. 软件的启动

安装完 Zemax 软件后，在桌面上会自动出现 Zemax 软件快捷图标。此外，在"开始"栏也会自动添加 Zemax 命令。在计算机上插上类似 U 盘的"密码狗"，双击桌面的 Zemax 软件快捷图标即可启动软件。如图 1-7 所示，也可以在"开始"栏寻找 Zemax 图标并双击启动软件。如果在桌面和"开始"栏都找不到 Zemax 图标，那么可以在安装程序的根目录下寻找 Zemax 文件并启动，这里不进行详细介绍。

2. 用户界面

图 1-8 所示为 Zemax 软件界面。不同的 Zemax 软件版本，其界面略有不同，但是其基本框架和功能都相同。新版本的 Zemax 软件在优化计算时，若用到多核运算，则计算结果和旧版本的 Zemax 软件计算结果略有不同。但若用到单核运算，则计算结果相同。

Zemax 界面很简洁，由菜单栏、工具栏、System Explorer（系统浏览器）和 Lens Data 编辑器（透镜数据编辑对话框）组成。

图 1-7　Zemax 软件快捷图标与"开始"栏启动界面

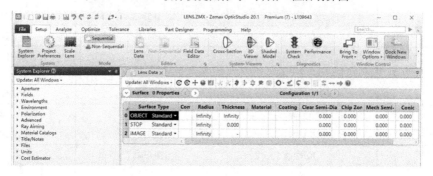

图 1-8　Zemax 软件界面

3. 工具栏

工具栏包含了一系列选项：File（文件）、Setup（设置）、Analyze（分析）、Optimize（优化）、Tolerance（公差）、Libraries（材料库）、Part Designer（联合设计）、Programming（编制程序）、Help（帮助）。下面重点介绍常用的一些工具。

File（文件）：单击 File 选项，显示与文件相关操作的图标，如图 1-9 所示。常用的工具包括 New（新建一个 Zemax 文件）、Open（打开一个 Zemax 文件）及 Save（保存文件）。

图 1-9　文件选项

Setup（设置）：单击 Setup 选项，显示与 Setup 相关的图标，如图 1-10 所示。常用的工具包括 System Explorer（系统浏览器），该工具对应于界面左侧的对话框。在 System Explorer 对话框中可以设置 Aperture（孔径）、Fields（视场角）、Wavelengths（工作波长）、Polarization（偏振）、Units（单位）等一系列全局参数。另外，可以选择 Sequential（序列）与 Non-Sequential（非序列）两种仿真模型。Sequential 模型主要用于成像系统，计算的光线按顺序通过光学元件。Non-Sequential 模型主要用于照明、复杂棱镜等系统，在计算光线时，光线可以反射，也可以不通过某个光学元件。下面以 Sequential 模型为主，Non-Sequential 模型在第 5

章会详细介绍。在 Lens Data 编辑器中可以对成像系统的结构参数进行设置，如图 1-11 所示。具体使用方法会在第 2 章设计实例中进一步介绍。Cross-Section（横截面）、3D Viewer（三维显示）及 Shaded Model（阴影图）三个图标用于显示用户设置的光学系统及对应的光路结构图。

图 1-10　Setup 选项

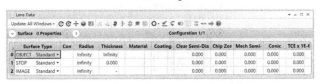

图 1-11　Lens Data 编辑器

Analyze（分析）：如图 1-12 所示，单击 Analyze 选项，显示出与光学系统分析相关的工具和对应的图标。Rays&Spots（光线与光点）、Aberrations（像差）都是常用的用于分析成像系统质量的工具。这些会在实际设计案例中进一步介绍。

图 1-12　Analyze 选项

Optimize（优化）：如图 1-13 所示，单击 Optimize 选项，显示出与优化设计相关的工具和对应的图标。常用的工具包括 Merit Function Editor（评价函数编辑器）与 Optimize（优化）。Merit Function Editor 在光学系统优化设计中常常被使用。在该编辑器中可以设置不同的评价函数操作符，对光学特性参数进行控制，如 EFFL（Effective Focal Length）表示光学系统指定波长的有效焦距值，以透镜长度单位（lens unit，毫米或英寸）为单位。

图 1-13　Optimize 选项

Help（帮助）：单击 Help 选项，会看到 Help PDF 文件，该文件可以下载，可以查阅 Zemax 相关说明。Help 文件描述了 Zemax 软件所有的操作和算法说明，对于初学者有很大的帮助。

1.2.2　Zemax 光学建模与基本计算流程

首先根据设计需要选择 Sequential 或 Non-Sequential 模型，明确需要设计的光学系统性能参数，如孔径、焦距等，确定基本的光学结构模型，并在 System Explorer 对话框与 Lens Data 编辑器中设置相关参数。在 Merit Function Editor 对话框中设置优化参数并优化，最后满足光学参数要求。为了加工制作，需要进一步进行公差分析。如果满足性能指标等要求，则得到所需的设计结果。Zemax 光学设计基本流程如图 1-14 所示。在后面的每一章中会进一步介绍光学设计案例。

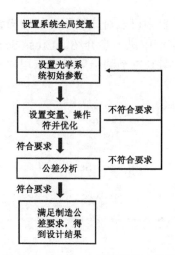

图 1-14 Zemax 光学设计基本流程

1.3 Zemax 中的像差评价与镜面参数设置初步

1.3.1 Spot Diagram 与 Ray Aberration 简介

实际的光学系统成的像为非完善像。例如，平行光入射到单折射球面，像点为一个弥散的光斑。为了分析像差，Zemax 建立了一系列评价手段。这里先简单介绍 Zemax 中两种常用的像差分析图，即 Spot Diagram（点列图）与 Ray Aberration（光线像差）图，以方便读者能提前学习 Zemax。更为详细的像差理论在第 6 章进一步介绍。

由一点发出的光线，经过实际光学系统后在像面形成一个弥散的点。为了描述这个弥散点的特征，从而能评价成像质量，一种简单的方法是追迹大量光线，最后得到这些光线与像面的交点。这些交点的集合便是点列图。图 1-15 给出了平行光入射并聚焦到像面的示意图。该方法直观方便，是最常用的手段之一。

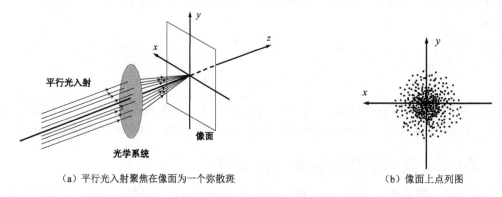

（a）平行光入射聚焦在像面为一个弥散斑　　　　　　　（b）像面上点列图

图 1-15 平行光入射并聚焦到像面的示意图

在点列图中，点越密集，说明了光能越集中。图 1-16 展示了某光学系统在平行光入射情况下视场角在 0°、0.3°及 0.5°下的点列图。

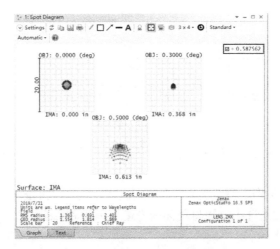

图 1-16　三种视场角下的点列图

如图 1-17 所示，单击工具栏中的 **Analyze** 选项，并单击 **Rays&Spots** 图标，弹出下拉菜单，其中可以看到 Standard Spot Diagram 命令，选择该命令，弹出 Spot Diagram 对话框，如图 1-18 所示，单击左上角 Settings 按钮，弹出相关设置界面。

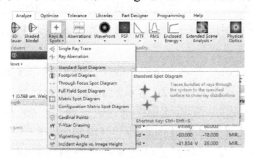

图 1-17　Standard Spot Diagram 命令

图 1-18　Spot Diagram 对话框

主要的设置说明如下。

Pattern：可以选择三种不同的光线在光瞳的布局，具体分别为 Square（方形）、Hexapolar（六角环形）、Dithered（计算机随机分布）。如果选择 Square，则代表在某个面上光瞳追迹的光线以方形离散形式呈现；如果选择 Hexapolar，则代表光线为环状多边形分布；如果选择 Dithered，则代表光线为随机分布。追迹的光线数越多，计算像的方均根（RMS）越准确，但是计算时间也越长。例如，在图 1-18 中，如果 Ray Density 选择 6，Pattern 选择 Square，在视场角为 0°的情况下，则计算得到的 RMS Radius 为 1.239。如果 Ray Density 选择 8，则计算得到的 RMS Radius 为 1.240。

Ray Density：设置计算光线的数量。

Refer To：选择像（平）面的原点。在默认情况下是 Chief Ray，即主光线与像面的交点。主光线的定义涉及光瞳的概念，在第 4 章中会详细介绍。这里可以初步理解为一个发光点发出圆锥形光束，这个光束的中心线即主光线，如图 1-19 所示。当然也可以选择其他的点，分别为 Centroid（弥散斑的质心）、Middle（在 x 轴与 y 轴方向最大光线误差的中心）及 Vertex（像面的(0,0)点）。

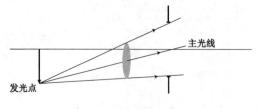

图 1-19　主光线示意图

Plot Scale：在 Spot Diagram 对话框中点列图的最大显示尺寸。如果选择 0，则系统会自己设置合理的显示尺寸。

Use Symbols：如果选中，则会显示不同的标记来区分不同的波长。

Use Polarization：如果选中，则将用偏振光追迹每条需要的光线，通过系统的透过强度将被考虑。

Show Airy Disk：在点列图中显示艾里斑的圆环。艾里斑是因为有限的孔径造成光的衍射。像点光斑中央是明亮的圆斑，周围有一组较弱的明暗相间的同心环状条纹，把其中以第一暗环为界限的中央亮斑称为艾里斑。如果系统是多个波长入射的，则艾里斑根据主波长计算。主波长指的是 Zemax 的计算中优先考虑的波长。下文会介绍相关设置。

另外，这里的 RMS Radius 是通过先把每条光线和参考点之间的距离进行平方，求出所有光线的平均值，然后取平方根得到的。点列图中的 RMS Radius 取决于每条光线。GEO Radius 是点列图中最远的点到参考点之间的距离。

单击工具栏中的 Analyze 选项，并单击 Aberrations 图标，在弹出的下拉菜单中选择 Ray Aberration 命令，显示光瞳坐标函数的光线像差图，弹出如图 1-20 所示的 Ray Fan 对话框。光瞳是入瞳和出瞳的统称，因为入瞳和出瞳是一一对应的，所以这里统称为"光瞳"。这部分内容会在第 4 章详细介绍。这里我们将光瞳初步理解为光学系统中对轴上光束起到限制作用的光学元件孔径。因为光瞳对光束有限制作用，所以在软件的计算中只考虑光束通过光瞳内部的成像情况。

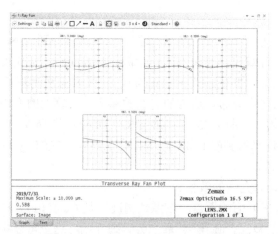

图 1-20　三种视场角下的 Ray Fan 图

为了说明光线像差的物理含义，这里进一步说明 Zemax 中的相关定义。Zemax 中的坐标系如图 1-21（a）所示，值得注意的是，Zemax 中的光轴方向是 z 轴，而在应用光学中光轴方向是 x 轴，如图 1-21（b）所示。

（a）Zemax 中的坐标系　　　　　　　　　　　（b）应用光学中的坐标系

图 1-21　Zemax 与应用光学中的坐标系定义

在 Zemax 中物面、入射光瞳及像面的坐标系关系图如图 1-22 所示。入射光瞳与光学系统中限制光束的孔径呈一一对应的关系，起限制光束作用的可能是透镜的边框，或者是特定放置的一个限制光束的光学元件等。我们在第 4 章会详细介绍。通过入射光瞳某一坐标(P_x, P_y)的光线在像面上有唯一的位置(E_x, E_y)，以 P_x、P_y 为横坐标，E_x、E_y 为纵坐标，分别建立坐标系。把通过入射光瞳的光线，都在坐标系中描点就得到了 Ray Fan 图。关于 Zemax 中坐标系的建立，将在 4.4.1 节中进一步介绍。

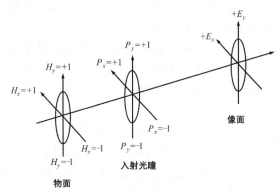

图 1-22　在 Zemax 中物面、入射光瞳及像面的坐标系关系图

图 1-23 所示为光线像差物理含义示意图。平行光入射，将近轴焦面的位置作为像面，考察光学系统成像质量。这里因为上下对称，只需要考虑在 P_y 从 0 到+1 的区域。因为 P_y 已经归一化了，所以在入射光瞳最边缘为+1。通过光线追迹确定光线与像面的交点位置 δy，并将其投影在以 P_y 为横坐标、E_y 为纵坐标的坐标系上。入射光线不同的投射高度具有不同的像点位置 δy，以此绘制曲线图，该图即 Ray Fan（光线扇面）图。可以看到像面在光轴不同的位置时这条曲线是不同的。曲线的绝对值越小越好。由此可知，单色光在一种视场角下，Ray Fan 图有 4 条曲线，坐标系分别为$[P_x, E_x]$、$[P_x, E_y]$、$[P_y, E_x]$ 及 $[P_y, E_y]$。由于常用的光学系统是圆对称的，所以对于轴上点（如果是平行于光轴的入射光，可以认为它是无穷远处轴上点）$[P_x, E_y]$ 及 $[P_y, E_x]$ 的 Ray Fan 图曲线都为 0。但是对于轴外点的情况，Ray Fan 图曲线就变得复杂很多，会出现包括彗差、像散及场曲等多种复杂像差情况。这些内容会在第 6 章进一步介绍。

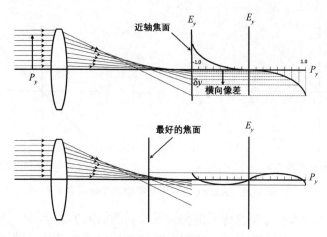

图 1-23　光线像差物理含义示意图

下面介绍如何设置最基本的光学系统，以及分析 Ray Fan 图。

1.3.2　纯离焦

打开 Zemax 软件，单击工具栏中的 File 选项，并单击 New 图标，新建一个空白设计文件。如图 1-24 所示，在 System Explorer 对话框中单击 Aperture 选项，其中 Aperture Type 采用默认类型 Entrance Pupil Diameter，即入射光瞳，Aperture Value 设置为 10。在 Wavelengths 中采用默认波长 0.55μm，其他采用系统默认参数。另外，在 Units 中可以看到 Lens Units 默认为 Millimeters，即毫米。这是 Zemax 软件中光学结构尺寸的单位，如果没有特殊说明，则在本书中都采用默认值。

图 1-24　System Explorer 对话框

打开 Lens Data 编辑器（见图 1-25），可以看到在 Surface Type 列初始状态只有 3 行（3 个面）。具体解释如下。

第 0 面为 OBJECT，表示物面。该面的 Radius 采用默认值 Infinity，表示物面半径无穷大，即理想平面。如果平行光入射，那么设置 OBJECT 面的 Thickness（厚度）为 Infinity，即第 0 面到第 1 面之间距离为无穷远。

第 1 面为 STOP，表示孔径光阑。透镜等现实的光学元件的直径都是有限的，所以光线只有在有限的孔径角范围内才能透过光学系统参与成像。而 STOP 面对轴上物点发出的光束起到关键的限制作用。光学元件对光束的限制作用及入射光瞳等概念，将在第 4 章中详细介绍。因为这里的目的是让读者熟悉 Zemax 基本操作流程，仿真的光学元件都很简单，所以可以不用考虑光束限制对成像的影响。

第 2 面为 IMAGE，表示像面。一般该面的 Radius 也采用默认值 Infinity，即理想平面。

另外，这里每一面都有两个表头，即 Clear Semi-Dia 和 Mech Semi-Dia 都表示半径。当采用默认值时，这两个值会根据计算的光束自动调整。Clear Semi-Dia 表示光通过该面时，光束（或通光区域）最边缘的垂轴高度。Mech Semi-Dia 表示考虑镜框等边缘厚度，即对成像并不起作用的部分，从而得到总的半径。这两个参数对考察光束结构及光学设计都带来了很大的帮助。在后面章节如 4.4 节，将会进一步介绍。

在 STOP 面的下拉列表中选择 Paraxial，该选择表示透镜工作在近轴区域，可以认为系统是理想成像系统，所以没有球差等像差存在。当选择 Paraxial 时，会发现在该行出现新的表头 Focal Length（焦距）。在 Thickness 中输入 50，该数值表示 STOP 面与 IMAGE 面之间的距离。在 Focal Length 中也输入 50，OBJECT 面参数使用系统默认参数，Radius 为 Infinity，即理想平面。Thickness 也为 Infinity，即物体处于无穷远或者表示平行光入射。最终设置的 Lens Data 编辑器如图 1-25 所示。

	Surface Type	Comment	Radius	Thickness	Material	Coating	Semi-Diam	Chip Zon	Mech Semi	Conic	TCE x 1E-6	Focal Lengt	OPD Mode
0 OBJECT	Standard ▾		Infinity	Infinity			0.000	0.000	0.000	0.000	0.000		
1 STOP	Paraxial ▾			50.000			5.000		-		0.000	50.000	1
2 IMAGE	Standard ▾		Infinity				0.000	0.000	0.000	0.000	0.000		

图 1-25　Lens Data 编辑器设置 1

从光学成像基本原理可以知道，平行光入射到理想光学系统，最后在焦距处会聚成一点。单击工具栏中的 Setup 选项，或者工具栏中的 Analyze 选项，并单击 Cross-Section 图标，可以看到设置的光学系统的 Cross-Section 光路结构图，如图 1-26（a）所示。经过理想透镜后，光线完美聚焦到一点。单击工具栏中的 Analyze 选项，并单击 Aberrations 图标，在弹出的下拉菜单中选择 Ray Aberration 命令，弹出 Ray Fan 对话框。可以看到此时是没有像差的。当然，因为光的波动性，这种情况在现实中是不可能发生的。

当人为设置像面偏离焦面时，设置 STOP 面的 Thickness 为 52。单击工具栏的 Analyze 选项，并单击 Cross-Section 图标，可以看到像面处于离焦面，如图 1-26（b）所示。单击工具栏中的 Analyze 选项，并单击 Aberrations 图标，在弹出的下拉菜单中选择 Ray Aberration 命令，弹出 Ray Fan 对话框，单击对话框左上角 Settings 按钮，在弹出的界面中设置 Ray Fan 图相关参数，如图 1-27 所示。其中，Tangential 表示子午面，对应图 1-28 中的 P_y 轴。Sagittal 表示弧矢面，对应图 1-28 中的 P_x 轴。Sagittal 下拉列表中有两个选项分别为 X Aberration 和 Y Aberration，分别对应像面上的坐标轴 E_x 和 E_y。这样在坐标系 $[P_y, E_y]$ 与 $[P_x, E_x]$ 中可以看到光线像差曲线是两条方向一致的倾斜直线，如图 1-28 所示（注：Ray Fan 图中显示的是小写 ex 和 ey，以及 Py 和 Px）。直线的斜率可正可负，取决于是正离焦还是负离焦，目前这种情况为纯离焦时的 Ray Fan 图。

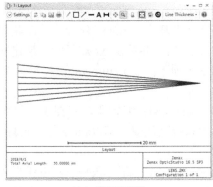
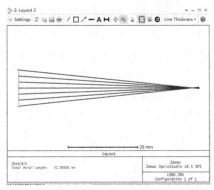

（a）像面在焦面　　　　　　　　　　　　　　　　（b）像面离焦

图 1-26　Paraxial 情况下的 Cross-Section 光路结构图

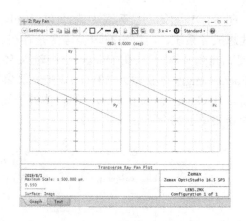

图 1-27　Settings 界面　　　　　　图 1-28　Paraxial 情况下像面离焦时的 Ray Fan 图

单击工具栏中的 Analyze 选项，并单击 Rays&Spots 图标，在弹出的下拉菜单中选择 Standard Spot Diagram 命令，出现两种情况下的点列图，如图 1-29 所示。可以看到图 1-29（a）中的图像点为一个理想点，而图 1-29（b）中因为像面已经离焦，所以形成一个弥散的光斑，直径达到 200μm，其中黑色圆环为艾里圆。

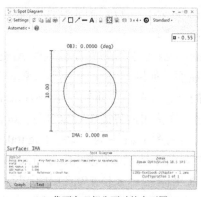

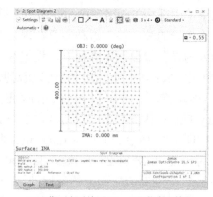

（a）像面在理想焦面时的点列图　　　　　　（b）像面在透镜后 52mm 处的离焦情况

图 1-29　两种情况下的点列图

1.3.3　纯球差

前面已经讲过单折射球面成像会产生球差。这里进一步基于 Zemax 分析球差以此加深读者对球差的理解。打开 Zemax 软件，单击工具栏的 File 选项，并单击 New 图标，新建一个空白设计文件。在 System Explorer 对话框中，将 Aperture 选项下的 Aperture Value 设置为 10，其他参数为系统默认值，即波长为 0.55μm，视场角为 0°。

将光标移动到 Lens Data 编辑器，如果没有出现 Lens Data 编辑器，则在工具栏中单击 Setup 选项，并单击 Lens Data 图标。第 0 面 OBJECT 为系统默认值，即 Radius 与 Thickness 均为 Infinity，表示无穷远处的平面物体入射平行光。

将光标移动到第 1 面 STOP 行。Radius 为默认的 Infinity，将 Thickness 设置为 2，将 Material 设置为 BK7。BK7 是系统的材料库中自带的德国肖特（SCHOTT）公司生产的一种玻璃牌号。

将光标移动到第 1 面 STOP 行，并单击选中该行，然后右击，在弹出的快捷菜单中选择

Insert Surface After 命令。这样在 STOP 行下面插入新的一行（第 2 面）。将 Radius 设置为-20，负号表示第二个球面的圆心在球面顶点的左侧，该符号定义与 1.1 节应用光学理论中的定义相同。将 Thickness 设置为 35。

最终设置的 Lens Data 编辑器如图 1-30 所示。这种结构为平凸透镜。因为只有一面是球面，这里设置的光平行于光轴入射，所以其成像特性与单折射球面相同。

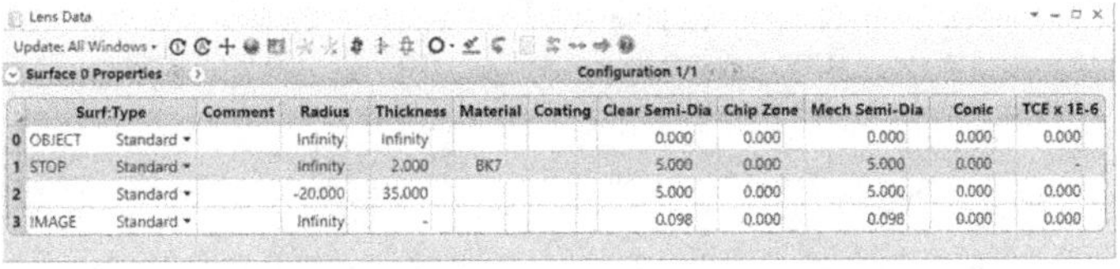

图 1-30　Lens Data 编辑器设置 2

为了使像面在第 2 面后方 35mm 的位置有比较好的成像效果，需要对第 2 面的曲率进行优化。单击该面 Radius 列右侧空格框，弹出 Curvature solve on surface 2 对话框，在 Solve Type 下拉列表中选择 Variable，如图 1-31 所示。此时 Radius 列出现后缀 V 字。也可以利用"Ctrl+Z"快捷键设置 Variable。这样，第 2 面的 Radius 成为变量，在优化过程中该数值会发生改变。

图 1-31　Curvature solve on surface 2 对话框

单击工具栏中的 Optimize 选项，并单击 Merit Function Editor 图标，如图 1-32 所示，弹出 Merit Function Editor 对话框。在 Type 下拉列表中选择 EFFL，该操作符用于优化有效焦距值。将 Wave 设置为 1，将 Target 设置为 35，将 Weight 设置为 1，如图 1-33 所示。不需要手动保存，系统会默认保存，直接关掉 Merit Function Editor 对话框即可。此外，在 Optimization Wizard 界面中均采用默认值。

图 1-32　Merit Function Editor 图标

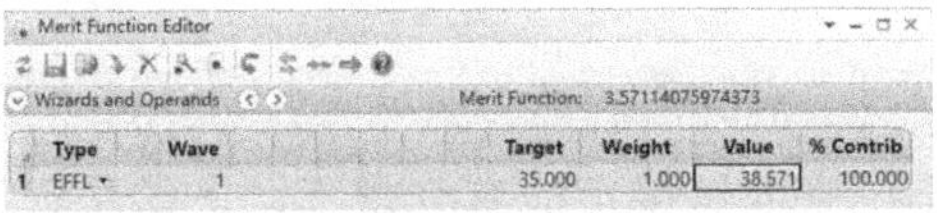

图 1-33　Merit Function Editor 对话框

这里值得注意的是，在 Optimization Function 选区中，如果 Image Quality 选择不同的标准，那么得到的结果差别很大。这里选择默认的 Wavefront，即波前优化，如图 1-34 所示，其具体的含义在第 8 章会做进一步说明。这里的操作符是 Zemax 软件为了方便优化光学系统结构而设置的，一个操作符对应一个需要优化的变量，如焦距或者某个像差值。每个操作符的含义读者可以查阅 Zemax 软件的 Help 文件。

图 1-34　Optimization Wizard 界面

单击工具栏中的 Optimize 选项，并单击 Optimize!图标，弹出 Local Optimization 对话框，如图 1-35 所示。可以看到 Current Merit Function 为 3.571140760，单击 Start 按钮后，Current Merit Function 逐渐减小直到停止。此时，第 2 面的 Radius 显示为−18.148。打开 Cross-Section 光路结构图及对应的 Ray Fan 图，得到图 1-36。

图 1-35　Local Optimization 对话框

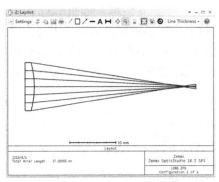

（a）Cross-Section 光路结构图

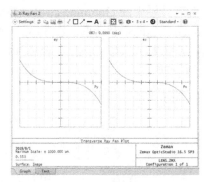

（b）Ray Fan 图

图 1-36　优化后的光线追迹 Cross-Section 光路结构图及对应的 Ray Fan 图

　　Zemax 不同的版本优化出来的结果可能有细微不同，这是因为在多核计算时新版本对算法进行了一定的改善。若都是单核运算，则结果相同。这个差异造成的影响很小，按流程操作都可以得到较为理想的优化结果。

　　从 Ray Fan 图看到坐标原点附近的曲线斜率为 0，表明像面正好是近轴像面，可看成理想成像，没有离焦。曲线整体上来说斜率为负，表示球差欠校正。图 1-37 是点列图（Settings 界面中的 Pattern 选择 Hexapolar），可以看出在像的中心，光斑比较聚集，但是远离中心后，光斑发散越来越严重，这与 Ray Fan 图是吻合的。

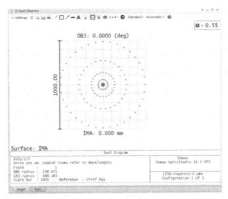

图 1-37　点列图

1.3.4　球差和离焦

如果将第 2 面的 Radius 设置为-19，那么会出现如图 1-38 所示的 Cross-Section 光路结构图及对应的 Ray Fan 图。可以看到坐标原点附近的曲线斜率不为零，表明像面不是近轴像面，存在离焦。经过一个拐点向下的一段曲线说明还有欠校正的球差存在。

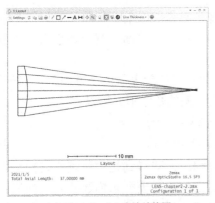

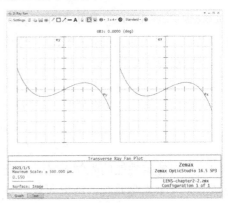

（a）Cross-Section 光路结构图　　　　　　　　　　　（b）Ray Fan 图

图 1-38　离焦后的光线追迹 Cross-Section 光路结构图及对应的 Ray Fan 图

最后读者可以尝试自己设计一个单折射球面，材质为 BK7 玻璃，入射光为大视场的（Field>15°）平行光。在入射角度比较大，即大视场的情况下会产生场曲。读者可以利用 Zemax 软件计算的光路结构图进一步了解像面场曲的形成机制，以及对应的点列图与 Ray Fan 图。当然在第 6 章像差理论部分会专门讲到场曲。

1.4　自动优化设计概念初步

对于单折射球面不可避免地会产生球差。但是可以通过设计折射面的结构（如非球面）进行校正。现有一个非球面的单折射表面表示为

$$z = \frac{cr^2}{1+\sqrt{1-(1+k)c^2r^2}}$$

（1-13）

式中，r 为单折射表面（或者透镜）的径向半径；c 为曲面顶点的曲率；k 为二次曲面系数，当 $k=-1$ 时曲面为抛物面。

当然 Zemax 软件提供了更为复杂的非球面数学形式，可以查阅软件的 Help 文件。如果 $\delta L'$ 表示球差，h 表示归一化的透镜孔径的径向坐标值（h 最大值为 1），即入射光线的投射高度，那么可以画出球差曲线。该曲线的含义是：某一个归一化投射高度 h 的光线经过光学系统后与光轴的交点为 A，这个交点与近轴理想像点 A_0 之间的轴向距离为 $\delta L'$，即球差，并以 A_0 点为原点到实际光线交点 A，向右为正，向左为负。如果横坐标是球差，纵坐标是归一化投射高度，则可以绘制出一条曲线，这条曲线即球差曲线，如图 1-39 所示。

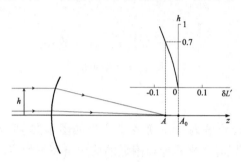

图 1-39　球差曲线示意图

虽然前文已经给出了单折射球面在近轴理想成像的物像关系的解析表达式，但是实际情况非常复杂，存在球差等多种像差。透镜一般包含多个单折射球面，甚至还包括非球面，所以可以借助数值算法进行计算机辅助设计。

这里假设光学系统由多个单折射非球面构成，如果已经给定系统的像方焦距 f' 和球差 $\delta L'$ 的具体设计指标要求，则根据式（1-13），像方焦距和球差的数学形式可以表示为

$$\delta L' = F_1 = f_1\left(r_1, n_1, k_1, c_1; r_2, n_2, k_2, c_2; \cdots\right)$$
$$f' = F_2 = f_2\left(r_1, n_1, k_1, c_1; r_2, n_2, k_2, c_2; \cdots\right) \tag{1-14}$$

为了实现特定性能的光学系统，需要求解这个方程组，即得到光学系统的结构参数，也就是说对于一个光学系统，终究可以通过方程组所建立的数学模型来描述其光学性能。在一般情况下，这是一个非线性方程组，因为过于复杂而无法得到解析解。但是当某几个结构参数设为变量时，可以设计算法，编写程序，利用计算机求最优解。也就是说，为了满足所需要的性能指标，程序可以计算出光学系统某几个结构参数的具体值。这个过程称为计算机自动优化设计。

在计算机处理过程中为了方便执行，首先对非线性方程进行线性方程近似。为了能够更为广泛地表达，假设输入的光学系统结构可变参数的初始值为 $[x_{01}, \cdots, x_{0n}]$，式（1-14）中的第 i 个方程基于幂级数进行展开并保留一次项得到：

$$F_i = F_0 + \frac{\partial f_i}{\partial x_1}(x_1 - x_{01}) + \cdots + \frac{\partial f_i}{\partial x_n}(x_n - x_{0n}) \tag{1-15}$$

式中，F_0 为初始猜测结构时的焦距、球差、像差等光学性能参数，F_i 为设计目标性能参数。因为光学系统的复杂性，无法知道函数 $f_i(x_1, \cdots, x_n)$ 的具体表达式，所以此时偏导数 $\left[\dfrac{\partial f_i}{\partial x_1}, \cdots, \dfrac{\partial f_i}{\partial x_n}\right]$ 依旧是未知数。但是计算机可以对原始光学系统结构参数进行数值上微小的改

变，即 $[\delta x_1,\cdots,\delta x_n]$，通过大量的光线进行追迹计算，可以得到数值 δf_i。进一步用差商 $\left[\dfrac{\delta f_i}{\delta x_1},\cdots,\dfrac{\delta f_i}{\delta x_n}\right]$ 代替偏导数。这样式（1-15）可以写成：

$$F_i = F_0 + \frac{\delta f_i}{\delta x_1}\Delta x_1 + \cdots + \frac{\delta f_i}{\delta x_n}\Delta x_n \tag{1-16}$$

最后方程组 $[F_1,\cdots,F_m]$ 可以写成一个线性方程组矩阵形式：

$$\begin{bmatrix}\dfrac{\delta f_1}{\delta x_1},\cdots,\dfrac{\delta f_1}{\delta x_n}\\ \vdots \qquad \vdots \\ \dfrac{\delta f_m}{\delta x_m},\cdots,\dfrac{\delta f_m}{\delta x_n}\end{bmatrix}\begin{bmatrix}\Delta x_1\\ \vdots \\ \Delta x_n\end{bmatrix}=\begin{bmatrix}F_1-F_{01}\\ \vdots \\ F_m-F_{0m}\end{bmatrix} \tag{1-17}$$

简单写成：

$$A\Delta x = \Delta F \tag{1-18}$$

式中，A 为系数矩阵；Δx 为结构参数；ΔF 为方程残余量。现在就可以对这个方程求解了。但是因为每次只能有微小的结构参数改变，所以在求解过程中需要多次渐进迭代，逼近最优解。整个迭代计算步骤如下。

（1）给定一个初始结构 $[x_{01},\cdots,x_{0n}]$，通过大量光线追迹及改变结构参数微小量，计算系数矩阵，同时计算方程残余量。

（2）计算式（1-18）得到 Δx。采用此时的结构参数进行光线追迹，计算像差等光学性能，比较系统像差是否得到改善。如果系统像差没有得到改善，则寻找合适的系数 p（$p<1$），总能够在 $\Delta x_p = \Delta x \cdot p$ 时，系统像差得到改善。保存此时的结构参数 $[x_1,\cdots,x_n]$。

（3）如果像差符合设计要求，即系统像差达到我们可接受的范围（或 ΔF 小到我们需要的值），那么终止计算；否则，进行步骤（4）。

（4）将新的结构参数设置为初始结构，并进一步改变结构参数微小量，计算系数矩阵和方程残余量，重复步骤（2）。

可以看到，给定一个初始结构参数并设置好变量，计算机会以这个初始参数为基础进行多次迭代计算，找到初始结构附近潜在的令人满意的解。这个解不一定是全局最优解，只是局部比较好的结果。为了得到较好的结果，在优化过程中需要设计人员对结果进行判断，并对结构参数进行调整，根据自己的经验反复优化，直到得到满意的结果。

以上是光学自动设计的主要过程。在真实计算过程中，方程式个数 m 往往不等于变量 n，有可能 $m>n$，也有可能 $m\leqslant n$。所以迭代计算步骤（2）中线性方程组式（1-18）的求解并不容易，甚至不存在准确解，只能求方程组的近似解，即用最小二乘法求解。这种求解法中需要设置像差等光学性能指标的评价函数。因此，在 Zemax 优化前设计人员需要在 Merit Function Editor 对话框中设置评价函数。

此外，为了更加有效求解，需要对最小二乘法进行改良，即阻尼最小二乘法。以上迭代求解过程是搜索初始结构附近的局部最优解，所以初始结构参数的设置很关键，对设计人员的经验要求很高。为了得到光学系统的全局最优解，研究人员发展出了多种全局智能优化算法，如模拟退火算法及人工神经网络等。优化的更多内容将在第 8 章中进一步介绍。

除了前面已经介绍的球差和场曲，光学系统还存在很多其他类型的像差。按目前介绍的理论知识，读者已经可以提前学习第 7 章像质评价相关内容。Zemax 建立了完善的优化设计程序和丰富的材料特性等知识库，具有强大的自动优化功能，极大地方便了用户进行设计。具体优化相关内容在第 8 章会进一步介绍。

这里实际上给出了基于 Zemax 设计一个光学系统的基本流程（见图 1-14），首先输入初始结构，该结构需要通过理论计算、设计者的经验或者查阅公开的经典结构而得到。为了得到所需的设计指标，需要对待优化的参数设置对应的操作符，设置某几个可优化的结构参数为变量，然后 Zemax 自动优化。在很多情况下，为了权衡多个性能指标，需要修改结构参数、反复优化，最后得到满足设计要求的光学结构、相关的像差曲线等。一般在做好光学系统结构参数设计送出去制造前，还需要进行公差分析，考虑制造误差对性能的影响，以及该影响是否可以被接受。

在后面内容的学习过程中，读者可以进一步体会到从理论知识的学习到面向工程的实际设计还有很长一段距离。两者甚至具有完全不同的思维方式和处理手段。在后面章节中会继续给出具体的设计案例，读者可以慢慢体会基于计算机辅助的光学设计思路。当然读者也可以查阅相关设计案例反复锻炼，增加设计经验。

第 2 章   Zemax 透镜设计

透镜是光学系统中最简单的一种，是其他复杂光学系统中的基本单元。它是由两个折射面包围一种透明介质（如玻璃）组成的光学元件。透镜根据其对光的作用可以分为两大类：对光具有会聚作用的称为"会聚透镜"，又称为"凸透镜"；对光具有发散作用的称为"发散透镜"，又称为"凹透镜"。若对光线没有偏折能力，一般可以视为平行平板玻璃。本章首先简单介绍透镜的基本概念和理论计算，然后基于 Zemax 给出单透镜与双胶合透镜的优化设计案例。

2.1   透镜计算理论基础

2.1.1   单折射球面的基点、基面与焦距

如图 2-1 所示，由单个折射球面构成的光学系统，其半径为 r，两边介质的折射率分别为 n 和 n'。考虑近轴区从左向右入射的平行光线 A 经过折射面后交于光轴 A'。根据主点的定义可知，M 点为像方主点 H'。另一方面，从右向左入射的平行光线 B' 经过折射面后交于光轴 B 点。显然，物方主点 H 也与 M 点重合。当投射高度 $h\to 0$ 时，M 点无限接近于 O 点，则物方主点与像方主点都与折射球面的顶点相重合。此时可以考虑近轴近似。

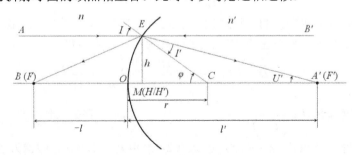

图 2-1   光线经过单折射球面的折射

单折射球面的焦距可以根据单折射球面的成像公式得：

$$\frac{n'}{l'} - \frac{n}{l} = \frac{n'-n}{r} \tag{2-1}$$

只需要在式（2-1）中分别令 l 或 l' 为无穷大，就有 $l' \to f'$ 或者 $l \to f$，则像方焦点位置和物方焦点位置的表达式分别为

$$l'_F = \frac{n'r}{n'-n} = f', \ \ l_F = -\frac{nr}{n'-n} = f \tag{2-2}$$

显然，根据式（2-2）可知，两个主点都重合于球面的顶点，即

$$l_H = l_F - f = 0, \ \ l'_H = l'_F - f' = 0 \tag{2-3}$$

这里 l_H 和 l'_H 分别是以折射球面顶点为原点到物方和像方主点的距离，从左向右为正，反之为负。

2.1.2 透镜的基点与焦距

假设透镜放置在空气中，即 $n_1 = n_2' = 1$；透镜材料的折射率为 n，即 $n_1' = n_2 = n$；透镜的两个折射球面的曲率半径分别为 r_1 和 r_2，则根据式（2-2），有

$$f_1 = -\frac{r_1}{n-1}, \quad f_1' = \frac{nr_1}{n-1} \tag{2-4a}$$

$$f_2 = \frac{nr_2}{n-1}, \quad f_2' = -\frac{r_2}{n-1} \tag{2-4b}$$

透镜间的光学间隔为

$$\Delta = d - f_1' + f_2 \tag{2-5}$$

式中，d 为透镜的光学厚度。透镜的焦距公式为

$$f' = -f = -\frac{f_1'f_2'}{\Delta} = \frac{nr_1r_2}{(n-1)\left[n(r_2-r_1)+(n-1)d\right]} \tag{2-6}$$

写成光焦度的形式有

$$\phi = \frac{1}{f'} = (n-1)(\rho_1 - \rho_2) + \frac{(n-1)^2}{n}d\rho_1\rho_2 \tag{2-7}$$

式中，ρ_1 和 ρ_2 分别为双光组球面 1 和 2 的球面曲率半径的倒数。

透镜的焦点和主点可分别由双光组光学系统的焦点位置和主点位置计算得到：

$$l_F' = f'\left(1 - \frac{n-1}{n}d\rho_1\right), \quad l_F = -f'\left(1 + \frac{n-1}{n}d\rho_2\right) \tag{2-8a}$$

$$l_H' = -f'\frac{n-1}{n}d\rho_1, \quad l_H = -f'\frac{n-1}{n}d\rho_2 \tag{2-8b}$$

为了便于分析下面透镜的结构特性，引入一个变量 D，定义为透镜主面之间的距离，其方向为物方主点 H 指向像方主点 H'，从左往右为正，反之为负，则

$$D = d + l_H' - l_H = \frac{(n-1)d(r_2 - r_1 + d)}{n(r_2-r_1)+(n-1)d} \tag{2-9}$$

当透镜厚度满足 $d < \frac{n}{(n-1)}(r_1 - r_2)$ 时，由式（2-6）可知，此时 $f' = -f > 0$，即双凸透镜为一个会聚透镜。且当 $d < r_1 - r_2$ 时，由式（2-9）可知，$D > 0$，即像方主点在物方主点的右边，双凸透镜的基点位置和焦距如图 2-2 所示。

对于一个双凹透镜有 $r_1 < 0$，$r_2 > 0$，则由式（2-6）可知，$f' = -f < 0$ 恒成立。因此，双凹透镜为一个发散透镜，其基点位置和焦距如图 2-3 所示。

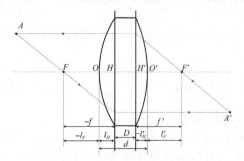

图 2-2 双凸透镜的基点位置和焦距

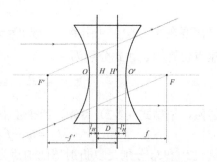

图 2-3 双凹透镜的基点位置和焦距

例 2-1

例 1-2 利用光线追迹法分析了一双胶合透镜。为了方便阅读，这里再次将该结构参数列出，双胶合透镜如图 2-4 所示，其结构参数如下。

$n=1$（空气）；

$r_1=30.819$mm，$d_1=2$mm，$n_1'=n_2=1.5168$（BK7 玻璃）；

$r_2=-25.028$mm，$d_2=2$mm，$n_2'=n_3=1.7174$（SF1 玻璃）；

$r_3=-62.710$mm，$n_3'=1$（空气）。

试利用理想光学系统物像关系公式计算该双胶合透镜的像方焦距。

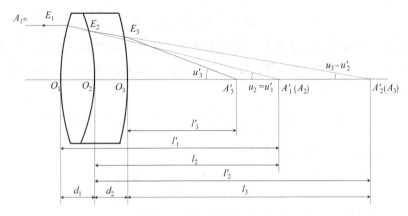

图 2-4　双胶合透镜

解：首先计算双凸透镜的光学参数。

将该透镜的前折射球面曲率半径 $r_1=30.819$mm、后折射球面曲率半径 $r_2=-25.028$mm、材料折射率 $n_2=1.5168$、厚度 $d_1=2$mm 代入式（2-6）中，可得焦距：

$$f_1'=-f_1=\frac{n_2 r_1 r_2}{(n_2-1)[n_2(r_2-r_1)+(n_2-1)d_1]}\approx 27.055\text{mm}$$

物方主平面离左球面顶点的距离为

$$l_{H_1}=-f_1'\frac{n_2-1}{n_2}d_1\rho_2\approx 0.737\text{mm}$$

像方主平面离右球面顶点的距离为

$$l_{H_1}'=-f_1'\frac{n_2-1}{n_2}d_1\rho_1\approx -0.598\text{mm}$$

物像双方主平面之间的距离为

$$D_1=d_1+l_{H_1}'-l_{H_1}=0.665\text{mm}$$

系统中的双凸透镜如图 2-5 所示。

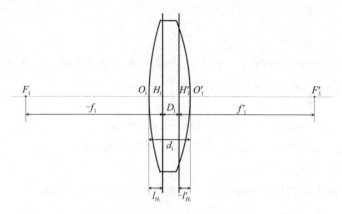

图 2-5　系统中的双凸透镜

现在计算弯月透镜的光学参数。将该透镜的前折射球面曲率半径 $r_2 = -25.028\text{mm}$、后折射球面曲率半径 $r_3 = -62.710\text{mm}$、材料折射率 $n_3 = 1.7174\text{mm}$、厚度 $d_2 = 2\text{mm}$ 代入式（2-6）中，可得焦距：

$$f_2' = -f_2 = \frac{n_3 r_2 r_3}{(n_3 - 1)[n_3(r_3 - r_2) + (n_3 - 1)d_2]} \approx -59.375\text{mm}$$

物方主面离左球面顶点的距离为

$$l_{H_2} = -f_2' \frac{n_3 - 1}{n_3} d_2 \rho_3 \approx -0.791\text{mm}$$

像方主面离右球面顶点的距离为

$$l_{H_2}' = -f_2' \frac{n_3 - 1}{n_3} d_2 \rho_2 \approx -1.982\text{mm}$$

物像双方主面之间的距离为

$$D_2 = d_2 + l_{H_2}' - l_{H_2} = 0.809\text{mm}$$

弯月透镜如图 2-6 所示。

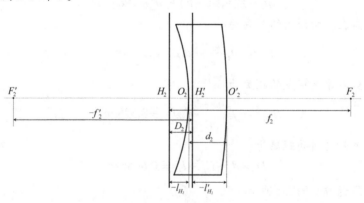

图 2-6　弯月透镜

接着，通过双光组组合公式来计算胶合透镜的总焦距。双凸透镜的像方主点 H_1' 到弯月透镜的物方主点 H_2 的距离为

$$D = d + l_{H_2} - [d - (-l_{H_1}')] = l_{H_2} - l_{H_1}' = -0.193\text{mm}$$

如图 2-7 所示，弯月透镜的物方主平面在双凸透镜的像方主平面的左侧。

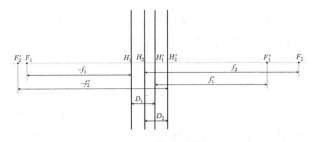

图 2-7　组合系统

由式（2-5）可知，该系统中双凸透镜和弯月透镜的光学间隔，即 F_1' 到 F_2 的距离为

$$\Delta = D - f_1' + f_2 = 32.127\text{mm}$$

再将该光学间隔值代入式（2-6）中，可得系统焦距：

$$f' = -f = -\frac{f_1' f_2'}{\Delta} = 50.001\text{mm}$$

在本章的最后，将用 Zemax 计算得到此结构并与本例题相互验证。

2.2　单透镜 Zemax 设计实例

设计要求：设计一个 $F/5$ 的透镜，焦距为 50mm，透镜中心厚度为 2mm，在轴上可见光谱范围内，用 BK7 玻璃。

1. 知识补充

F 数为镜头的光圈系数或光圈数，$F = f'/D$，其中 f' 为镜头焦距，D 为入瞳直径。D/f' 为相对孔径。$F/5$ 表示 F 数为 5。如果焦距为 50mm，那么 D 为 10mm。

本章主要介绍理想光学系统，但是真实的光学系统存在各种像差。第 1 章已经提到了球差，这里简单讲述一下色差。早在 1666 年，牛顿利用三棱镜将太阳光分解出一条色带，这是因为光学材料对不同波长的折射率是不同的。而对于透镜，不同波长具有不同的焦距（见图 2-8），即轴向色差，从而导致整个光学系统的成像质量下降。以下两个例子中利用 Zemax 简单分析透镜的色差，色差的进一步讲述可以参看第 6 章。

首先确定玻璃材料（折射率、色散等参数）等条件，然后根据透镜的相关理论知识设计出透镜的基本结构参数，如两个球面的曲率半径等。该透镜结构称为初始结构。当然一个经验丰富的设计者会根据自己的经验结合一定理论计算出初始结构，然后计算该透镜的像差等光学性能参数，并在此基础上反复修改参数并进行优化，直到满足要求。而现在 Zemax 的自动优化功能具有强大的像差运算能力，可以给光学设计带来极大的便利。可以将初始结构输入 Zemax，并通过软件自动优化，能非常高效地达到良好的成像质量。

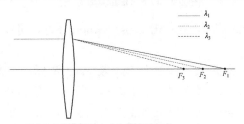

图 2-8　轴向色差示意图（λ 为波长）

以下仿真分析的主要目的是让读者了解 Zemax 的设计过程及使用方法,所以如何计算透镜的初始结构就不再介绍了,在第 10 章"库克三片式成像镜头设计"实例中将进行介绍,读者也可以查阅相关文献。

2. 仿真分析

首先双击桌面上的 Zemax 图标,运行 Zemax 软件。在 Zemax 软件界面左侧的 System Explorer 对话框中将光标移动到 Wavelengths 选项并单击,出现 Settings、Wavelength 及 Add Wavelength 下拉菜单。单击 Wavelength 按钮,在 Wavelength 对话框中输入 0.486,单位为 μm,将 Weight (权重)设置为 1,单击 Add Wavelength 按钮并单击 Enable 按钮,可以增加新的波长。在 Wavelength 对话框中输入 0.588,单位为 μm,将权重也设置为 1,并选择 Primary,这表明目前这个波长是主波长,单击 Add Wavelength 按钮并单击 Enable 按钮,在 Wavelength 对话框中输入 0.656,将权重设置为 1。这样就为系统设置了 3 个波长用于成像系统的像质评价。此外,在 Settings 下拉菜单中可以看到 F、d、C 分别表示氢、汞、氧元素特征谱线的波长。

在 System Explorer 对话框中单击 Aperture 选项,在 Aperture Type 下拉列表中选择 Entrance Pupil Diameter。当然也可以选择其他类型的孔径设置。在 Aperture Value 对话框中输入 10,Units 中的单位采用默认值 Millimeters(毫米)。这里再次说明,透镜单位可以在 System Explorer 对话框中的 Units 选项中选择。可以看到有 Lens Units(透镜单位),一般采用默认值 Millimeters。

将光标移到 Lens Data 编辑器。软件默认为三个面(第 0 面到第 2 面)分别是 OBJECT、STOP 和 IMAGE。具体含义已经在第 1 章中解释,读者可以回顾此前内容。将光标移动到 IMAGE 面,右击选择下拉列表中的 Insert Surface,这样就在 IMAGE 面前面插入第 2 面。或者右击 STOP 面,在下拉列表中选择 Insert Surface After,在 STOP 面后(此处也是 IMAGE 面前)插入第 2 面。移动光标至第 1 面(STOP 面)的一行,在 Thickness 中输入 2,在 Material 中输入 BK7(表示玻璃牌号),在 Radius 中输入 50。这里再次提醒,符号约定为曲率中心在镜片的右边为正,在左边为负,这和应用光学理论中的符号规则是相同的。

在第 2 面的 Radius 中输入 -50,这样就设计了一个等凸镜片。此外,在第 2 面的 Thickness 中输入 50,即到像面的距离为 50mm。此时,Lens Data 编辑器设置如图 2-9 所示。

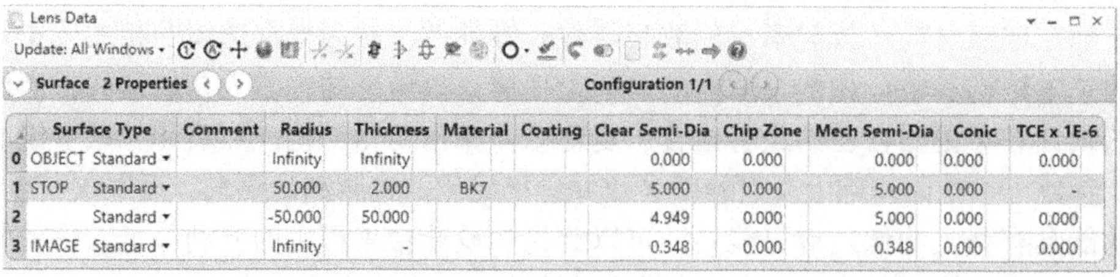

	Surface Type	Comment	Radius	Thickness	Material	Coating	Clear Semi-Dia	Chip Zone	Mech Semi-Dia	Conic	TCE x 1E-6
0	OBJECT Standard ▾		Infinity	Infinity			0.000	0.000	0.000	0.000	0.000
1	STOP Standard ▾		50.000	2.000	BK7		5.000	0.000	5.000	0.000	-
2	Standard ▾		-50.000	50.000			4.949	0.000	5.000	0.000	0.000
3	IMAGE Standard ▾		Infinity	-			0.348	0.000	0.348	0.000	0.000

图 2-9 Lens Data 编辑器设置 1

单击工具栏中的 Analyze 选项,并单击 Cross-Section 图标,可以看到光路结构图,如图 2-10 所示。

单击工具栏中的 Analyze 选项,并单击 Rays&Spots 图标,在弹出的下拉菜单中选择 Ray Aberrations 命令,弹出 Ray Fan 对话框。单击该对话框左上角 Settings 按钮,在弹出的界面中设置 Tangential 为 Y Aberration,设置 Sagittal 为 X Aberration,得到图 2-11,可看到最大像差约为 340,且有离焦现象,说明该设计有缺陷,需要优化透镜参数。

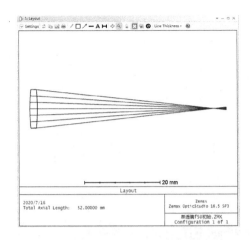

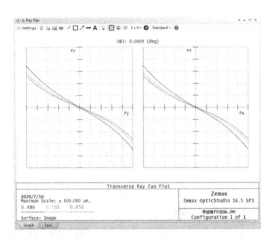

图 2-10　Cross-Section 光路结构图 1　　　　　　图 2-11　Ray Fan 图

为了实现优化镜片的目的，根据设计目标，需要确定可以满足设计目标的系统优化变量，具体如哪些镜头参数是可以变化的。对于本设计，可以看出有以下参数可以改变：镜片的前后曲率、第 2 面的厚度。这些变量可以用于优化镜片。

将光标移到 Lens Data 编辑器中第 1 面的 Radius 列，单击数值 50 右侧空格框，弹出 Curvature solve on surface1 对话框，在 Solve Type 下拉列表中选择 Variable，这样出现后缀 V 字，表示该值为可变参数，参与优化。也可以将光标移到 Radius 选项，利用"Ctrl+Z"快捷键设置为 Variable。此外，将第 2 面的 Radius 与 Thickness 都设置为变量。这样，3 个可变化量就设置好了。

下一步为镜片定义一个"Merit Function（评价函数）"，作为评价成像质量的判据。在优化过程中，前面设置的可变结构参数会不停变化，而评价函数值不断减小到最终一个值，这个值越小越好。在理想情况下，此值为 0 表示一个理想的镜头。关于优化与评价函数在第 8 章会详细介绍，读者感兴趣的话可以提前学习。单击工具栏中的 Optimize 选项，并单击 Merit Function Editor 图标，弹出 Merit Function Editor 对话框，一开始可以看到 Type 列为 BLNK，说明尚未设置操作符。

Zemax 已经预设了默认的评价函数。在 Merit Function Editor 对话框中 Default Merit Functions（DMFS）下面都是软件默认的操作符。在一些情况下，只要调用该评价函数即可，不需要再专门设置操作符。这给初学者带来了很多便利，因为设置操作符本身就需要对光学系统设计具有深入的了解。为了方便，这里也直接调用该评价函数。

单击 Merit Function Editor 对话框左上角 Wizards and Operands 按钮，或者单击工具栏中的 Optimize 选项，并单击 Optimization Wizard 图标，弹出如图 2-12 所示的界面，查看相关参数设置，单击 Apply 及 OK 按钮，可以看到在 Merit Function Editor 对话框中会自动产生很多操作符。读者可以查阅 Zemax 软件的 Help 文件了解这些操作符的含义和作用。此外，若想要焦距为 50mm，则需要额外设置一个关于焦距的操作符 EFFL。将光标移动到 Type 下面第 1 行，右击并选择该行后，在下拉列表中选择 Insert Operand，这样就插入新一行。在 Type 中选择 EFFL，此操作符控制有效焦距。在 Target 中输入 50，在 Weight 中输入 1。这样我们的评价函数设置完成，如图 2-13 所示。不需要保存，直接关掉对话框即可，Zemax 会自动记录评价函数设置。

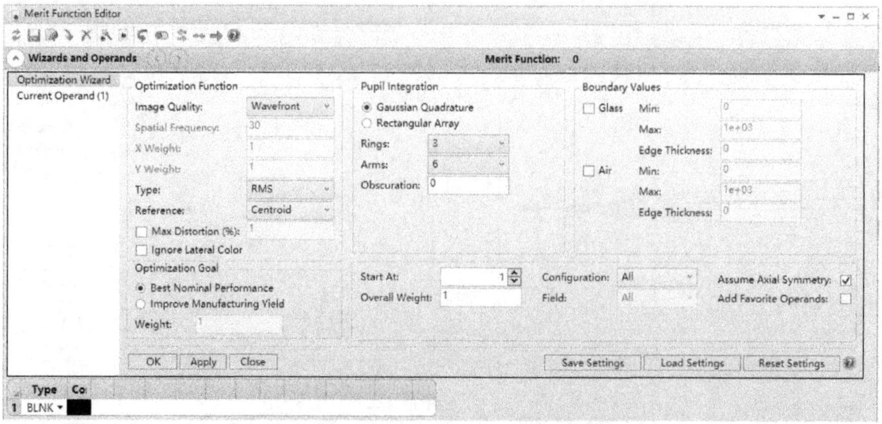

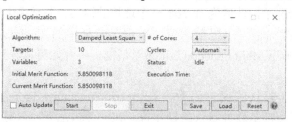

图 2-12　Optimization Wizard 界面

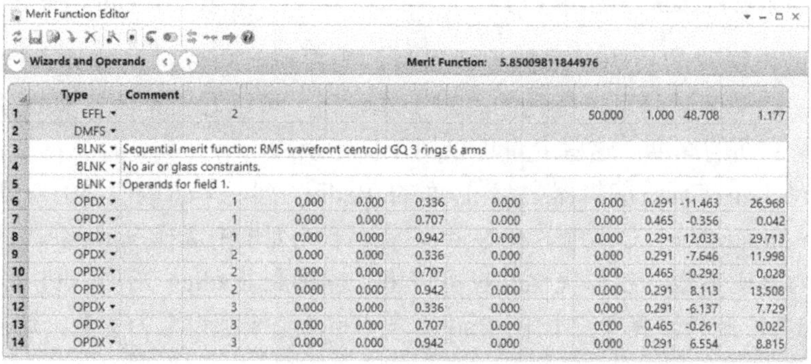

图 2-13　Merit Function Editor 对话框中操作符的设置

单击工具栏中的 Optimize 选项，并单击 Optimize！图标，弹出如图 2-14 所示的对话框。

图 2-14　Local Optimization 对话框

单击 Start 按钮，Current Merit Function 的值从 5.850098118 变到最小 0.758631470，最后得到优化后的镜片参数。此时，第 1 面的半径为 31.517mm，第 2 面的半径为-141.134mm，第 2 面的厚度为 48.531mm。此时查看 Merit Function Editor 对话框中 EFFL 行的 Value，其显示为 50.052，或者查看软件界面左下角边框 EFFL 的值，如图 2-15 所示。

单击工具栏中的 Analyze 选项，并单击 Aberrations 图标，在弹出的下拉菜单中选择 Ray Aberration 命令，弹出 Ray Fan 对话框，得到图 2-16（a）。优化后的最大像差约为 61。设计者也可以单击工具栏中的 Analyze 选项，并单击 Rays&Spots 图标，在弹出的下拉菜单中选择 Standard Spot Diagram 命令，弹出 Spot Diagram 对话框，得到图 2-16（b）。

图 2-15　优化后 EFFL 的值

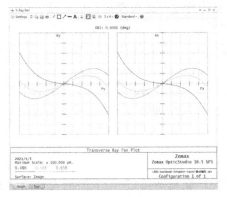

（a）Ray Fan 图

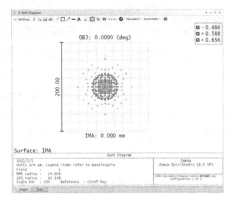

（b）点列图

图 2-16　Ray Fan 图与点列图

Zemax 为一阶色差提供了一种简便的工具：Chromatic Focal Shift 多色光焦点偏移图。单击工具栏中的 Analyze 选项，并单击 Aberrations 图标，在弹出的下拉菜单中选择 Chromatic Focal Shift 命令。因为玻璃色散导致不同波长的折射率不同，所以造成了不同波长的光的焦距不同。该命令显示了对于不同波长的光的焦点变化，其参考的原始焦点是主波长的焦点。最后得到如图 2-17 所示的焦距关于波长的偏移（Focal Shift）图。在 0.486μm 处焦距的偏差约为-530μm。关于色散的内容在第 6 章中会进一步介绍。如果读者对光学知识具有一定的了解，可以提前结合第 6 章内容展开学习。

另外，读者可以尝试同时把透镜厚度（第 1 面厚度）也设置为变量进行优化，对比一下结果。

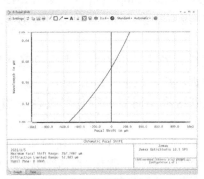

图 2-17　焦距关于波长的偏移（Focal Shift）图 1

2.3 双胶合透镜 Zemax 设计实例

1. 设计要求

设计一个 *F*/5 的胶合透镜，焦距为 50mm，透镜中心总厚度为 4mm。两个透镜分别采用 BK7 和 SF1 两种玻璃，以改善色差。

2. 知识补充

在第 1 章中利用光线追迹法计算了该胶合透镜的光路结构，在本章中将基于高斯成像公式进行计算分析。这里进一步利用 Zemax 来仿真该类透镜的光学特性。此外，在高斯成像公式中主平面是一个基本概念，Zemax 自带宏中也有计算主平面位置的功能，读者可以自行了解。对于简单结构的设计，可以不用计算主平面位置。

此外，胶合透镜可以利用两块透镜不同的色散特性，有效消除一阶色差。一般来讲，正光焦度的透镜选用冕牌玻璃，负光焦度的透镜选用火石玻璃，具体可以参看第 6 章色差相关内容，也可以参考 Smith 的 *Modern Optical Engineering* 中给出的例子。由于此例的主要目的是了解如何使用 Zemax，所以这里选择 BK7 和 SF1 这两种玻璃作为例子。至于初始结构的选取可以根据理论计算得到，这里不进行介绍。

3. 仿真分析

在此前优化后的单透镜的基础上，在 Lens Data 编辑器第 1 面下面插入一个新的面，Radius 为-170，并设置为变量，Thickness 为 2，Materia 为 SF1，并把第 1 面的 Thickness 也改为 2。如果已经把单透镜参数丢失了，那么输入如图 2-18 所示的数据。

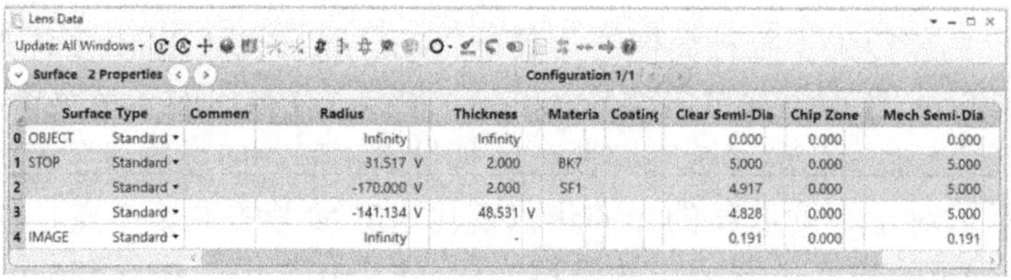

	Surface Type		Commen	Radius	Thickness	Materia	Coating	Clear Semi-Dia	Chip Zone	Mech Semi-Dia
0	OBJECT	Standard		Infinity	Infinity			0.000	0.000	0.000
1	STOP	Standard		31.517 V	2.000	BK7		5.000	0.000	5.000
2		Standard		-170.000 V	2.000	SF1		4.917	0.000	5.000
3		Standard		-141.134 V	48.531 V			4.828	0.000	5.000
4	IMAGE	Standard		Infinity	-			0.191	0.000	0.191

图 2-18 Lens Data 编辑器设置 2

如果需要移动光阑的位置以使其他面成为光阑面，如第 1 面，可以双击该面，或者选择该面后单击 Lens Data 编辑器左上角的 Surface 1 Properties 按钮，弹出 Surface 1 Properties 界面，单击 Type 选项，勾选 Make Surface Stop 复选框，如图 2-19 所示。一般情况下，认为胶合透镜的 BK7 和 SF1 两种介质中没有空隙。Zemax 自己不会模拟胶合镜片，它只能简单地模拟使两块玻璃紧密接触。

如果在先前的例子中，仍然保留了评价函数，那么可直接沿用此前的评价函数；否则，请按前例方法重新创建一个评价函数，包括 EFFL 操作符。因为上一个例子中 EFFL 操作符 Target 中已经输入了 50，所以这里不需要进行任何改动。焦距为 50mm 也是例 2-1 中计算得到的值。

单击工具栏中的 Optimize 选项，再单击 Optimize!图标进行优化。可以看到评价函数值从 2.889996182 一直减小到 0.044393762 停止。优化后 Lens Data 编辑器相关参数如图 2-20 所示。可以看到此时胶合透镜的结构参数和例 2-1 给出的值是相同的。这里读者可以思考一个问题，如果确定了设计的目标参数，如焦距和玻璃的选择等，那么透镜的结构参数是否是唯一的？

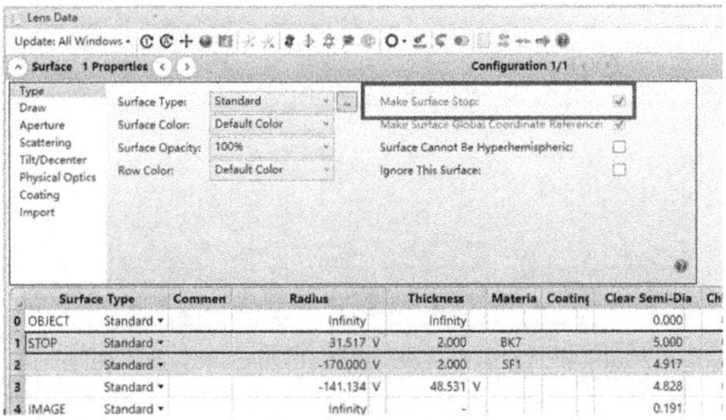

图 2-19　Lens Data 编辑器中的 Stop 面设置

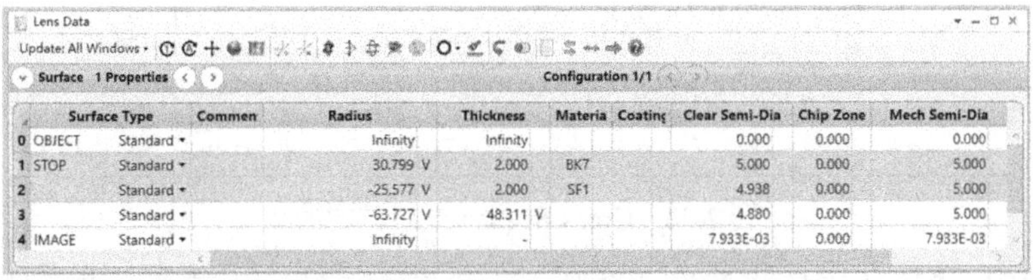

图 2-20　优化后 Lens Data 编辑器相关参数

单击工具栏中的 Analyze 选项，再单击 Aberrations 图标，在弹出的下拉菜单中选择 Chromatic Focal Shift 命令，得到图 2-21，可以看到色散值有所改善。可以看到 0.486μm 波长时波长偏移约为 10μm。现在二阶色散占主导，所以呈抛物线形。当然，可以选择玻璃，对色散进行进一步优化。单击工具栏中的 Libraries 选项，再单击 Materials Catalog 图标，可以选择不同公司的玻璃，如 ANGSTROMLINK.AGF，以及能看到不同玻璃的光学参数。也可以导入软件没有设为默认的其他玻璃，如国产玻璃。

单击工具栏中的 Analyze 选项，再单击 Rays&Spots 图标，在弹出的下拉菜单中选择 Ray Aberrations 命令，得到图 2-22，可以看到最大像差约为 8，与前例单透镜相比得到很大的提高。

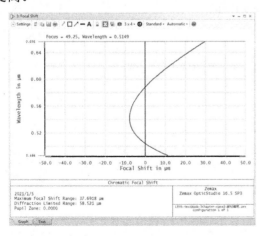

图 2-21　焦距关于波长的偏移（Focal Shift）图 2

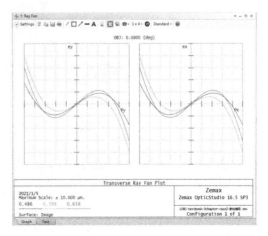

图 2-22　Ray Fan 图（图片改了尺寸）

单击工具栏中的 Analyze 选项，再单击 Cross-Section 图标，可以看到光路结构图，如图 2-23 所示。查看 Merit Function Editor 对话框中 EFFL 操作符 Value 值，可以看到优化后胶合透镜的有效焦距值。

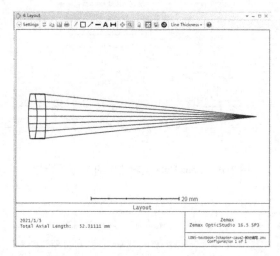

图 2-23　Cross-Section 光路结构图 2

查看优化后的透镜边缘的相关尺寸参数，一般要求透镜边缘不能太薄，这样可以给加工和装配等提供边缘空间。将光标移动到第 1 面的任意一列并单击（如在 Lens Data 编辑器中有 "BK7" 字样）。单击工具栏中的 Analyze 选项，并单击 Reports 图标，如图 2-24 所示，在弹出的下拉菜单中选择 Surface Data 命令，系统会出现一个窗口，告诉用户该面的边缘厚度，所给出的值是 1.11021，厚度尚可，如图 2-25 所示。

图 2-24　Reports 图标

图 2-25　Surface Data 报告图

为了利于边框安装等，常常在透镜边缘留有装配空间。可以设置第 1 面的 Mech Semi-Dia 为 8，可以看到透镜边缘增加了平板玻璃区域。此时，后缀显示字母 U。U 是 User-defined（用户自定义）的简称，标志着这个口径是用户自定义的。如果 U 没有显示或者后缀是空白的，则 Zemax 自动给出口径大小，其计算依据是实际光线通过的口径，也可以看作该面的有效口径。可以按“Ctrl+Z”快捷键来取消 U 标志，或在 Mech Semi-Dia 上双击，并为求解类型选择 Automatic。不管怎样，考虑边框等因素，这里都应该设置第 1 面的 Mech Semi-Dia 为 8。

此外，可以在第 1 面的 Clear Semi-Dia 中输入数值来改变透镜大小，后缀也会显示 U。但不同的是第 1 面边缘依旧是球面。为了得到一个更为合理的边缘厚度以方便制造，可以增加中心厚度。这里有一个保持边缘厚度为一个特定值的方法。假设需要保持边缘厚度在 2mm，单击第 1 面的 Thickness 列右侧，弹出 Thickness solve on surface 1 对话框，从所显示的求解列表中选择 Edge Thickness，两个值会被显示，一个是“Thickness（厚度）”，一个是“Radial Height（径向高度）”。设置 Thickness 为 2，Radial Height 为 0。在 Lens Data 编辑器中，第 1 面的厚度已经被调整了，显示为 2.910，后缀字母 E 表示此参量为一个活动的边缘厚度解。

再次查阅第 1 面的 Surface Data 报告，边缘厚度 2.02219 会被列出。通过调整厚度，已对镜片的焦距进行了一点改变。现在，可以查看光学特性曲线图，然后进行优化，单击工具栏中的 Optimize 选项，并单击 Optimize！图标，以及对话框中 Start 按钮，优化后单击 Exit 按钮。此时，再次通过 Merit Function Editor 对话框或者软件界面边框查看 EFFL 的值为 50，与前面例 2-1 理论计算值是一样的，但是优化出来的透镜结构和例 2-1 中的结构参数略有不同，如图 2-26 所示，这是为了方便镜片制造而增加了边缘厚度。

图 2-27 所示为 Cross-Section 光路结构图。因为在 System Explorer 对话框中已经选择了 Update: All Windows，所以软件会自动刷新图形。

Lens Data

Update: All Windows

Surface 2 Properties | Configuration 1/1

	Surface Type		Commen	Radius	Thickness	Materia	Coating	Clear Semi-Dia	Chip Zone	Mech Semi-Dia	Conic	TCE x 1E-(
0	OBJECT	Standard		Infinity	Infinity			0.000	0.000	0.000	0.000	0.000
1	STOP	Standard		30.790 V	2.910 E	BK7		5.000	0.000	8.000 U	0.000	-
2		Standard		-25.208 V	2.000	SF1		4.887	0.000	8.000	0.000	-
3		Standard		-62.909 V	47.811 V			4.829	0.000	8.000	0.000	0.000
4	IMAGE	Standard		Infinity	-			7.700E-03	0.000	7.700E-03	0.000	0.000

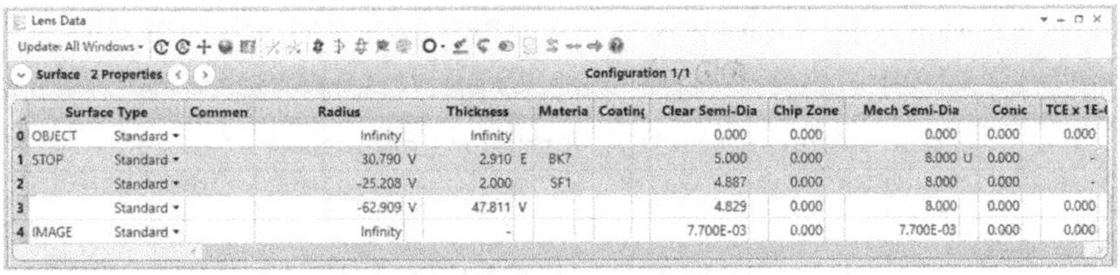

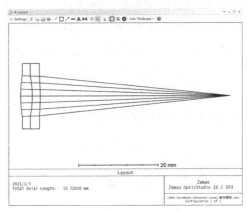

图 2-26 优化后的 Lens Data 编辑器参数

图 2-27 Cross-Section 光路结构图 3

第3章 Zemax 平面系统设计

平面系统元件按照工作方式可分为折射元件和反射元件两种，两种元件的工作面皆为平面。折射元件包括平行平板、折射棱镜、光楔等，反射元件包括反射棱镜、反射镜等。虽然平面系统结构似乎比球面系统结构简单，但是它在具体的光学系统中起到了重要的作用。本章将重点介绍平行平板、反射棱镜和反射镜的基本概念、工作原理，以及 Zemax 仿真计算。

3.1 具有平面系统元件的光学系统理论计算

3.1.1 平行平板的成像性质

图 3-1 所示为平行平板成像，从轴上物点 A 发出一条孔径角为 U 的光线①，经过前后两个平行平板发生折射后，出射光线为光线②，反向延长出射光线与光轴交于点 A'，出射光线的孔径角为 U'。此时，点 A' 为物点 A 经过两个平行平板后所成的像。

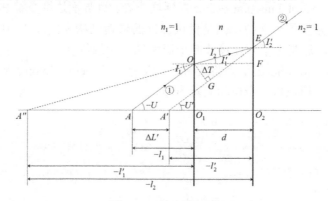

图 3-1 平行平板成像

光线经过两个平行平板发生折射，应用折射定律得：

$$\sin I_1 = n \sin I_1' = n \sin I_2 = \sin I_2' \tag{3-1}$$

式中，n 为平板材料折射率。由平行平板几何关系可知 $I_1' = I_2$，所以：

$$I_1 = I_2' = -U = -U' \tag{3-2}$$

即出射光线与入射光线平行。由于平面可视为半径无限大的球面，在近轴区可以对平行平板的入射面和出射面两次应用单折射球面的共轭关系式，则

$$\frac{n}{l_1'} - \frac{1}{l_1} = 0，\ \text{即} \ l_1' = n\, l_1 \tag{3-3a}$$

$$\frac{1}{l_2'} - \frac{n}{l_2} = 0，\ \text{即} \ l_2' = \frac{l_2}{n} \tag{3-3b}$$

以及

$$l_2 = l_1' - d = n l_1 - d \tag{3-3c}$$

可以得到：

$$l'_2 = l_1 - \frac{d}{n} \tag{3-4}$$

式中，d 为两块平行平板之间的距离；l_1 为物面对第一面的物距；l'_2 为像面对第二面的像距。利用式（3-4）可以直接求出近轴区物体通过平行平板后像的位置。

3.1.2　平行平板的等效空气层的基本概念

光线在空气中以直线传播时，可以通过简单计算得出不同光线的相交位置。当光传播穿过平行平板时，虽然入射光线和出射光线方向平行，但比较难确定光线所经处的相交点高度。为了便于进行反射棱镜外形尺寸（反射棱镜可展开为平行平板玻璃）与像面位置关系的相关计算，在这里引入等效空气层的概念。如果光线经过平行平板之后的传播状态与经过一段空气层之后的传播状态相同，则将该空气层称为平行平板的等效空气层。

如图 3-2 所示，入射光线 SP_1 在传播过程中经过玻璃平行平板 $ABCD$，传播路径为 $S—P_1—P_2—P_3$。如果从第二面的出射点 P_2 作光轴的平行线，并与入射光线交于 K 点，易得 $KP_2=\Delta l'$。如果入射光线 SP_1 不经过玻璃平行平板，而是持续在空气中直线传播，则经过空气层 $ABFE$，其传播路径应为直线 $S—P_1—K—P_4$。两种情况下路径 P_2P_3 与路径 KP_4 平行且长度相同，同时可以看出两种情况下的像距与出射高度均相同，即 $OP_4=O'P_3$，$OK=O'P_2$。此时，空气层 $ABFE$ 称为平行平板 $ABCD$ 的等效空气层。

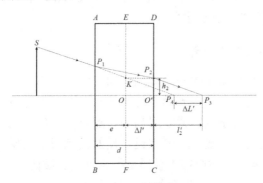

图 3-2　平行平板的等效空气层

这里考虑近轴情况，根据图 3-2 中的几何关系 $OO'=KP_2=P_3P_4$，即 $\Delta l'=\Delta L'$，以及式（3-4），可以得到等效空气层的厚度为

$$e = d - \Delta l' = \frac{d}{n} \tag{3-5}$$

式中，n 为平行平板玻璃的折射率。

利用等效空气层的概念进行像面位置计算和棱镜外形尺寸计算会便捷很多。只需要计算出平行平板玻璃（等效空气层）的像方位置，然后沿光轴移动一个轴向位移 $\Delta L'$，即可得到实际光路，而不需要对平行平板玻璃逐面进行计算。

3.1.3　反射镜的基本概念

反射镜的成像特性可以用反射定律来解释，如图 3-3 所示。由光源 S 发出的一束光线入射到反射面 MN 上的 B 点并被反射，沿 BC 方向射出，入射光与反射光分别位于垂直于 MN 的直线 AB（法线）两侧，并且反射角 $\angle ABC$ 等于入射角 $\angle SBA$。很容易证明，BC、EF 的反向延

长线在反射面 MN 的另一侧相交于同一点 S'，该点与光源 S 点关于 MN 面对称。当与 S 点在同一侧通过 MN 观察时，光线似乎由 MN 右侧的 S' 点发出。也就是说，在反射面的右侧得到光源 S 的像，这就是平面反射镜的成像特性。光线实际上并非直接由 S' 点发出。由于认为光线是沿直线传播的而产生错觉，感觉光线是从 S' 点发出的，所以它是一个虚像。

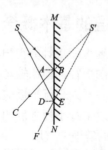

图 3-3　反射镜成像

反射镜成像的物像关系还可以利用球面镜的物像公式和垂轴放大率公式来计算，令 $r=\infty$，对于任意给定物点，可得：

$$l' = -l$$
$$\beta = 1 \tag{3-6}$$

式（3-6）说明，反射镜成像的物像位置关系关于反射镜对称，虚实相反，像正立且垂轴放大率的绝对值为 1（既不放大也不缩小）。

3.1.4　反射棱镜的基本概念

将一个或多个反射平面制作在同一块玻璃上的光学元件叫作反射棱镜。反射棱镜可以展开并等效成平行玻璃板。反射棱镜在光学系统中的作用有转折光路以缩小仪器的尺寸和减小质量、以适当的运动来扩大观察范围或实现扫描、配合共轴球面系统完成转像等，其中又以改变光轴方向和转像功能最为重要。一般来说，反射棱镜利用全反射原理工作。当入射角度小于全反射临界角时，需要在反射面镀上金属反射层以减少损耗。

根据结构的不同，反射棱镜又可以分为以下几类。

（1）简单棱镜：只有一个主截面的棱镜，如图 3-4 所示的简单棱镜，根据反射次数可以分为一次反射棱镜、二次反射棱镜和三次反射棱镜。

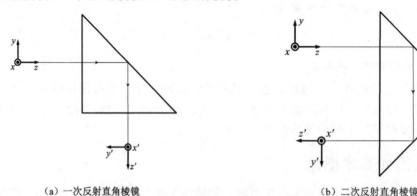

（a）一次反射直角棱镜　　　　　　　　　　　　（b）二次反射直角棱镜

图 3-4　简单棱镜的结构示意图

（2）屋脊棱镜：如图 3-5 所示，棱镜中的一个或多个反射面被两个互相严格垂直的反射面（称为"屋脊面"）取代，且屋脊面的交线位于主截面内。屋脊棱镜的主要作用是改变像坐标系中垂直于主截面的坐标轴的方向。经过屋脊面反射成像的坐标系可以通过如图 3-5（a）所示的辅助光线法进行判断：沿光轴的坐标轴在传播过程中方向不变，可首先通过一条沿光轴方向传播的光线确定此坐标轴的方向，然后在剩余两个坐标轴上各取一点，分别画出它们发出的光线经屋脊棱镜反射传播的路径，根据这两条光线出射后的光线与沿光轴出射光线的位置关系便可确定成像时这两个坐标轴的方向。一般也可以用图 3-5（b）中的两条直线来表示屋脊面。

（3）复合棱镜：由简单棱镜和屋脊棱镜组合而成的棱镜，可以实现一些单一棱镜难以实现的功能，如分光、分像、转像、成双像等。

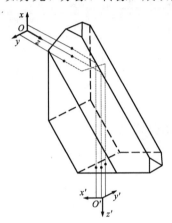

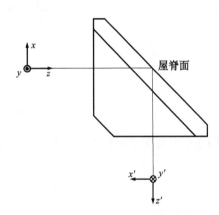

（a）屋脊棱镜的结构 　　　　　　　　　　　　　　（b）反射示意图

图 3-5 　屋脊棱镜的结构及反射示意图简化表示方法

此外还有分光棱镜和转像棱镜等，如图 3-6 和图 3-7 所示。

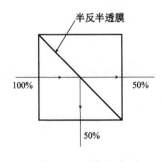

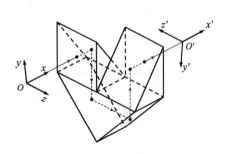

图 3-6 　分光棱镜 　　　　　　　　　　　　　　　图 3-7 　转像棱镜

前文中提到过，反射棱镜的作用之一是将光路折叠以缩小仪器的尺寸。如果将被折叠的光路"拉直"，不考虑反射面作用，那么光线在反射棱镜中经历的光路可以等效为经过了一块平行玻璃板，这个过程称为"棱镜的展开"。

棱镜的展开过程是将棱镜的反射面逐次成镜像。如图 3-8 所示，物方平行光线经由透镜和反射棱镜的作用后，在下方 X' 点处成像。当计算光路时，需要将棱镜、反射光线所成的像沿反射面 AC 进行翻转，要注意此时 X' 的位置并非透镜 L 的像方焦点，而是由于棱镜或者等效玻璃板的作用有微小的位移。翻转以后出射面由 *BC* 变为 *CD*，这样可以更直观地计算光轴长度。光线经历棱镜传播的路程可以等效为从透镜出射后穿过平行玻璃板 *ABCD* 的路程。棱镜的光轴经展开"拉直"后，与整个光学系统的光轴仍在同一条直线上，则含有这种反射棱镜的光学系统仍属于共轴系统。并且特定结构的棱镜中等效平行玻璃板的厚度 *L* 与棱镜的口径 *D* 之间的比值是一定的，即

$$L = KD \tag{3-7}$$

由几何相似性原理可知，*K* 仅与棱镜结构有关，与棱镜的大小无关，称为"棱镜的结构参数"。此处 *K*=1，棱镜为等腰直角棱镜。

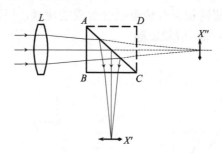

图 3-8　简单一次反射等腰直角棱镜的展开

图 3-9 中列举了两种常见的棱镜展开例子。

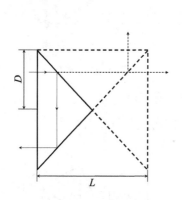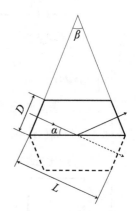

（a）二次反射等腰直角棱镜（DⅡ-180°）K=2　　（b）等腰棱镜（DⅠ-β）K=1/tan(β/2)

图 3-9　两种常见的棱镜展开例子

例 3-1

如图 3-10 所示，现有一物体 *A* 放在焦距为 f_1'=40mm 的薄凸透镜 L_1 前 60mm 处。薄凸透镜后方 25mm 处有一个等腰直角折射棱镜，材料折射率为 1.5，腰长 *L*=60mm。该棱镜下方 25mm 处有一焦距为 f_2'=-40mm 的凹透镜。

（1）试求物体 *A* 经该系统所成的像的位置。

（2）如图 3-11 所示，如果把棱镜改为反射面位置相同的反射镜，其他条件不变，求此时物体 *A* 经系统成像的位置。

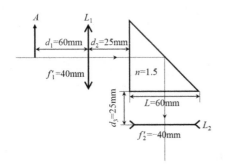

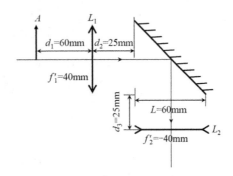

　　图 3-10　具有折射棱镜的光学系统　　　　　　　图 3-11　具有平面反射镜的光学系统

解：（1）当系统内包含折射棱镜时，首先按图 3-12 将棱镜沿反射面展开。

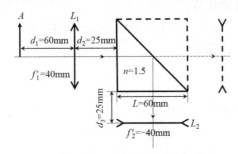

图 3-12　将系统中的棱镜展开

棱镜展开后为光轴长度 $L=60\text{mm}$ 的平行玻璃板，对应的等效空气层厚度为

$$e = \frac{L}{n} = \frac{60\text{mm}}{1.5} = 40\text{mm}$$

考虑等效空气层，展开后两透镜间的距离为

$$d = d_2 + d_3 + e = 25\text{mm} + 25\text{mm} + 40\text{mm} = 90\text{mm}$$

先对凸透镜 L_1 使用高斯成像公式：

$$\frac{1}{l_1'} - \frac{1}{l_1} = \frac{1}{f_1'}$$

将 $l_1=-60\text{mm}$，$f_1'=40\text{mm}$ 代入，解得：

$$l_1' = 120\text{mm}$$

则相对于凹透镜 L_2 的物距为

$$l_2 = l_1' - d = 120\text{mm} - 90\text{mm} = 30\text{mm}$$

再对凹透镜 L_2 使用高斯成像公式：

$$\frac{1}{l_2'} - \frac{1}{l_2} = \frac{1}{f_2'}$$

将 $l_2=30\text{mm}$，$f_2'=-40\text{mm}$ 代入，解得：

$$l_2' = 120\text{mm}$$

即最终成像在凹透镜下方 120mm 处。

（2）若将该折射棱镜换成反射面位置相同的反射镜，则对凸透镜 L_1 的计算步骤不变，凹透镜 L_2 的物距发生变化。此时由于介质始终是空气，故如图 3-13 所示，直接作光线和凹透镜 L_2 关于平面反射镜的对称图，转变成在光轴上求解。

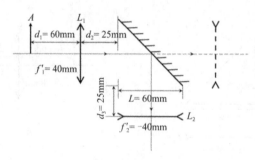

图 3-13　反射镜对称展开

此时展开后两透镜间的距离为

$$d = d_2 + d_3 + L = 25mm + 25mm + 60mm = 110mm$$

则相对于凹透镜 L_2 的物距变为

$$l_2 = l_1' - d = 120mm - 110mm = 10mm$$

再对凹透镜 L_2 使用高斯成像公式：

$$\frac{1}{l_2'} - \frac{1}{l_2} = \frac{1}{f_2'}$$

将 l_2=10mm，f_2'=-40mm 代入，解得：

$$l_2' \approx 13.333mm$$

即最终成像约在凹透镜 L_2 下方 13.333mm 处，为实像。

3.2　Zemax 中的坐标断点

3.2.1　Zemax 中的坐标系

在讲坐标断点前先介绍一下 Zemax 中的坐标系。Zemax 中序列模型采用的是局部坐标系，而非序列模型采用的是全局坐标系。

在序列模型中，事实上也设置了一个全局坐标系，其可以在 System Explorer 对话框下面的 Aperture 选项中进行设置。如图 3-14 所示，在 Global Coordinate Reference Surface 下拉列表中选择不同的面作为全局坐标系的参考点，也可以在 Lens Data 编辑器中选择序号为#的某一个面，然后在 Surface # Properties 对话框中进行修改。例如，选择第 1 面，在 Surface 1 Properties 对话框的 Type 选项中勾选 Make Surface Global Coordinate Reference 复选框，如图 3-15 所示。当选择不同的面作为全局坐标系的参考点时，在 Cross-Section 等工具中坐标系原点位置发生变化，但是这不会影响系统的光学性能。因为两个面之间相对距离的设定是利用 Lens Data 编辑器中的 Thickness 参数的，所以本质上序列模型的光学元件坐标设置是局部坐标系。

相比之下，非序列模型中的光学元件坐标设置是在 Non-Sequential Component Editor 对话框中 X Position、Y Position 及 Z Position 表头中进行的。此为全局坐标值，如图 3-16 所示。

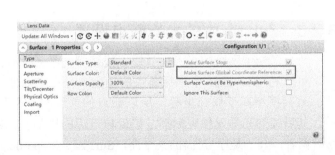

图 3-14　System Explorer 对话框中全局　　　　图 3-15　Surface 1 Properties 对话框中全局坐标设定
坐标设定

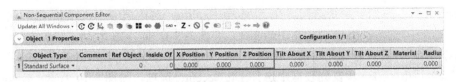

图 3-16　非序列模型中光学元件坐标值设置

3.2.2　坐标变换

为了描述光路的折转，在数学上通过光轴坐标的变换来实现。此外，在公差设计中也需要用坐标变换来描述光学元件的方位变化。这里简单介绍一下坐标变换的数学方法。如果坐标系(x, y, z)先绕 x 轴旋转 θ 角，坐标变换可以表示为

$$\begin{bmatrix} x' \\ y' \\ z' \end{bmatrix} = \begin{bmatrix} 1 & 0 & 0 \\ 0 & \cos\theta & \sin\theta \\ 0 & -\sin\theta & \cos\theta \end{bmatrix} \begin{bmatrix} x \\ y \\ z \end{bmatrix} \tag{3-8}$$

θ 角的符号规则：旋转方向面对 x 轴方向从旧坐标系(x,y,z)逆时针转到新坐标系(x', y', z')为正，反之为负。

进一步将坐标系(x', y', z')绕 z'轴旋转 α 角得到坐标系(x'', y'', z'')，坐标变换可以表示为

$$\begin{bmatrix} x'' \\ y'' \\ z'' \end{bmatrix} = \begin{bmatrix} \cos\alpha & \sin\alpha & 0 \\ -\sin\alpha & \cos\alpha & 0 \\ 0 & 0 & 1 \end{bmatrix} \begin{bmatrix} x' \\ y' \\ z' \end{bmatrix} \tag{3-9}$$

这样如果从坐标系(x, y, z)变换到(x'', y'', z'')，坐标变换可以表示为

$$\begin{bmatrix} x'' \\ y'' \\ z'' \end{bmatrix} = \begin{bmatrix} \cos\alpha & \sin\alpha & 0 \\ -\sin\alpha & \cos\alpha & 0 \\ 0 & 0 & 1 \end{bmatrix} \begin{bmatrix} 1 & 0 & 0 \\ 0 & \cos\theta & \sin\theta \\ 0 & -\sin\theta & \cos\theta \end{bmatrix} \begin{bmatrix} x \\ y \\ z \end{bmatrix}$$
$$= \begin{bmatrix} \cos\alpha & \sin\alpha\cos\theta & \sin\alpha\sin\theta \\ -\sin\alpha & \cos\alpha\cos\theta & \cos\alpha\sin\theta \\ 0 & -\sin\theta & \sin\alpha \end{bmatrix} \begin{bmatrix} x \\ y \\ z \end{bmatrix} \tag{3-10}$$

最后在式（3-10）中可以得到变换矩阵为

$$T = \begin{bmatrix} \cos\alpha & \sin\alpha\cos\theta & \sin\alpha\sin\theta \\ -\sin\alpha & \cos\alpha\cos\theta & \cos\alpha\sin\theta \\ 0 & -\sin\theta & \sin\alpha \end{bmatrix} \tag{3-11}$$

3.2.3　Zemax 中的坐标断点设置

在很多光学系统中加入反射镜、棱镜等光学元件时，光轴会发生折转。为了模拟这类情况，可以利用 Zemax 中坐标断点的功能——将坐标轴打断，并设置其倾斜和偏心的折转参数。系列模型基于局部坐标，所以断点的使用有一个基本原则：坐标轴在某个位置发生折转，其后续的光学元件坐标都是按折转点后的局部坐标右手法则放置的。坐标断点的设置方法有两种：其一是序号为#的某个面，Surface # Properties 对话框自带的坐标断点；其二是插入坐标断点面，下面分别进行介绍。

1．某个面自带的坐标断点

建立一个简单的光学系统结构。在 System Explorer 对话框中 Aperture 选项的 Aperture Type 下拉列表中选择 Entrance Pupil Diameter，其值为 10，即入瞳为 10，Lens Data 编辑器设置如图 3-17 所示。可以看到此时的光路结构图，如图 3-18 所示。选择第 2 面，并打开 Surface 2 Properties 对话框。进一步在列表框中选择 Tilt/Decenter 选项，如图 3-19 所示。Before Surface 是第 2 面前面的坐标轴折转设置，After Surface 是第 2 面后面的坐标轴折转设置。参数设置包括 Decenter（偏心）和 Tilt（倾斜）。

图 3-17　Lens Data 编辑器设置 1

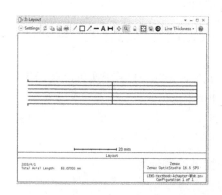

图 3-18　Cross-Section 光路结构图 1

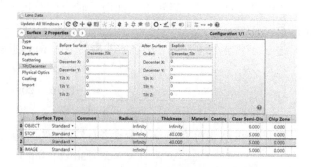

图 3-19　Surface 2 Properties 对话框

先在 Before Surface 中设置 Tilt X 为 45，可以看到 3D Layout 光路结构图如图 3-20 所示。这里为了方便观察，单击 Settings 按钮，在弹出的界面中将 Rotation 中的 X、Y 及 Z 都设置为 0。第 2 面及后面 z 轴（虚线）沿顺时针绕 x 轴转动 45°，后面的光学元件相应转动 45°，可以看到像面的转动。我们进一步将第 2 面的 After Surface 中的 Tilt X 设置为-45，z 轴进一步沿逆时针转动 45°。此时 z 轴又恢复到原来水平状态，像面也恢复到原来角度，如图 3-21 所示。注意此时的 Cross-Section 视图工具不起作用，因为该功能只对旋转对称性的光学系统起作用。但是这里光轴已经发生折转，认为该光学系统不再旋转对称。可以单击 3D Viewer 按钮或者 Shaded Model 按钮显示设计的系统。可以通过键盘上的 Pg Up、Pg Dn 及方向箭头键等控制其旋转角度和视场角。图 3-20 所示为在 Settings 界面中将 Rotation 参数 X、Y 和 Z 都设置为 0 时的视场角。

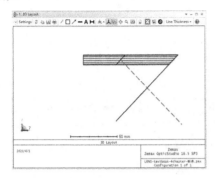
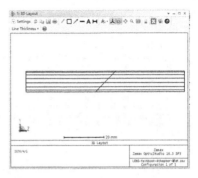

图 3-20　3D 光路结构图 1　　　　　　　　图 3-21　After Surface 进一步设置倾斜

2．插入坐标断点面（Coordinate Break）

设置一块简单的平板玻璃，在 System Explorer 对话框中设置入瞳为 10，Lens Data 编辑器设置如图 3-22 所示。其中第 2 面的 Material 为 BK7，Clear Semi-Dia 为 8。因为用户自己输入数值，所以后缀变为 U，即 User-Defined 的简写。

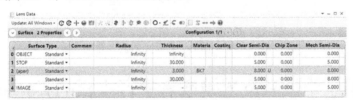

图 3-22　Lens Data 编辑器设置 2

此时，光路结构图如图 3-23 所示。在第 2 面前插入新的一面，并将 Surface Type 设置为 Coordinate Break。在该面的 Tilt About X 中输入 25，此时的光路结构图如图 3-24 所示。可以看到第 2 面及后面的 z 轴（虚线）沿顺时针绕 x 轴转动 25°，像面也相应发生转动。

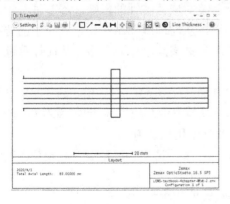
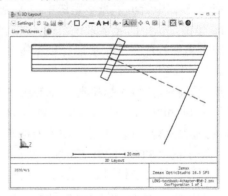

图 3-23　未设置断点的光路结构图　　　　　图 3-24　在第 2 面前设置断点后的光路结构图

进一步在第 4 面后面插入新的一面，并将 Surface Type 设置为 Coordinate Break。在该面的 Tilt About X 中输入−25，Lens Data 编辑器设置如图 3-25 所示，对应的光路结构图如图 3-26 所示。可以看到 z 轴在第 4 面后面开始逆时针旋转 25°，恢复到原来的水平状态。也可以看到，虽然这里改变了坐标折转方向，但是因为平板玻璃参数未变，所以平行光束传播特性也未发生改变，这是因为坐标断点面是独立面且参数可以设置为变量，因此该方法可以用于光学系统的优化。

图 3-25　Lens Data 编辑器设置 3

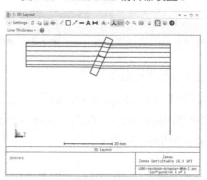

图 3-26　在第 4 面后设置断点后的光路结构图

3.3　光学系统中具有反射镜或者平行平板的 Zemax 仿真分析

1. 设计要求

以例 3-1 的光学系统参数为基础，基于 Zemax 进行仿真分析。

2. 仿真分析

在例 3-1 中给出了光学系统中加入棱镜或者反射镜对成像特性的影响。本节进一步利用 Zemax 建模该例中的光学系统结构，并计算相关结果，从而理解光路在光学系统中的传播行为。将棱镜展开成平行平板，并根据等效空气层的概念将该参数加到光路，从而计算像点的位置。

运行 Zemax，将光标移到 Lens Data 编辑器的第 0 面（OBJECT 面），Radius（曲率半径）为默认值 Infinity。在 Thickness 中输入 60，表示物体到后方薄凸透镜 L_1 的距离为 60mm。在 Clear Semi-Dia 输入 0，表示该物体为点源。其他参数都采用默认值。

在第 1 面（STOP 面），Surface Type 选择 Paraxial，表示透镜为近轴成像时理想薄透镜。设置理想透镜是为了和例 3-1 的情况相同。在 Thickness 中输入 110，表示透镜 L_1 到透镜 L_2 的距离为 110mm。在 Focal Length 中输入 40，表示凸透镜的焦距为 40mm。

第 1 面后插入新的一面（第 2 面），Surface Type 同样选择 Paraxial。单击 Thickness 选项

右侧空格，弹出后缀对话框 Thickness solve on surface 2，其中 Solve Type 选择 Marginal Ray Height，如图 3-27 所示，表示第二个透镜到下一个面的距离（本例即到像面的距离）自动调整为边缘光线高度最小，即可以认为像面会自动移到理想像点的位置。为了方便查看像点的位置，在后面的建模中都保留该设置。此外，在 Focal Length 中输入-40，表示凹透镜的焦距为-40mm。

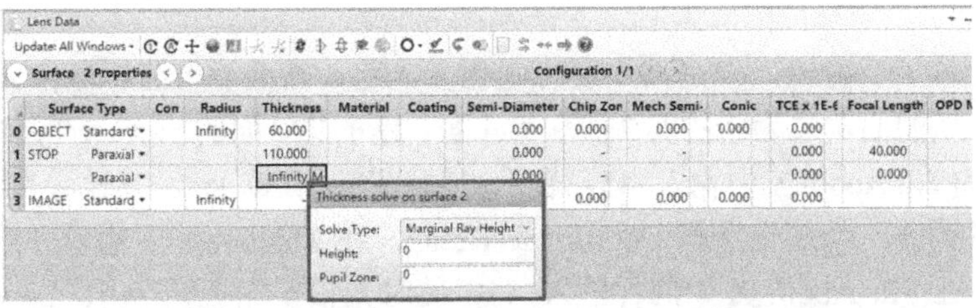

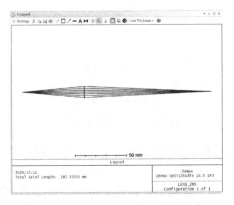

图 3-27　Thickness solve on surface 2 对话框设置

在 System Explorer 对话框中 Aperture 选项下面的 Aperture Type 下拉列表中选择 Object Cone Angle，设置 Aperture Value 为 5，Object Cone Angle 表示通过设置物空间边缘光线的半角度来定义系统的孔径角。一旦设定这个值，Zemax 就会自动调整其他透镜等光学元件的半径，以优先确保该角度的入射光正好通过整个光学系统。其他参数都采用默认值，设置好的参数如图 3-28 所示。

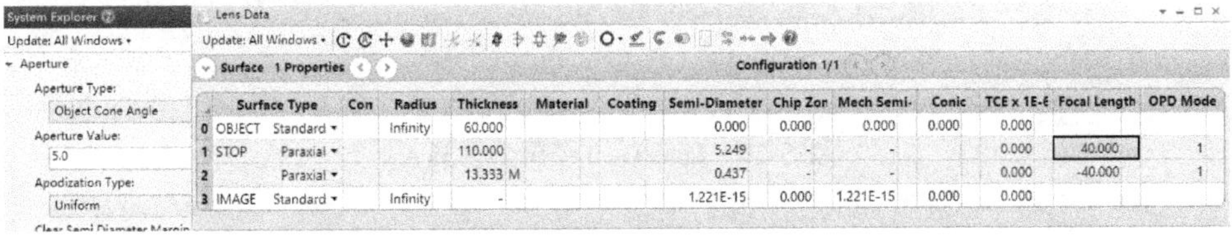

图 3-28　Lens Data 编辑器与 Aperture Type 设置

Cross-Section 光路结构图如图 3-29 所示。此时是在 Settings 界面中设置 Rotation 参数 X、Y 和 Z 都为 0 时的视角。

图 3-29　Cross-Section 光路结构图 2

物点通过透镜 L_1 成中间像点，其位于透镜 L_2 右侧。所以中间像点对于透镜 L_2 而言是虚物点。在 Lens Data 编辑器中，第 2 面的 Thickness 值显示为 13.333。该值和例 3-1 中反射镜情况下计算的像点位置是相同的。

也可以用插入虚构面的方法模拟反射镜对光路的反射作用。首先选择 Lens Data 编辑器中的第 1 面，在 Thickness 中输入 55，表示透镜 L_1 到反射镜的距离为 55mm。右击选择 Insert Surface After，这样在该面后插入一个新的面（成为第 2 面）用于模拟反射镜。在 Material 中输入 MIRROR。如果没有进一步在 Coating 中进行设置，那么这里的 MIRROR 默认为镀铝膜，复折射率为 0.7−7.0i（i 是单位虚数），且没有光能透过铝膜。关于镀膜的设置将在第 5 章中进一步介绍。

这里虽然设置了反射镜，但是如果要正确仿真光路，需要设置坐标断点。在第 2 面上、下分别插入两个新的面，成为新的第 2 面和第 4 面。新的第 2 面的 Surface Type 选择 Coordinate Break，在该面的 Tilt About X 中输入−45，表示光轴逆时针旋转 45°。其他参数都采用默认值。新的第 4 面的 Surface Type 也选择 Coordinate Break，在 Thickness 中输入−55，表示成像在反射镜的物空间，在 Tilt About X 中同样输入−45，此时光轴累加折转−90°。Lens Data 编辑器设置如图 3-30 所示。可以看到第 5 面的 Thickness 显示为−13.333，表示像点在透镜 L_2 后面 13.333mm 处。可以看到相对于透镜 L_2，像的位置未因反射镜而发生改变。图 3-31 所示为 3D 光路结构图。

Lens Data
Update: All Windows
Surface 2 Properties
Configuration 1/1

	Surface Type		Com	Radius	Thickness	Material	Coati	Semi-Diame	Chip Zon	Mech Semi-	Conic	TCE x 1E-	Decenter X	De	Tilt About	Tilt About Y	Tilt About Z	Order
0	OBJECT	Standard		Infinity	60.000			0.000	0.000	0.000	0.000	0.000						
1	STOP	Paraxial			55.000			5.249	-	-		0.000	40.000					
2		Coordinate Break			0.000			0.000	-	-		-	0.000	0.0	-45.000	0.000	0.000	(
3		Standard		Infinity	0.000	MIRROR		4.205	0.000	4.205	0.000	0.000						
4		Coordinate Break			-55.000			0.000	-	-		-	0.000	0.0	-45.000	0.000	0.000	(
5		Paraxial			-13.333 M			0.437	-	-		0.000	-40.000					
6	IMAGE	Standard		Infinity	-			4.385E-15	0.000	4.385E-15	0.000	0.000						

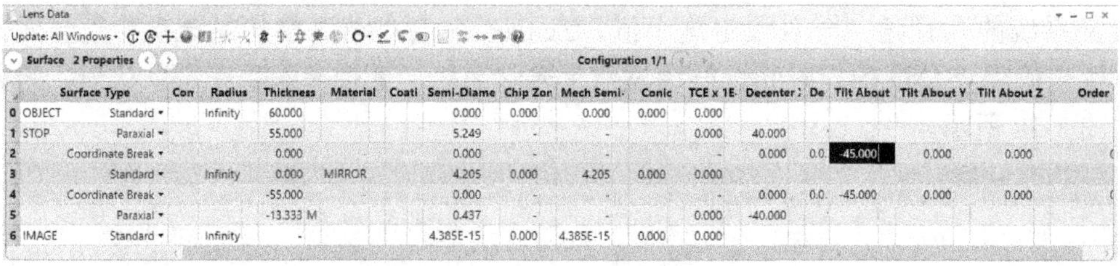

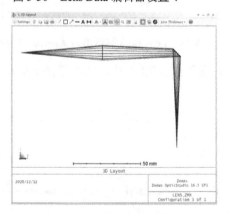

图 3-30 Lens Data 编辑器设置 4

图 3-31 3D 光路结构图 2

当将光路中的反射镜改成等腰直角棱镜时，为了方便建模和仿真，在光路相应位置插入棱镜展开后的平行平板。将 Lens Data 编辑器中参数恢复到如图 3-28 所示的设置。第 1 面的 Thickness 改为 25，并在下面插入新的一面，即新的第 2 面，在 Thickness 中输入 60，即平行平板的厚度为 60mm。在 Material 的后缀对话框 Glass solve on surface 2 中，Solve Type 选择 Model，在 Index Nd 中输入 1.5，即自定义材料折射率为 1.5。此外，Abbe Vd 与 dPgF 都为 0。Abbe Vd 为阿贝系数，表示玻璃色散，dPgF 为局部色散，具体含义读者可以查阅软件 Help 文档。此时可以看到，在 Lens Data 编辑器中 Material 显示为 1.50,0.0，后缀变为 M，如图 3-32 所示，表示该参数为用户自定义的数值。

在第 2 面下面插入新的一面，在 Thickness 中输入 25，表示棱镜到透镜 L_2 的距离为 25mm。其他参数都采用默认值。Lens Data 编辑器设置如图 3-32 所示。可以看到第 4 面（透镜 L_2）的 Thickness 值自动调整为 120，说明像点在透镜 L_2 后方 120mm 处。该值和前面理论计算是一样的。打开 Cross-Section 工具可以看到光路结构图，如图 3-33 所示。可以放大观察光路的细节，从而加深理解平行平板对光学成像的影响。可以看到平行平板对会聚的光束具有一定的发散作用。物点对透镜 L_1 成的中间像对于透镜 L_2 而言是虚物点，且物距更大了，所以像点位置远离了透镜 L_2。这也验证了等效空气层的概念。

	Surface Type		Con	Radius	Thickness	Material	Coating	Semi-Diameter	Chip Zor	Mech Semi-	Conic	TCE x 1E-6	Focal Length	OPD Mode
0	OBJECT	Standard		Infinity	60.000			0.000	0.000	0.000	0.000	0.000		
1	STOP	Paraxial			25.000			5.249	-	-		0.000	40.000	1
2		Standard		Infinity	60.000	1.50,0.0 M		4.156	0.000	4.156	0.000	0.000		
3		Standard		Infinity	25.000			2.407	0.000	4.156	0.000	0.000		
4		Paraxial			120.000 M			1.313	-	-		0.000	-40.000	1
5	IMAGE	Standard		Infinity	-			3.717E-03	0.000	3.717E-03	0.000	0.000		

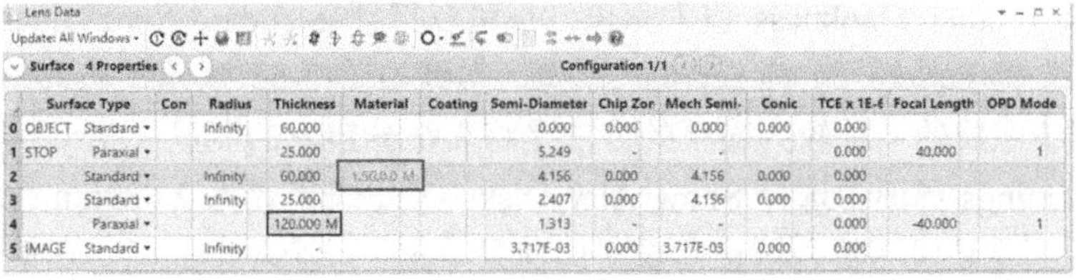

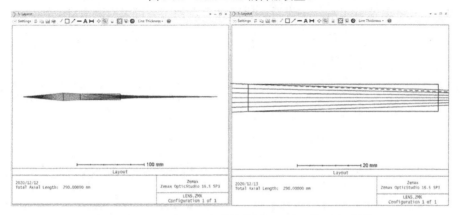

图 3-32　Lens Data 编辑器设置 5

图 3-33　Cross-Section 光路结构图及平行平板处细节图

3.4　具有反射镜的光学系统 Zemax 设计实例——牛顿望远镜

1. 设计要求

反射镜为一个抛物线型镜面，用于纠正所有阶的球差；焦距为 760mm *F*/4。牛顿望远镜原理图与实物图如图 3-34 所示。

2. 知识补充

抛物线型反射镜具有完美成像功能。具体可以采用费马原理进行解释。根据 $F=f'/D$，f'为焦距，D 为光孔直径，焦距 760mm *F*/4 表明我们可以选择一个曲率半径为 1520mm 的镜面，且光学系统的孔径可为 190mm。

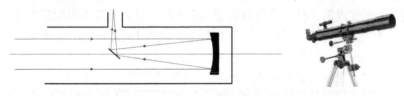

图 3-34　牛顿望远镜原理图与实物图

3. 仿真分析

运行 Zemax，将光标移到 Lens Data 编辑器的第 1 面（STOP 面），在 Radius 中输入-1520，负号表示凹面，在此面即同一行的 Thickness 中输入-760，这个负号表示通过该面反射后，光线向后方传播。在 Material 中输入 MIRROR，表示镀铝的反射膜。

在 System Explorer 对话框中将 Aperture 选项下面的 Aperture Type 设置为默认的 Entrance Pupil Diameter，将 Aperture Value 设置为 190。其他的参数如 Wavelength(0.550μm)和 Fields (X=0,Y=0)等都采用默认值。打开 Cross-Section 工具，可以看到光线的轨迹。像面在镜面的左侧，这是因为第 1 面的 Thickness 值为负值。也可以打开 Standard Spot Diagram 对话框，在 Settings 界面中选择 Pattern 为 Hexapolar 模型，得到如图 3-35 所示的点列图，RMS 半径为 115.527mm。评价像质的一种较为简单的方法是将表征分辨率的艾里（Airy）衍射斑加到点列图的顶部。在 Settings 界面中选择 Show Airy Disk。艾里斑半径为 2.689μm，光斑直径远大于艾里斑直径的原因是还没有输入圆锥常量，此前只是定了一个球形曲面。在第一面的 Conic 中输入-1。Conic 中参数设置代表了界面不同面型，这里-1 表示抛物线型镜面。读者可以进一步查阅软件的 Help PDF 文件了解相关设置。重新打开点列图，可以看到 RMS 半径为 0。

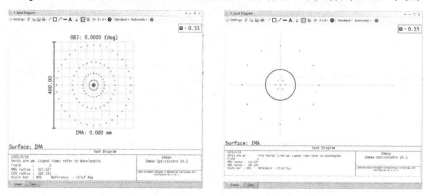

图 3-35　点列图与显示艾里斑的点列图

但是这种光学结构由于像处在入射光路的光程中，图像无法接收，所以通常在主镜面后放一个反射镜面用于折转光线。反射镜面以 45°角度倾斜，将像从光轴上往外转出来。下面设计折转面的位置。由于入射的光束宽度为 190mm，这需要像面至少离开光轴 95mm。这里选择 160mm，这样折叠反射镜距离主反射面有 600mm。

将第 1 面的 Thickness 改为-600。将光标移到 IMAGE 面，在第 1 面与 IMAGE 面之间插入新的一面。因为不是用于对光产生折射等，所以该面称为虚构面。这个虚构面被用于设计折叠面。在这个虚构面上的 Thickness 中输入-160，并用鼠标选中虚构面，插入一个折叠面。这里展示一种基于坐标断点实现反射镜与光轴折转的简易操作。如图 3-36 所示，单击 Add Fold Mirror 图标，弹出 Add Fold Mirror 对话框，在对话框中 Fold Surface 采用默认的第 2 面，Reflect Angle 输入 90°，完成设置后，单击 OK 按钮。此时，Lens Data 编辑器设置如图 3-37 所示。可以看到第 2 面变成第 3 面，前后自动插入第 2 面和第 4 面两个坐标断点面，且 Tilt About X 都为 45，最后光轴折转 90°。另外，可以看到第 4 面的 Tilt About X 后缀为 P。单击 P，弹出 Parameter 3 solve on surface 4 对话框，如图 3-38 所示，Solve Type 默认为 Pickup，所以后缀为 P，From Surface 为 2，From Column 为 Current。这表明当前第 4 面 Tilt About X 的值和第 2 面的相同。查看此时的光路结构图，单击 3D Viewer 按钮，3D 光路结构图如图 3-39 所示。

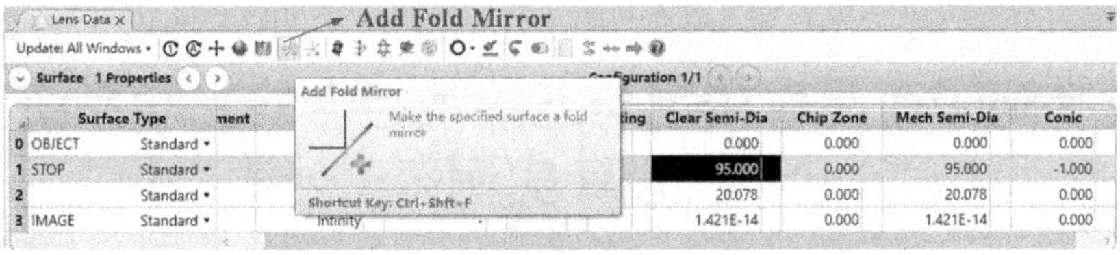

图 3-36　在 Lens Data 编辑器中加入折叠反射镜面

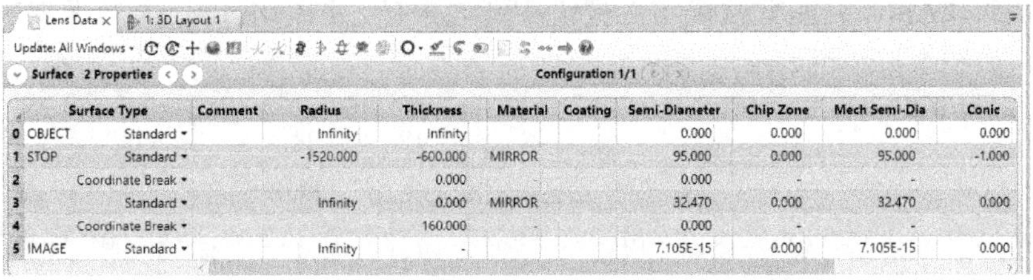

图 3-37　加入了折叠反射镜面的 Lens Data 编辑器设置

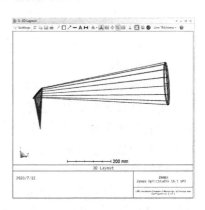

图 3-38　坐标断点的 Pickup 设置　　　　　图 3-39　3D 光路结构图 3

对于折叠反射式牛顿望远镜系统，入射光落在折叠反射镜区域的光线会被阻挡。所以在设计时需要把这部分光挡住，不允许其落在像面上。首先将光标停在第 1 面，在 STOP 面前插入一个虚构面，将 Thickness 设置为 800。单击 Surface 1 Properties 按钮，弹出设置对话框，单击 Aperture 选项，在 Aperture Type 下拉列表中选择 Circular Obscuration，设置 Maximum Radius 为 40，如图 3-40 所示。为了方便显示，在 Lens Data 编辑器的该面的 Semi-Diameter 中也输入 40。最后打开 Shaded Model 光路结构图，如图 3-41 所示，可以看到部分入射光已经被挡住。

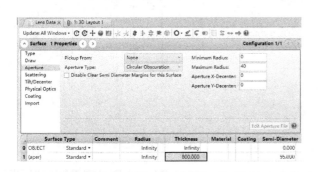

图 3-40　Surface 1 Properties 对话框中孔径参数设置

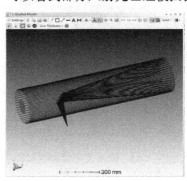

图 3-41　Shaded Model 光路结构图

3.5 具有阿米西屋脊棱镜与五棱镜组合的光学系统 Zemax 设计实例

1. 设计要求

利用阿米西（Amici）屋脊棱镜与五棱镜实现光束往上偏移 4mm，其转像要求水平方向实现镜像对称，如图 3-42 所示。

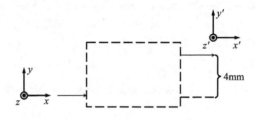

图 3-42 光学系统设计需求图

2. 知识补充

阿米西屋脊棱镜是以发明者意大利天文学家乔凡尼·阿米西的名字命名的，是一种用于图像倒置并偏转 90°的反射型的光学棱镜，阿米西屋脊棱镜实物示意图如图 3-43 所示。它在望远镜的目镜中常常被使用，用作图像架设的系统。这个元件的形状像是在最长边附加上屋顶的标准直角棱镜（包括两个以 90°正交的平面），在屋顶部分的全反射使图像侧向翻转。图像的旋向性没有被改变。

五棱镜是一种光线发生两次反射并偏转 90°出射的反射性光学棱镜，五棱镜光线传播示意图如图 3-44 所示。五棱镜通常使用在单透镜反射式（单反）相机内，用来折转光线，五棱镜在单反相机中的功能示意图如图 3-45 所示。在按下快门按钮前，光线通过五棱镜进入取景器，人眼可直接观察被摄影的景物。

在第 1 章 Zemax 软件的介绍中讲到非序列模型用于一条光线可以与同一物体相交不止一次，或者以任意顺序与多个物体相交，如照明与杂散光分析等。光线在棱镜中常常发生多次反射与折射，适合非序列模型。所以本实例将采用序列/非序列混合模型进行光学设计。

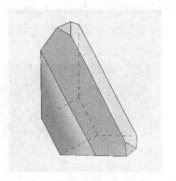

图 3-43 阿米西屋脊棱镜实物示意图

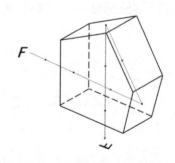

图 3-44 五棱镜光线传播示意图

按下快门按钮前的状态

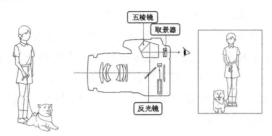

按下快门按钮后的状态

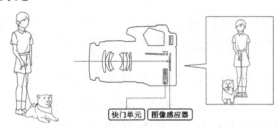

图 3-45　五棱镜在单反相机中的功能示意图

另外，光线通过反射棱镜也常常会发生光偏振的变化。Zemax 等光学设计软件都考虑了这种偏振变化。偏振光线的追迹是几何光线追迹的拓展。电场偏振矢量可以写成式（3-12）。描述光偏振态及相位的变化可以采用琼斯矩阵。在本实例中可以看到光束经过屋脊棱镜后偏振态分成了两种情况。

$$E = \begin{bmatrix} E_x \\ E_y \\ E_z \end{bmatrix} \qquad (3\text{-}12)$$

3．仿真分析

运行 Zemax，将光标移动到 System Explorer 对话框，Aperture 选项下面的 Aperture Type 为默认的 Entrance Pupil Diameter，设置 Aperture Value 为 0.9。其他的参数如 Wavelengths(0.550μm) 和 Fields (X=0,Y=0)等都采用默认值。将光标移动到 Lens Data 编辑器，设置 STOP 面的厚度值为 1。右击 STOP 面，并在该面后插入新的一面。Surface Type 选择 Non-Sequential Component。此时，我们插入了非序列模型的元件，在后面进一步用于设计棱镜系统。

当定义了 Non-Sequential Component 面时，System Explorer 对话框中弹出 Non-Sequential 的系统参数设置对话框，这里采用默认值。此时，该设计模型变为序列/非序列混合模型。单击工具栏中的 Setup 选项，并单击 Non-Sequential 图标，如图 3-46 所示。打开非序列模型编辑器（Non-Sequential Component Editor），在第 1 面的 Object Type 下拉列表中选择 Polygon Object，即多边形物体，此时会弹出 Data File 对话框，进一步在 Data File 下拉列表中选择 Amici_roof.pob，如图 3-47 所示。

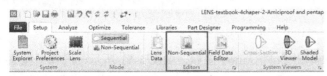

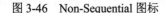

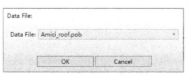

图 3-46　Non-Sequential 图标　　　　　　　　　图 3-47　Data File 对话框

这是 Zemax 中已经定义好的阿米西屋脊棱镜模型，可以在此基础上调整结构参数。在 X Position、Y Position 和 Z Position 中都输入 0，在 Material 中输入 BK7。右击该行物体，并在下面插入新的一物体，在 Object Type 下拉列表中选择 Polygon Object，此时会弹出 Data File 对话框，进一步在 Data File 下拉列表中选择 penta.pob。在 Y Position 中输入 4，在 Z Position 中输入 2.7，在 Tilt About Y 中输入 180，在 Material 中输入 BK7，在 Scale 中输入 2，该参数表示棱镜整体缩放比例。非序列模型的编辑器设置如图 3-48 所示。其中 X Position、Y Position 与 Z Position 的值代表了棱镜的位置。

	Object Type	Comment	Ref Object	Inside Of	X Position	Y Position	Z Position	Tilt About X	Tilt About Y	Tilt About Z	Material	Scale	Is Volume?
1	Polygon Object ▾	Amici_roof.POB		0	0.000	0.000	0.000	0.000	0.000	0.000	BK7	1.0...	1
2	Polygon Object ▾	penta.POB		0	0.000	4.000	2.700	0.000	180.000	0.000	BK7	2.0...	1

图 3-48　非序列模型的编辑器设置

回到 Lens Data 编辑器，在 Non-Sequential Component 一行的 Exit Loc Y 与 Exit Loc Z 中均输入 4，其代表了棱镜的出光端口相对于入射端口的相对位置。在该面下面插入新的一面，在 Thickness 中输入 1，在 Clear Semi-Dia 中输入 0.51。此时插入了一个虚构面，使得棱镜的出光面到像面的距离为 1mm。此时，棱镜光学系统的设置完成。Lens Data 编辑器设置如图 3-49 所示。单击工具栏中的 Analyze 选项，并单击 Shaded Model 图标，弹出 Shaded Model 对话框，单击左上角的 Settings 按钮，在弹出的界面中设置 Opacity 为 All 50%，得到如图 3-50 所示的光路结构图。

	Surf:Type	Comment	Radius	Thickness	Materia	Coatin	Semi-Diamet	Chip Zo	Mech Semi-Dia	Conic	TCE x 1E-6	Draw Por	Exit Loc X	Exit Loc Y	Exit Loc Z
0	OBJECT	Standard ▾		Infinity	Infinity			0.000	0.000	0.000	0.000	0.000				
1	STOP	Standard ▾		Infinity	1.000			0.450	0.000	0.450	0.000	0.000				
2		Non-Sequential Component ▾		Infinity	-			0.450	-	-	0.000	0.000	3	0.000	4.000	4.000
3		Standard ▾		Infinity	1.000			0.510 U	0.000	0.510	0.000	0.000				
4	IMAGE	Standard ▾		Infinity				0.450 U	0.000	0.450	0.000	0.000				

图 3-49　Lens Data 编辑器设置 6

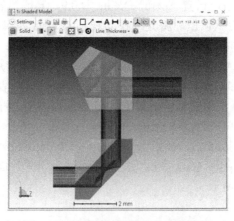

图 3-50　设计的棱镜系统光路结构图

单击工具栏中的 Analyze 选项，并单击 Polarization 图标，如图 3-51 所示，选择下拉菜单中的 Polarization Pupil Map 命令，弹出 Polarization Pupil Map 对话框，单击左上角的 Settings

按钮，在弹出的界面中的 Surface 选项中选择需要观察的面，可以看到在该面上的偏振图案，如图 3-52 所示。

图 3-51　Polarization 图标

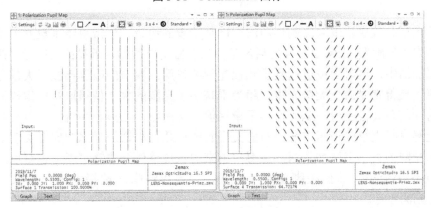

图 3-52　第 1 面和像面上的偏振态情况

第 4 章 Zemax 光束限制设计与多重结构设计

对成像光束和成像范围起限制作用的可以是透镜的边缘、框架或特别设置的带孔屏障，这些都统称为"光阑"。光阑在各种生活场景下都有应用。例如，近视的人眯起眼睛看远处事物会变得更加清晰，这时眼缝就起到了孔径光阑的作用。狭窄的眼缝挡住了大部分入射高度较高的光束，使得宽光束变为细光束，相当于减小了光圈的大小使得原本成像模糊的位置被纳入成像清晰的距离范围内，从而增加了景深值。又例如，在摄影系统中，单反相机的光圈也是一种光阑直径大小的表示方法。与前文提到的小孔视物增加景深的原理类似，相机也可以通过减小光圈的大小来增加景深，使得拍出来的照片整体都非常清晰。也可以通过增大光圈的大小使景深变小，从而模糊化照片背景，突显出清晰的拍摄主体。本章将介绍使用 Zemax 进行光阑设计。

4.1 光学系统中的孔径光阑、入射光瞳与出射光瞳

每个光学系统都有一定数量的光阑，每个光阑都对光束起限制作用。其中对光束孔径限制最多的光阑，即决定光学系统成像光束宽度的光阑称为"孔径光阑"。被孔径光阑限制的光束中的边缘光线与物、像方光轴的夹角 u 和 u'，分别称为"入射孔径角"和"出射孔径角"。

孔径光阑可以安装在透镜前，也可以安装在透镜后，如图 4-1 和图 4-2 所示。它们对于限制孔径角大小的作用相同，但不同位置的孔径光阑参与成像的光束通过透镜的部位不同。

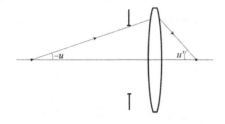

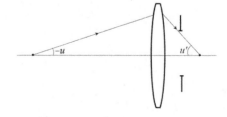

图 4-1　孔径光阑安装在透镜前　　　　图 4-2　孔径光阑安装在透镜后

4.1.1 入射光瞳与出射光瞳

孔径光阑对光学系统物空间和像空间所成的像均称为"光瞳"。孔径光阑经过其前面的系统所成的像，称为"入射光瞳"，简称"入瞳"；孔径光阑经过其后面的系统所成的像，称为"出射光瞳"，简称"出瞳"。显然，孔径光阑和入瞳之间的关系是物像关系，两者共轭；孔径光阑和出瞳之间的关系也是物像关系，两者也共轭。因此，入瞳、出瞳及孔径光阑三者之间具有一一对应、互为共轭的关系。

依照判断孔径光阑的方法，也可以直接判断哪个是出瞳。将所有边框和开孔屏的内孔经

其后面的系统成像到整个系统的像空间，比较这些像的边缘对轴上像点张角的大小，其中张角最小者即出瞳。与出瞳共轭的实际光阑为孔径光阑。

图 4-3（a）和图 4-3（b）所示分别为光阑加在透镜前后的情况。它们限制光束的作用都比透镜口径大，因此都是孔径光阑。其中，光阑 P 和 P' 为共轭关系。在图 4-3（a）中，孔径光阑 P 在物方，入射孔径角直接由它确定。但是从像方的角度可以设想 P 是 P' 的像，因此出射孔径角由 P' 确定。在图 4-3（b）中，孔径光阑 P 在像方，出射孔径角直接由它确定，入射孔径角由它的像 P' 确定。显然，在图 4-3（a）中，孔径光阑 P 在物方，则 P 是入瞳，P' 是出瞳。在图 4-3（b）中，孔径光阑 P 在像方，P 是出瞳，P' 是入瞳。

在实际的光学系统中，孔径光阑的共轭像往往是虚像，如图 4-4（a）和图 4-4（b）所示。在图 4-4（a）中，P 是入瞳，P' 是出瞳；在图 4-4（b）中，P 是出瞳，P' 是入瞳。

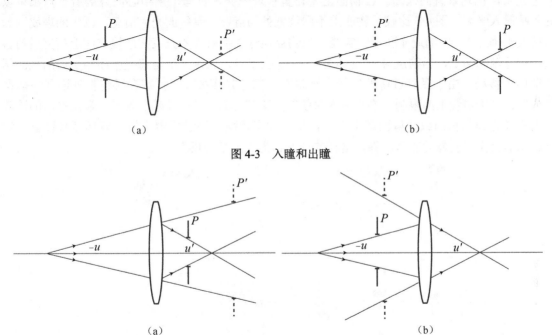

（a）　　　　　　　　　　　　　（b）

图 4-3　入瞳和出瞳

（a）　　　　　　　　　　　　　（b）

图 4-4　入瞳和出瞳（虚）

4.1.2　入射窗与出射窗

同孔径光阑一样，视场光阑经其前面的光学系统所成的像称为"入射窗"或"入窗"；视场光阑经其后面的光学系统所成的像称为"出射窗"或"出窗"。如果视场光阑放置在像面上，则入射窗就与物面重合，出射窗就是视场光阑本身；如果视场光阑放置在物面上，则出射窗就与像面重合，入射窗就是视场光阑本身。因此，视场光阑、入射窗和出射窗三者之间是互为物像关系的，三者之间的共轭关系类似于孔径光阑、入瞳、出瞳三者之间的关系。它们在各自的空间中对视场的限制是等价的。

具有一定物高的物点发出的是圆锥光束。为了定义视场角，这里需要介绍主光线的概念。轴外物点发出并通过入瞳中心的光线称为"主光线"，如图 4-5 所示。在没有渐晕的情况下，主光线是圆锥光束的中心光线，并常常利用主光线来代表圆锥光束。主光线与光轴的夹角为视场角。Zemax 软件中 Spot Diagram 的原点默认为主光线与观察面的交点（见图 1-19）。

主光线在分析轴外光束像质评价中也具有重要意义，在第 6 章中会进一步讲到。

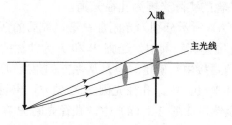

图 4-5　主光线

图 4-6 所示的系统由一个透镜和一个光孔组成。因为光孔对光束起限制作用，所以光孔为孔径光阑，也是系统的入瞳。在物面上未设置视场光阑，物面上从中心向外的所有点都可以向入瞳射入光束。图 4-6 比较了物面上不同位置处的点射入系统的光束情况，图中的虚线圆为透镜关于轴上点 A_1 的通光孔径，实线圆为物点经过入瞳射入的光束在透镜平面上相交后的截面。在垂轴物面上，当物点 A 分别移至 $A_1 \sim A_4$ 位置时，入射光束与透镜平面相交后的截面圆逐渐向上移动。由于受到透镜的口径大小限制，部分光线被逐渐拦截在透镜框外面，不能参与成像。由于透镜框的限制，物点射入系统的光束在 A_4 点时已经减少到零。显然这里的透镜作为视场光阑与物面或者像面都不重合，轴外物点远离光轴过程中成像光束逐渐减弱直到消失。像面上没有明显的明暗边界，这样的视场称为"渐晕视场"。

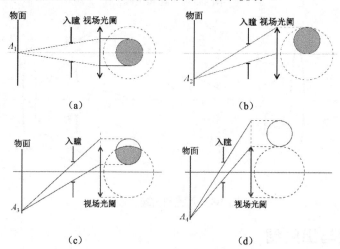

图 4-6　轴外点不同位置的渐晕

由上述分析可知，当视场光阑与物面或像面都不重合时，系统必然产生渐晕。假定轴向光束的口径为 D，视场角为 ω 的轴外光束在子午截面内的光束宽度为 D_ω，则 D_ω 与 D 的比值称为"线渐晕系数"，用 K_ω 表示为

$$K_\omega = \frac{D_\omega}{D} \tag{4-1}$$

另一种用来表示渐晕的方法是采用轴外物点通过光学系统的光束面积 S_ω，即图 4-7 中斜线阴影部分面积与轴上物点通过系统的光束面积 S 之比，称为"面渐晕系数"。

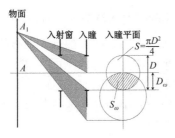

图 4-7　渐晕系数

$$K_S = \frac{S_\omega}{S} = \frac{S_\omega}{\pi D^2 / 4} \qquad (4\text{-}2)$$

这里需要注意的是，Zemax 采用面渐晕系数。但是在很多场合中为了简便计算，多采用线渐晕系数。当系统存在渐晕时，视场边缘的光强度逐渐减小且无清晰的边界。当然视场边缘的分辨率也会降低，所以在很多光学仪器的设计中需要避免这种渐晕。但是渐晕也阻挡了部分轴外质量不好的光束，所以在某种程度上也有利于改善成像质量。

4.2　光学系统的景深

在使用光学仪器时，如在用显微镜观察时，看到的微小物体只有在一个有限的深度范围内是清晰的。这个清晰的范围在设计光学系统时是需要考虑的。从理论上讲，理想光学系统中物像之间的关系是相互对应的。根据共线理论可知，像方的一个平面有且只有一个物方平面与之对应。但在实际生活中，有时得到的并不仅仅是一个平面物体的像，而是具有一定空间深度的景物像。物体的光束受限与这种现象的发生有关。因为受孔径光阑的限制，任意物点成像都将受到有限孔径光束的限制。当入瞳直径为一定值时，便可确定成像空间的深度。在此深度范围内的物体，都能在接收器上成清晰像。把这种能在景像面上可以获得清晰像对应的物方空间深度范围称为"景深"。

设对准平面、远景平面和近景平面到入瞳的距离分别为 p、p_1 和 p_2，并以入瞳中心点 P 为坐标原点，则上述各值均为负值。而在像空间对应的共轭面到出瞳的距离分别为 p'、p'_1 和 p'_2，并以出瞳中心点 P' 为坐标原点，则上述各值均为正值。

如图 4-8 所示，设入瞳直径为 $2a$，景像面与对准平面上所形成的有限大小的光斑（弥散斑）直径分别为 z_1、z_2 和 z'_1、z'_2。因为这两个平面是一对共轭平面，所以可以得到：

$$z'_1 = \beta z_1, \quad z'_2 = \beta z_2 \qquad (4\text{-}3)$$

式中，β 为景像面与对准平面之间的垂轴放大率。由图 4-8 中相似三角形关系可得：

$$\frac{z_1}{2a} = \frac{p_1 - p}{p_1}, \quad \frac{z_2}{2a} = \frac{p - p_2}{p_2} \qquad (4\text{-}4)$$

于是有：

$$z_1 = 2a \frac{p_1 - p}{p_1}, \quad z_2 = 2a \frac{p - p_2}{p_2} \qquad (4\text{-}5)$$

及

$$z'_1 = 2\beta a \frac{p_1 - p}{p_1}, \quad z'_2 = 2\beta a \frac{p - p_2}{p_2} \qquad (4\text{-}6)$$

因此，景像面上的弥散斑大小除了与入瞳有关，还与距离 p、p_1 和 p_2 有关。

景深表示像面上获得清晰像（物点所成的弥散圆不能被接收器分辨）的物空间深度，以 Δ 表示。其中，能成清晰像的最远平面称为"远景平面"；能成清晰像的最近平面称为"近景平面"。它们分别用 Δ_1 和 Δ_2 表示，则有如下关系：

$$\Delta_1 = p_1 - p，\quad \Delta_2 = p - p_2；且 \Delta = \Delta_1 + \Delta_2 \tag{4-7}$$

即景深等于远景深度与近景深度之和。

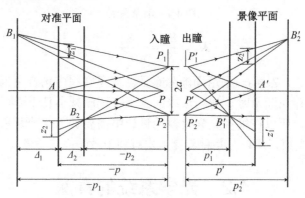

图 4-8　光学系统的景深

4.3　Zemax 中光束限制的设计方法——单透镜光束限制的设计与分析

1. 设计要求

设计一单透镜并分析光阑对透镜成像的影响。

2. 知识补充

首先介绍 Zemax 中与光束限制有关的设置。根据前文理论知识可知，可以根据光阑的尺寸计算对光束的限制效果，从而确定哪个光学元件是孔径光阑，并确定相应的光瞳。在 Zemax 中为了方便系统设计与像差计算，光瞳设置有所不同。Zemax 可以优先设置某个面为孔径光阑，或者直接设置入瞳孔径尺寸，其他透镜等光学元件的尺寸会按系统光瞳设置值自动调整。在 System Explorer 对话框的 Aperture 选项下面的 Aperture Type 下拉列表中可以选择光瞳尺寸的具体设置方法。

Entrance Pupil Diameter（入瞳直径）：设置物空间的入瞳直径。一旦用户设置了该参数，光学系统中的诸如透镜半径等参数都会自动调整。

Image Space F/#（像空间 F/#）：设置像空间的 F 数（光圈数），即 $F = \dfrac{f'}{D}$，D 为入瞳直径。当透镜结构固定后，f' 也固定，所以调整 F 值等效于调整入瞳直径。

Object Space NA（物空间数值孔径）：设置物空间的数值孔径值（$n = \sin\theta_m$），该值用于物体有限距离的处理。

Float By Stop Size（通过光阑尺寸浮动）：通过在 Lens Data 编辑器中设置 STOP 面的孔径大小来确定系统的入瞳孔径尺寸。

Paraxial Working F/#（近轴工作 F/#）：设置共轭像空间的近轴 F 值。

Object Cone Angle（物方锥形角）：设置物空间边缘光线的半角度。

此外，Zemax 中并没有视场光阑、入射窗与出射窗相关概念。用户可以自定义光束的入射角度，而且可以通过 Zemax 可视化工具，如 Cross-Section、3D Viewer 等来判断光阑限制轴外点光束的细节。但是 Zemax 提供了渐晕的计算工具。单击工具栏中的 Analyze 选项，并单击 Rays&Spots 图标，在弹出的下拉菜单中选择 Vignetting Plot 命令，可以显示设计的光学系统渐晕曲线。在 Lens Data 编辑器中，打开第#面的 Surface # Properties 对话框，Aperture 选项中有 Aperture Type，在其下拉列表中选择孔径类型。Obscuration 类型的孔径也起对光束的限制作用。

3．仿真分析

运行 Zemax 软件，在 System Explorer 对话框的 Aperture 选项下面，将 Aperture Type 设置为 Entrance Pupil Diameter，将 Aperture Value 设置为 3。在 Fields 选项中将 y 轴方向三个视场角分别设置为 0°、10°和 15°。Lens Data 编辑器设置如图 4-9 所示。在第 2 面和第 3 面的 Clear Smei-Dia 中输入具体值后，其后缀变为 U，且 Surf:Type 显示(aper)。设置第 4 面为 STOP 面，具体操作如下：打开该面 Surface 4 Properties 对话框，单击 Type 选项，勾选 Make Surface Stop 复选框。同时在对话框 Aperture 选项中设置 Aperture Type 为默认值 None。

	Surf:Type	Comment	Radius	Thickness	Material	Coating	Clear Semi-Día	Chip Zone	Mech Semi-Día	Conic	TCE x 1E-6
0	OBJECT	Standard ▾		Infinity	Infinity			Infinity	0.000	Infinity	0.000	0.000
1		Standard ▾		Infinity	6.000			4.551	0.000	4.551	0.000	0.000
2	(aper)	Standard ▾		10.000	1.000	BK7		3.000 U	0.000	3.000	0.000	-
3	(aper)	Standard ▾		-10.000	3.000			3.000 U	0.000	3.000	0.000	0.000
4	STOP	Standard ▾		Infinity	6.500			3.000 U	0.000	3.000	0.000	0.000
5	IMAGE	Standard ▾		Infinity	-			4.585	0.000	4.585	0.000	0.000

图 4-9　Lens Data 编辑器设置 1

单击工具栏中的 Analyze 选项，并单击 Cross-Section 图标，可以看到如图 4-10 所示的光路结构图。

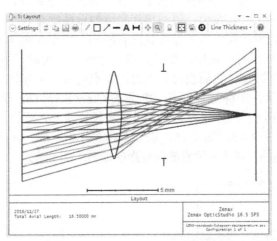

图 4-10　Cross-Section 光路结构图 1

由于设置了 Entrance Pupil Diameter 为 3，所以可以看到限制光束的并非透镜等光学元件。

进一步将 System Explorer 对话框的 Aperture 选项下面的 Aperture Type 设置为 Float By Stop Size。此时，入瞳孔径尺寸受 STOP 面控制，为了方便使 IMAGE 面的 Clear Semi-Dia 为 5，分别设置 STOP 面的 Clear Semi-Dia 为 2、1 和 0.5，得到的光路结构图如图 4-11 所示，可以看到

STOP 面的尺寸限制了入射光束的尺寸。

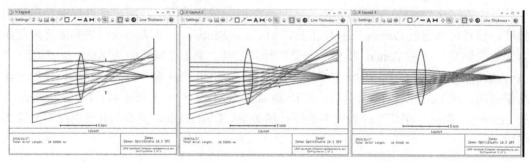

图 4-11　STOP 面的 Clear Semi-Dia 的值分别为 2、1 和 0.5 情况下的光路结构图

　　设置 STOP 面的 Clear Semi-Dia 为 1，并在该面下面插入新的一面。调整 STOP 面的 Thickness 为 3。新的一面的 Thickness 为 3.5，Clear Semi-Dia 为 3，Surface Properties 中的 Aperture Type 为 Circular Obscuration。Minimun Radius 与 Maximum Radius 分别为 1 与 3。Lens Data 编辑器设置如图 4-12 所示。

	Surf:Type	Comment	Radius	Thickness	Material	Coating	Semi-Diameter	Chip Zone	Mech Semi-Dia	Conic	TCE x 1E-6
0	OBJECT	Standard ▾		Infinity	Infinity			Infinity	0.000	Infinity	0.000	0.000
1		Standard ▾		Infinity	6.000			4.566	0.000	4.566	0.000	0.000
2	(aper)	Standard ▾		10.000	1.000	BK7		3.000 U	0.000	3.000	0.000	-
3	(aper)	Standard ▾		-10.000	3.000			3.000 U	0.000	3.000	0.000	0.000
4	STOP	Standard ▾		Infinity	3.000			1.000 U	0.000	1.000	0.000	0.000
5	(aper)	Standard ▾		Infinity	3.500			3.000 U	0.000	3.000	0.000	0.000
6	IMAGE	Standard ▾		Infinity				5.000 U	0.000	5.000	0.000	0.000

图 4-12　Lens Data 编辑器设置 2

　　单击工具栏中的 Analyze 选项，并单击 Cross-Section 图标，得到如图 4-13 所示的光路结构图。可以看到在大视场角下，光线被 Obscuration 这一面遮挡。单击工具栏中的 Analyze 选项，并单击 Rays&Spots 图标，在弹出的下拉菜单中选择 Vignetting Plot 命令，得到渐晕曲线，如图 4-14 所示。需要说明的是，Zemax 是按面积来计算渐晕系数的。可以看到在视场角 12° 以上的情况已经没有光线能透射到像面，该结果和光路结构图吻合。

　　按前文所述，孔径光阑的尺寸对成像的景深有影响。根据在图 4-15 中不同的 STOP 面的尺寸下光束的大小，可以判断该现象。显然，在孔径光阑较大时，像面上的光束容易形成更加弥散的斑点，导致景深减小。我们也可以通过计算点列图来验证该结论。为了方便，将第 5 面（Obscuration 面）删除，并将第 4 面 STOP 面的 Clear Semi-Dia 设置为 1，将 Thickness 设置为 6、6.3 及 6.5 三种情况，来计算点列图。进一步设置 STOP 面的 Clear Semi-Dia 为 1 并计算点列图。计算结果如图 4-15、图 4-16、表 4-1 和表 4-2 所示。从计算的光斑的 RMS Radius 值可以看出，孔径光阑越小，像不同位置的光斑弥散越小，景深越大。

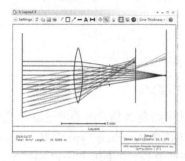

图 4-13　在设置 Circular Obscuration 后的光路结构图

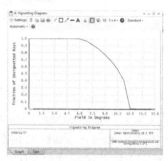

图 4-14　渐晕曲线 1

STOP Thickness:6　　　　　STOP Thickness: 6.3　　　　　STOP Thickness: 6.5

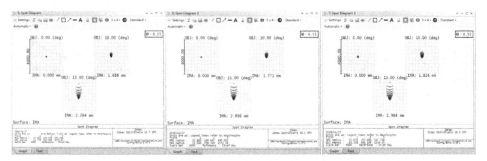

图 4-15　Clear Semi-Dia 设置为 1

表 4-1　Clear Semi-Dia 为 1 时，三种 Thickness 和三种视场角下的 RMS Radius 值

Thickness	视场角		
	0°	10°	15°
6	27.351	159.545	450.656
6.3	12.800	188.847	490.582
6.5	32.028	209.866	517.718

STOP Thickness:6　　　　　STOP Thickness: 6.3　　　　　STOP Thickness: 6.5

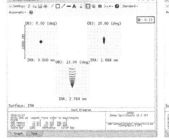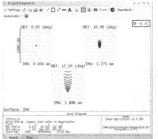

图 4-16　Clear Semi-Dia 设置为 0.5

表 4-2　Clear Semi-Dia 为 0.5 时，三种 Thickness 和三种视场角下的 RMS Radius 值

Thickness	视场角		
	0°	10°	15°
6	22.824	51.936	168.001
6.3	6.421	66.810	187.485
6.5	4.827	77.559	200.719

　　这里进一步给出了在 STOP 面的 Clear Semi-Dia 为 1、Thickness 为 6.5 与 STOP 面的 Clear Semi-Dia 为 0.5、Thickness 为 6.5 两种情况下的光路结构图，分别如图 4-17 和图 4-18 所示。可以看到前者因为光阑口径比较大，光束质量比较差的部分都投射在像面。尤其是视场角为 15°的情况，光斑明显弥散开了，这导致了成像质量严重恶化；后者光阑口径比较小，把光束质量差的部分都遮挡了，所以最后投射在像面的光斑比较小，成像质量好很多。当然由于小的光阑口径也损失了较多光能量，而且衍射效应更加显著，这也会导致成像分辨率降低。对于大光阑口径情况，因为景深小，也常常被用于人物摄影中的背景虚化，突出人物主题。

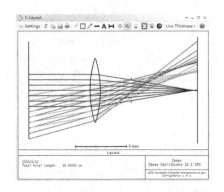 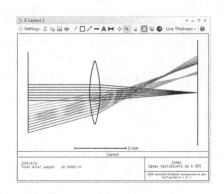

图 4-17　STOP 面的 Clear Semi-Dia 为 1、 　　　图 4-18　STOP 面的 Clear Semi-Dia 为 0.5、

Thickness 为 6.5 的光路结构图 　　　　　　Thickness 为 6.5 的光路结构图

　　读者也可以将 STOP 面设置在不同的位置，观察其对成像的影响，如将 STOP 面设置在透镜的前面，计算在不同的孔径直径大小时的光路结构图，也可以设置多个 Obscuration 面计算渐晕曲线、景深等成像特性，以增加对本章内容的理解。在 STOP 面后插入两个 Circular Obscuration 面。这三个面的 Thickness 分别为 2.5、2 和 3，Clear Semi-Dia 分别为 0.5、0.5 和 3。此外，两个 Circular Obscuration 面的 Minimun Radius 与 Maximum Radius 都分别为 1 和 3。此时的 Shaded Model 光路结构图与渐晕曲线分别如图 4-19 和图 4-20 所示。可以看到，光学系统中若有多个光阑，则轴外点的光束更容易被遮挡，渐晕也更严重。这些情况在设计时都需要认真考虑。

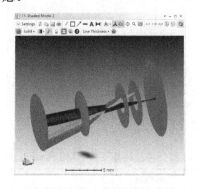 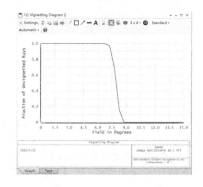

图 4-19　Shaded Model 光路结构图 　　　　　　　图 4-20　渐晕曲线 2

4.4　Zemax 中渐晕的设计方法

1. 设计要求

以 4.3 节为基础，基于 Zemax 进行渐晕设计与分析。

2. 设计说明

　　前文理论部分先确定视场光阑与入射窗，再进行渐晕计算。在计算机辅助的设计中，我们并不需要先确定视场光阑，而是直接通过光线追迹计算光阑等光学元件对光束的限制，从而给出渐晕等相关特性。面向工程应用的设计思路和理论知识有较大差别，读者可以通过具体的设计案例体会设计思路与流程。

按前述的理论知识，常常需要先通过计算得到入射窗和入瞳，然后根据两者的孔径大小来计算渐晕。但是现在引入了计算机辅助设计，因为其强大的计算功能，对渐晕的设计思路完全不同。计算机可以追迹很多光线，然后通过光线的分布情况来考察光阑等的孔径尺寸设计的合理性。甚至 Zemax 等仿真软件能直接给出可视化的光路结构，设计者可以直观看到哪个光阑对光路起主要的限制作用。这些给当代的设计者提供了极大的便利，使他们不需要像老一辈光学设计师一样，对每根光线、每个参数进行计算，只需要掌握软件的相关设置，理解计算结果和评价，绝大部分的事情都交给软件。

前文已经进行了大量的讨论，对于轴上物点发出的光线，只有通过光瞳或孔径光阑的光线才会经过整个光学系统，所以在计算过程中我们只需要考察或追迹这部分光线的传播与成像行为。对于具有一定视场角的情况（轴外物点），虽然一开始也计算了能通过光瞳的所有光线，但是由于其他光阑的联合限制，发出的众多光线中只有一部分光线能通过光瞳内部一个有限区域，这部分光线是可以通过整个光学系统并能参与成像的。正因为只有光瞳内部一个区域的光线参与了成

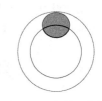

图 4-21　渐晕示意图

像，所以才产生了渐晕。如图 4-21 所示，实线的圆形是轴上物点光瞳形状，阴影区域是轴外物点发出的光束，因为光阑尺寸有限，所以轴外物点只有一部分光通过。当然可以增加光阑的直径，这样所有的轴外物点的光都能参与成像，如虚线的圆环。

如果确定了物点的位置，并已经设计了一个具有渐晕的光学系统，Zemax 经过大量的光线追迹，则可以计算出任何一个面上光的分布，并计算出渐晕系数。这里 Zemax 按面积来计算渐晕系数，并通过 Vignetting Plot 给出渐晕曲线。

这里以一个具体的设计案例进一步说明 Zemax 中的渐晕设计。重建一个 Zemax 文件。在 System Explorer 对话框的 Aperture 选项下面的 Aperture Type 下拉列表中选择 Entrance Pupil Diameter，即入瞳直径，设置 Aperture Value 为 10。在后面可以看到，添加了透镜、光阑等元件，其半径都会自动调整以满足这里设置的入瞳直径。单击 Fields 选项，在 Settings 下拉菜单中设置 Type 为 Object Height，设置 Normalization 为 Rectangular，然后输入 5 个物点的垂轴高度，分别为 0、3、5、8 和 10，其他采用默认值 0，如图 4-22 所示，单击 Open Field Data Editor 按钮，弹出 Field Data Editor 对话框，可以看到设置的相关参数及 5 个物点的坐标分布图，如图 4-23 所示。

图 4-22　物点的设置

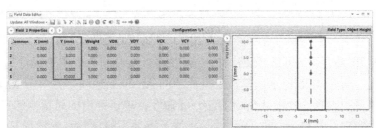

图 4-23　设置的 Field Data Editor 对话框

在 Lens Data 编辑器中设置第 0 面（OBJECT 面）的 Thickness 为 50，即物体到透镜的距

离为 50mm。第 1 面为默认的 STOP 面，即孔径光阑。因为前方没有其他光学元件，所以孔径光阑和入瞳重合。Surface Type 为 Paraxial，该类型为在旁轴近似情况下理想成像的透镜。因为这里只考察渐晕，所以为了方便采用这种面型，Thickness 为 90，Focal Length 为 25。

在下面插入一个新的面，即第 2 面，该面用于设置光阑，即在透镜后方 90mm 处有一个光阑。单击选择该面，并单击 Surface 2 Properties 按钮，弹出对话框，进行相关设置。单击 Aperture 选项，在 Aperture Type 下拉列表中选择 Circular Aperture，其中 Minimum Radius 为 0，Maximum Radius 为 12。该设置表示光阑半径沿光轴垂直方向在 0～12mm 内可以通过光。这里系统默认的单位是毫米（mm）。读者也可以在 System Explorer 对话框的 Units 选项中选择其他单位。在 Thickness 中输入 20。Surface 2 Properties 对话框的相关设置如图 4-24 所示。

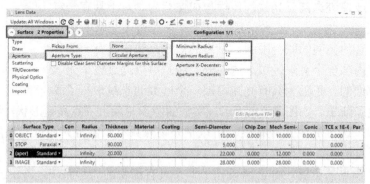

图 4-24　Surface 2 Properties 对话框的相关设置

在第 2 面后面插入新的一面，即第 3 面，设置 Surface Type 为 Paraxial，即一个理想透镜。在 Thickness 的后缀对话框 Thickness solve on surface 3 中，设置 Solve Type 为 Marginal Ray Height，这样显示字母 M。该功能为软件自动调整第 3 面的 Thickness 值，实现第 4 面（像面）上边缘光线高度最小，即可以认为点像在像面。Semi-Diameter 为 30，即透镜的半径为 30mm，该值足够大，对轴外物点光束不会产生限制作用。后面可以看到，第 2 面的光阑对光束有限制作用，即视场光阑。因为是用户自己设置的，所以后缀为 U，即 User-Defined 的简写。在 Focal Length 中输入 30，此时，Thickness 的值自动调整为 60，即成像在第二个透镜后方 60mm 处。Lens Data 编辑器设置如图 4-25 所示。

	Surface Type	Con	Radius	Thickness	Material	Coating	Semi-Diameter	Chip Zor	Mech Semi.	Conic	TCE x 1E-(	Focal Length	OPD Mode
0	OBJECT Standard ▾		Infinity	50.000			10.000	0.000	10.000	0.000	0.000		
1	STOP Paraxial ▾			90.000			5.000				0.000	25.000	1
2	(aper) Standard ▾		Infinity	20.000			22.000	0.000	12.000	0.000	0.000		
3	Paraxial ▾			60.000 M			30.000 U				0.000	30.000	1
4	IMAGE Standard ▾		Infinity				10.000	0.000	10.000	0.000	0.000		

图 4-25　Lens Data 编辑器设置 3

打开 Cross-Section 光路结构图可以清楚地看到光束在不同物高（不同入射角度）被阻挡的情况，如图 4-26 所示。单击工具栏中的 Analyze 选项，并单击 Rays&Spots 图标，在弹出的下拉菜单中选择 Standard Spot Diagram 命令，单击弹出的对话框的左上角 Settings 按钮，在弹出的界面中选择第 2 个面（光阑面），为了方便观察，Pattern 选择 Hexapolar。可以看到不同的入射角度像面上的光斑形状，如图 4-27 所示。物体上越高的点发出的光束能用于成像的比重越来越少，即导致渐晕。读者也可以通过 3D Viewer 和 Shaded Model 工具调整角度，观察光路细节结构。

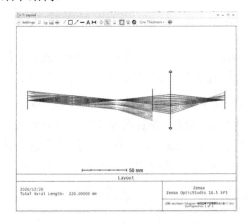

图 4-26　Cross-Section 光路结构图 2

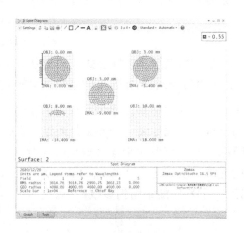

图 4-27　标准点列图

单击工具栏中的 Analyze 选项，并单击 Rays&Spots 图标，在弹出的下拉菜单中选择 Vignetting Plot 命令，得到渐晕曲线，如图 4-28 所示。读者可以将该曲线结合标准点列图进行综合分析。可以看到在 8mm 时，渐晕系数仅为 12%。在设计大视场光学仪器时，渐晕是需要重点考虑的。此时，已经根据设计的光学系统结构，对渐晕等参数都进行了计算，完全可以通过调整每个元件的孔径大小，逐步优化参数得到需要的渐晕情况。

重新回到 System Explorer 对话框的 Fields 选项中，在 Settings 下拉菜单中单击 Set Vignetting 按钮。此时，再查看 Cross-Section 光路结构图，如图 4-29 所示。对比图 4-26，可以发现在单击 Set Vignetting 按钮后，原本被光阑挡住的那部分光线，一开始就没有参与光线追迹的计算。进一步打开 Field Data Editor 对话框，如图 4-30 所示。回顾图 4-23，对比发现有些物高的 VDY、VCX 及 VCY 都并不为 0 了，说明几个参数改变了软件用于光线追迹的光源设定。

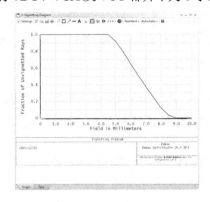

图 4-28　渐晕曲线 3

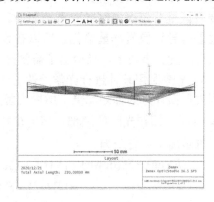

图 4-29　Cross-Section 光路结构图 3

图 4-30　Field Data Editor 对话框

如果查看软件的 Help 文件，则可以知道这几个参数的相关含义为

$$P'_x = \text{VDX} + P_x(1 - \text{VCX})$$
$$P'_y = \text{VDY} + P_y(1 - \text{VCY})$$

（4-8）

这是一个坐标变换的公式，其中 P_x 和 P_y 是光瞳的两个坐标。VDX 和 VDY 表示平移，VCX 和 VCY 表示坐标的压缩系数。这样 P'_x 和 P'_y 可以通过图 4-31 来表示。P'_x 和 P'_y 描述了一个坐标系，该坐标系用于表示轴外点光束通过所有光学元件联合限制后形成通光区域在光瞳内的分布。也就是说，Zemax 是通过 VCX、VCY 来缩放光瞳，并且通过 VDX、VDY 来平移光瞳的。经过缩放加平移形成椭圆拟合轴外点的通光区域，Zemax 一开始就只追踪这个椭圆内的光线。所以才有了如图 4-29 所示的 Cross-Section 光路结构图。这里称 VCX、VCY、VDX、VDY 为渐晕结构参数。

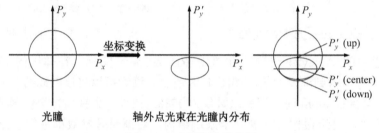

图 4-31　坐标变换示意图

到目前为止，这样的操作似乎看不出对设计有什么帮助。那么这里为什么要有这个功能呢，对设计有什么好处呢？

显然，一方面是节省计算力。存在渐晕之后，系统实际通过的光束变小，设置了渐晕后就不需要追踪那么多的光线了。这对于光学软件刚开始发展的那个年代而言，是非常重要的。

另一方面是在很多情况下，设计目标是得到特定的渐晕曲线。渐晕虽然让像的边缘光强度变弱，但是这在很多时候并不是坏处。当视场角很大时，本身畸变也非常大。另外，还会产生彗差等导致像质严重恶化。所以在设计中需要设置光阑将大视场的光线过滤掉一部分，提高成像质量。事实上，当给出了需要设计的渐晕曲线时，完全可以通过设置 VDX、VDY、VCX、VCY 来利用软件进行光学元件的辅助设计。

因为后面计算的都是比值，所以光瞳是归一化的，即 P_x、$P_y \in [-1, +1]$。为了方便描述问题，当 $P_y = -1$ 时，即在光瞳的底部，用 $P_y(-1)$ 表示，其他位置表示方法相同。轴外点光束在光瞳内的垂直距离可以表示为

$$P'_y(\text{up}) - P'_y(\text{down}) = [\text{VDY} + P_y(+1)(1 - \text{VCY})] - [\text{VDY} + P_y(-1)(1 - \text{VCY})]$$
$$= [P_y(+1) - P_y(-1)](1 - \text{VCY})$$

（4-9）

这样，线渐晕可以表示为

$$K = \frac{P'_y(\text{up}) - P'_y(\text{down})}{P_y(+1) - P_y(-1)} = (1 - \text{VCY})$$

（4-10）

式中，$P'_y(\text{up})$ 和 $P'_y(\text{down})$ 分别为光瞳内部轴外点的通光区域的上边缘和下边缘。在本例中物点垂轴高度 8mm 处 VCY 为 0.8，如图 4-30 所示，也即线渐晕系数为 20%，该值和前面理论计算是相同的。

按渐晕原理，轴外点的通光区域投射在光瞳的边缘，如图 4-31 所示。这样可以计算 VDY

如下。

$$P_y'(\text{center}) - P_y(0) = \text{VDY}(P_y(0) - P_y(-1)) \tag{4-11}$$

即

$$\text{VDY} = \frac{P_y'(\text{center}) - P_y(0)}{P_y(0) - P_y(-1)} \tag{4-12}$$

$P_y'(\text{center})$ 是椭圆的中心坐标。因为椭圆是上下对称的，所以也可以看到：

$$\frac{P_y'(\text{up}) - P_y'(\text{down})}{P_y(+1) - P_y(-1)} = \frac{P_y'(\text{center}) - P_y(-1)}{P_y(0) - P_y(-1)} = \frac{P_y'(\text{center}) - P_y(0)}{P_y(0) - P_y(-1)} + 1 \tag{4-13}$$

即

$$\text{VDY} = -\text{VCY} \tag{4-14}$$

从图 4-30 中也可以看出，两者符号相反。但是如果物点在光轴下方，即垂轴高度为负数，那么可以计算得到：

$$\text{VDY} = \text{VCY} \tag{4-15}$$

读者可以改变物高正负号，查看软件中参数的变化。当然，也可以通过这些参数来计算椭圆的面积，从而得到面渐晕系数。例如，在物点垂轴高度 8mm 处，软件中 VCX=0.373，VCY=0.8。此时轴外光束在光瞳上的通光面积为 $\pi(1-\text{VCX}) \times (1-\text{VCY})$。面渐晕系数为 $\dfrac{\pi(1-\text{VCX}) \times (1-\text{VCY})}{\pi \times 0.5 \times [P_x(+1) - P_x(-1)] \times 0.5 \times [P_y(+1) - P_y(-1)]} = 0.125$，即 12.5%，与软件 Vignetting Plot 给出的值很好地吻合。

如果给定了一个视场角下的渐晕系数，那么设计光阑的尺寸是多少呢？Zemax 可以很方便地计算。希望在 5mm 物高时线渐晕系数为 30%，可以得到 VCY=0.7，VDY=-0.7。删除其他物点，保留一个高 5mm 的物点，并设置 VCY 和 VDY 的值，其他参数都不变。查看 Cross-Section 光路结构图，如图 4-32 所示，可以看到光阑通光孔径覆盖了光束。如图 4-33 所示，回到 Lens Data 编辑器并与图 4-25 进行比较，可以看到第 2 面（光阑面）的 Semi-Diameter 改变为 7.4。该值表示光阑可以覆盖光束的最小半径，而并不是设置的通光孔径。这是 Zemax 非常好的功能，这样我们可以清楚地知道光束在每个面上的尺寸大小。

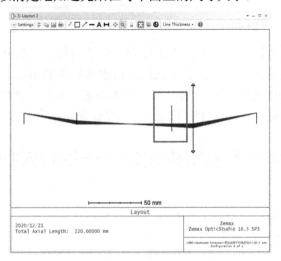

图 4-32　Cross-Section 光路结构图 4

	Surface Type	Con	Radius	Thickness	Material	Coating	Semi-Diameter	Chip Zor	Mech Semi-Dia	Conic	TCE x 1E-€	Par 1(unusec	Par 2(unuse
0	OBJECT Standard ▾		Infinity	50.000			5.000	0.000	5.000	0.000	0.000		
1	STOP Paraxial ▾			90.000			5.000	-	-		0.000	25.000	1
2	(aper) Standard ▾		Infinity	20.000			7.400	0.000	12.000	0.000	0.000		
3	Paraxial ▾			60.000 M			30.000 U	-	-		0.000	30.000	1
4	IMAGE Standard ▾		Infinity				5.000	0.000	5.000	0.000	0.000		

图 4-33　Lens Data 编辑器设置 4

前面讲过，在设置 VCX 等渐晕结构参数后，软件会拟合一个椭圆的通光孔径，并在该范围内追迹光线。这里按线渐晕的要求设置这些参数，计算的结果就是在该渐晕情况下的光束大小。如果光阑的孔径正好覆盖这个光束，那么此时我们就可以得到所需的光学系统。选择第 2 面（光阑面），在 Surface 2 Properties 对话框中 Aperture 选项下设置 Maximun Radius 为 7.4。此时，渐晕系数为 30%。为了验证，可以在 System Explorer 对话框的 Fields 选项中单击 Clear Vignetting 按钮，清除 Field Data Editor 对话框中 VCX 等参数值，让软件在整个光瞳范围内进行光路追迹。打开 Cross-Section 光路结构图进行查看，Cross-Section 光路结构图如图 4-34 所示。放大后查看坐标，可以计算线渐晕系数约为 30%。读者也可以通过理论计算线渐晕系数并进行核对。当然，也可以通过渐晕结构参数来逆向设计面渐晕系数。

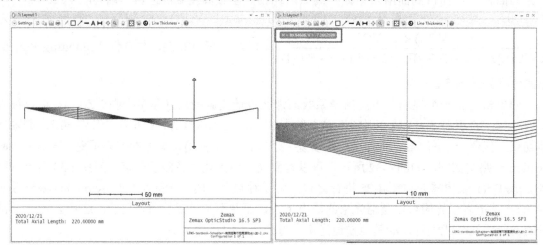

图 4-34　放大前后的 Cross-Section 光路结构图

这种设置方法虽然给设计者带来了不少便利，但是因为这里的椭圆通光孔径是拟合出来的，与真实的形状还是有区别的。而追迹光线只考虑椭圆内的情况，所以这可能会对像质评价（如第 7 章将讲到的光学传递函数等计算）带来误差。另外，通光孔径过小会导致衍射效应的增强，造成像点的模糊和成像质量下降，所以设计者需要权衡多方面的性能进行优化。

4.5　Zemax 的多重结构设计——反射式扫描系统设计

1. 设计要求

设计一个反射式扫描系统，改变反射镜的角度从而改变扫描角度，可变角度反射式扫描系统结构示意图如图 4-35 所示。

图 4-35　可变角度反射式扫描系统结构示意图

2. 知识补充

日常使用的成像镜头往往需要光学镜头参数可调，如焦距、光圈数 *F*/#值等。而可调参数的镜头需要在光学设计中，同时优化某几个关键参数情况下的系统成像质量。因此，这里介绍一下 Zemax 的多重结构设计功能。此外，本案例用到第 3 章介绍的 Zemax 坐标断点功能。读者若不了解，则需要复习相关内容。

3. 仿真分析

先设计一个厚度为 10mm、玻璃为 BK7 的透镜，并通过优化半径得到焦距为 100mm 左右的简易镜头。在 System Explorer 对话框的 Aperture 选项下面，将 Aperture Type 设置为 Entrance Pupil Diameter，将 Aperture Value 设置为 20。根据透镜的计算公式进行简单计算，Lens Data 编辑器初始结构设计参数如图 4-36 所示。其中第 3 面和第 4 面的 Radius 及第 4 面的 Thickness 均为变量。

	Surface Type	Comment	Radius	Thickness	Materia	Coating	Clear Semi-Dia	Chip Zone	Mech Semi-Dia	Conic	TCE x 1E-6
0	OBJECT	Standard ▾		Infinity	Infinity			0.000	0.000	0.000	0.000	0.000
1	STOP	Standard ▾		Infinity	30.000			10.000	0.000	10.000	0.000	0.000
2		Standard ▾		Infinity	20.000			10.000	0.000	10.000	0.000	0.000
3		Standard ▾		60.000 V	10.000	BK7		10.000	0.000	10.000	0.000	-
4		Standard ▾		-350.000 V	100.000 V			9.480	0.000	10.000	0.000	0.000
5	IMAGE	Standard ▾		Infinity				0.720	0.000	0.720	0.000	

图 4-36　Lens Data 编辑器初始结构设计参数

单击工具栏中的 Optimize 选项，并单击 Merit Function Editor 图标，在弹出的对话框中单击左上角 Wizards and Operands 按钮，然后单击 Optimization Wizard 选项，在 Optimization Wizard 界面中设置 Image Quality 为 Spot，Type 为 RMS。该设置定义了优化评价指标为光斑的均方根值。单击 Apply 和 OK 按钮，系统自动生成 DMFS 等在内的一系列操作符。在 DMFS 下面插入新的操作符 EFFL，Target 为 100，Weight 为 1，单击 Optimize! 按钮进行优化。优化后的 Lens Data 编辑器如图 4-37 所示，对应的 Cross-Section 光路结构图如图 4-38 所示。

	Surface Type	Comment	Radius	Thickness	Materia	Coating	Clear Semi-Dia	Chip Zone	Mech Semi-Dia	Conic	T
0	OBJECT	Standard ▾		Infinity	Infinity			0.000	0.000	0.000	0.000	
1	STOP	Standard ▾		Infinity	30.000			10.000	0.000	10.000	0.000	
2		Standard ▾		Infinity	20.000			10.000	0.000	10.000	0.000	
3		Standard ▾		60.166 V	10.000	BK7		10.000	0.000	10.000	0.000	
4		Standard ▾		-353.946 V	93.658 V			9.482	0.000	10.000	0.000	
5	IMAGE	Standard ▾		Infinity	-			0.034	0.000	0.034	0.000	

图 4-37　优化后的 Lens Data 编辑器

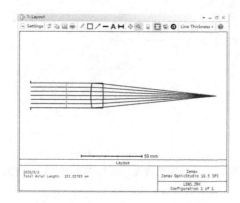

图 4-38　Cross-Section 光路结构图 5

接下来,将第 2 面设置成 Mirror 面,并使得光线按照 90°向下反射。应用 Zemax 中的坐标断点进行设置,即在 Mirror 面的上下各插入 Coordinate Break 虚拟面,即成为新的第 2 面和第 4 面。被称为"虚拟面"是因为该面型只改变坐标结构而不参与改变光线的变化。将这两个虚拟面的 Tilt About X 设置为-45,也就是让后续的坐标系统进行-45°折转。另外,这里值得注意的是,应用了 Mirror 面以后,其后续面上的 Thickness 及 Radius 都需要进行反向,也就是取负,即表示光线成像在反射镜反射后的空间。插入坐标断点面的 Lens Data 编辑器和对应的 3D 光路结构图分别如图 4-39 和图 4-40 所示。这里我们在 3D Layout 对话框的 Settings 界面中设置 Rotation X、Rotation Y 和 Rotation Z 的参数都为 0。

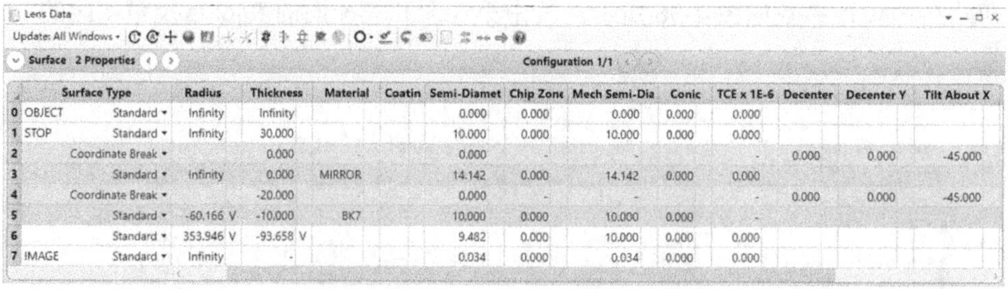

	Surface Type	Radius	Thickness	Material	Coatin	Semi-Diamet	Chip Zone	Mech Semi-Dia	Conic	TCE x 1E-6	Decenter	Decenter Y	Tilt About X
0 OBJECT	Standard ▾	Infinity	Infinity			0.000	0.000	0.000	0.000	0.000			
1 STOP	Standard ▾	Infinity	30.000			10.000	0.000	10.000	0.000	0.000			
2	Coordinate Break ▾		0.000			0.000	-	-		-	0.000	0.000	-45.000
3	Standard ▾	Infinity	0.000	MIRROR		14.142	0.000	14.142	0.000	0.000			
4	Coordinate Break ▾		-20.000			0.000	-	-		-	0.000	0.000	-45.000
5	Standard ▾	-60.166 V	-10.000	BK7		10.000	0.000	10.000	0.000	0.000			
6	Standard ▾	353.946 V	-93.658 V			9.482	0.000	10.000	0.000	0.000			
7 IMAGE	Standard ▾	Infinity	-			0.034	0.000	0.034	0.000	0.000			

图 4-39　插入坐标断点面的 Lens Data 编辑器

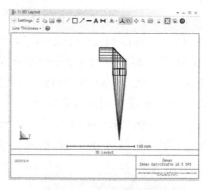

图 4-40　3D 光路结构图

为了模拟反射镜的转动,在第 3 面前后再插入新的坐标断点面,即第 3 面和第 5 面,并在第 5 面 Tilt About X 参数中设置 Solve Type 为 Pickup,From Surface 为 3,Scale Factor 为-1,From Column 为 Tilt About X,如图 4-41 所示。该设置表示第 5 面 Tilt About X 参数随第 3 面的值而改变,且为负号。

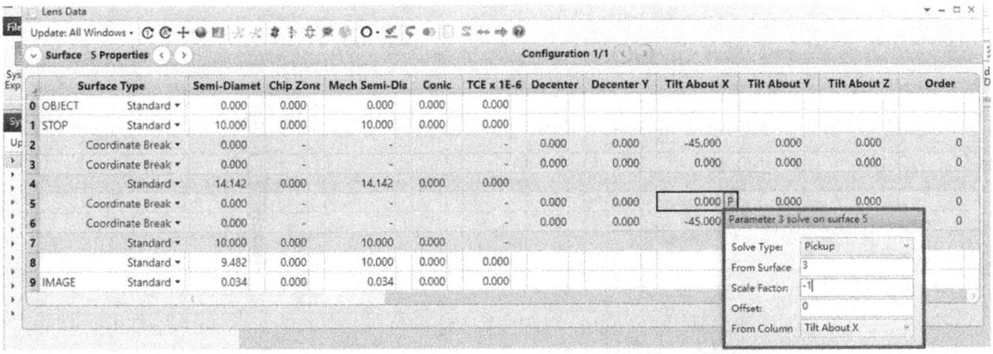

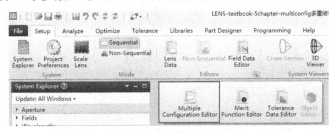

图 4-41　新插入 2 面坐标断点面并对 Tilt About X 参数进行设置

按如图 4-42 所示的步骤，打开 Multi-Configuration Editor（多重结构编辑器）对话框，第一行操作符选择 PRAM，并右击"Active:1/1"，出现下拉菜单，选择 Insert Configuration，插入两个新结构，即 Config 2 与 Config 3，其相关设置如图 4-43 所示。Surface 3 表示第 3 面，Parameter 3 表示对第 3 个参数，即 Tilt About X 进行设置。这里新增两个角度 10°和-10°。

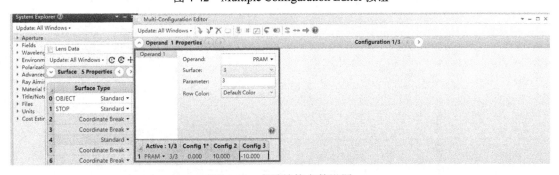

图 4-42　Multiple Configuration Editor 按钮

图 4-43　多重结构参数设置

单击 3D Viewer 按钮，查看设置的光路结构图，相关参数设置如图 4-44 所示。可以看到反射镜三个角度的光路结构图，如图 4-45 所示。可以看到在-10°与 10°时，离焦现象比较严重，需要对透镜进行进一步优化。

打开 Merit Function Editor 对话框，并在 Optimization Wizard 界面中进行设置，设置 Image Quality 为 Spot，Configuration 为 All，其他采用默认设置，单击 Apply 和 OK 按钮，可以看到增加了操作符 CONF1、CONF2 与 CONF3。在这三个操作符下面分别插入 EFFL，并设置 Target 为 100，Weight 为 1，单击 Optimize! 按钮进行优化，最后得到如图 4-46 所示的优化后的光路结构图，可以看到三个扫描角度同时得到了优化。

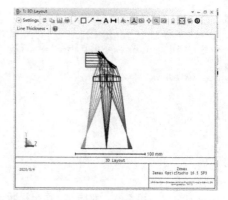

图 4-44　光路结构图中关于多重结构的设置　　图 4-45　三个扫描角度下的光路结构图

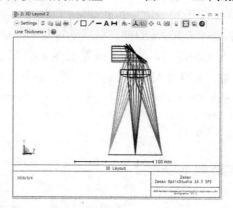

图 4-46　优化后的三个扫描角度下的光路结构图

第 5 章　Zemax 光能计算

　　一般在光学系统使用过程中，光的强弱是光学系统必须要关注的一个问题。而光的强弱问题又可以分为光源发出光的强弱和成像处接收光的强弱两种情况。在光学系统中分析光强问题时，还需要关注光源照明强度在空间的分布情况。例如，在购买灯具时，为了达到期望的空间照明效果，就需要知道光源的配光曲线，即将各个方向上的长度坐标和该坐标上与发光强度成正比的矢量末端连接而成的曲线。光学系统在本质上是传输能量的系统。本章将介绍光能和光度学的基本概念，以及 Zemax 中相关光能计算。

5.1　光能和光度学的基本概念

　　在介绍 Zemax 光能计算之前，需要理解光能和光度学的相关基本概念，这些物理概念可以用如图 5-1 所示的示意图进行概括。

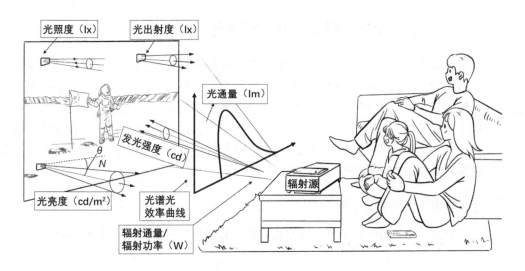

图 5-1　各光能和光度学物理量示意图

上述各个物理量的定义如下。

　　（1）辐射源：能发射电离辐射的物质或装置。

　　（2）辐射通量：又称为辐射功率，指单位时间内通过某一截面的辐射能。它是以辐射形式发射、传播或接收的功率，其单位为 W（瓦），即 1W=J/s（焦耳每秒）。它也是辐射能随时间的变化率 $\Phi=\mathrm{d}Q/\mathrm{d}t$。

　　（3）光谱光效率曲线：用来表示光谱光效率的曲线。人眼对可见光谱上等能量的不同波长光刺激的光感觉效率，称为光谱光效率。所谓光谱光效率函数，就是达到同样亮度时，不同波长所需能量的倒数。

（4）光通量：人眼所能感觉到的辐射功率。它等于单位时间内某一波段的辐射能量和该波段的相对视见率的乘积，其单位为 lm（流明）。由于人眼对不同波长光的相对视见率不同，所以不同波长光的辐射功率相等时，其光通量并不相等。

（5）光照度：可简称照度，其计量单位的名称为"勒克斯"，简称"勒"，单位符号为"lx"，表示被摄主体表面单位面积上受到的光通量。1 勒克斯等于 1 流明/平方米（1lx=1lm/m²），即被摄主体每平方米的面积上，受距离为 1m、发光强度为 1cd 的光源，垂直照射的光通量。光照度是衡量拍摄环境的一个重要指标。

（6）光出射度：光源上每单位面积向半个空间（2π 球面度）内发出的光通量。光源表面上某一微小面元 dS 向半个空间发出的光通量为 $d\Phi$，则此面元的光出射度为 $M=d\Phi/dS$，M 的单位为"勒克斯"。

（7）发光强度：简称为光强，国际单位是 candela（坎德拉），可简写为 cd。1cd 是指光源在指定方向的单位立体角内发出的光通量。

（8）光亮度：又称为发光率，是指一个表面的明亮程度，用 L 表示，即光源在垂直其光传播方向的平面上的正投影单位表面积单位立体角内发出的光通量。

5.2　光学系统中的光能损失分析与计算

在实际的光学系统中，即使没有任何遮挡，最终从系统出射的光通量也总是小于从系统入射的光通量。这是因为光在系统中传播时，介质对光的吸收、介质界面处对光的反射、反射面对光的吸收等造成了光能损失，可能会造成像面的照度减小、透射面的反射光经多次反射后在像面上产生有害的亮背景或次生像等不良影响。因此，在光学系统的设计中，需要计算出系统的透过率才能最终得到出射的光通量，以及像面照度、像的亮度等。而为了计算透过率，则需要对系统中的光能损失进行分析。

5.2.1　透射面的反射损失

光线从一介质透射到另一介质时，在抛光界面处必然伴随反射损失，如图 5-2 中光线 1 和 2 所示。

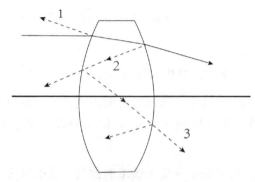

图 5-2　透射面的反射损失示意图

由物理光学可知，一个抛光界面透射时的反射损失为

$$r = \frac{1}{2}\left[\frac{\sin^2(i - i')}{\sin^2(i + i')} + \frac{\tan^2(i - i')}{\tan^2(i + i')}\right] \tag{5-1}$$

在近轴区：

$$r = \frac{n' - n}{n' + n} \tag{5-2}$$

式中，n 和 n' 分别是界面前、后介质的折射率；r 称为"折射时的反射率"，是该面的反射光通量与入射光通量之比。$1 - r = t$ 称为该面的透过率。式（5-2）是近似式，适用于入、折射角小于 45° 的场合。由式（5-2）可知，当界面两边的折射率相差较大时，不论光线由光疏介质射入光密介质或是反之，都有一部分光反射损失。设入射光通量为 F，通过第一个与空气接触的折射面后，透过的光通量为 $0.95F$。再经第二个与空气接触的折射面后，透过的光通量将为 $(0.95 \times 0.95)F$。若整个系统中玻璃与空气接触的折射率界面总数为 k_1 个，则整个系统的透过率为 t^{k_1}。因此，为了减少反射损失，常在与空气接触的透射表面镀增透膜。

值得指出的是，界面上反射损失的光线（如图 5-2 所示的光线 1、2、3）是不按正常成像光路行进的"杂光"。经各表面或镜筒内壁多次反射后，其中一部分叠加到最终像面上，使图像的对比度降低，严重影响像质。所以必须注意提高增透膜的质量，以及采取防止镜筒内壁反射杂光的措施（如内壁涂黑、切成细牙螺纹，或设置防杂光光阑等）。这些措施不仅是为了减少光能损失，也是提高成像对比度所必需的。

5.2.2　镀金属层的反射面的吸收损失

镀金属层的反射面不能把入射光通量全部反射，而要吸收其中一小部分。设每一反射面的反射系数为 r，光学系统中共有 k_2 个镀金属层的反射面，则通过系统出射的光通量将是入射光通量乘以 r^{k_2}。

反射系数 r 值随不同的材料而异，银层较高（$r \approx 0.95$），铝层较低（$r \approx 0.85$），但前者的稳定性不如后者。

反射棱镜的全内反射面，若其抛光质量良好，可以认为 r 等于 1。

5.2.3　透射光学材料内部的吸收损失

光学材料不可能完全透明。当光束通过时，一部分光能被材料吸收。此外，材料内部杂质、气泡等将使光束散射，故光能通过光学材料时，将伴随吸收和散射等损失。

光在光学材料中传播时的吸收损失，除了取决于材料本身性能，当然和光学零件的总厚度（一般指中心厚度）有关。设 a 为穿过厚度为 1cm 的玻璃后被吸收损失的光通量百分比。a 称为吸收率，$(1-a)$ 称为透过率，即透过厚度为 1cm 的玻璃后的光通量与入射光通量之比。

5.3　Zemax 中相对照度、镀膜简介及序列/非序列混合模型与照明设计实例

5.3.1　相对照度

Zemax 提供了相对照度（Relative Illumination）的计算结果，如图 5-3 所示。该功能以视场角（$\pm x$ 与 $\pm y$ 四个不同方向）作为横坐标，并以零视场的照度归一化后的像面上一个微小区

域的照度为相对照度，计算的相对照度曲线如图 5-4 所示。同时，该功能中也有选项选择考虑偏振的影响。

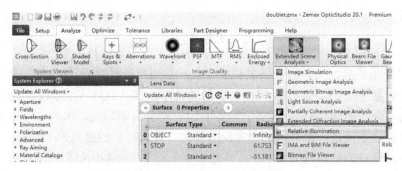

图 5-3　相对照度的计算结果

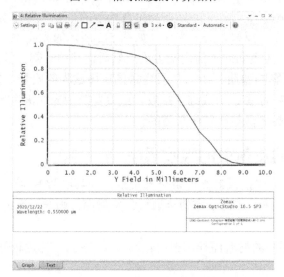

图 5-4　计算的相对照度曲线

相对照度曲线是镜头设计中比较重要的性能评估参数。如果边缘视场的相对照度比较低，那么说明镜头在实际的成像过程中，在同样均匀的照明条件下，边缘视场拍出的图片会非常暗，这往往是不被允许的。因此在镜头设计过程中，要按照实际需求控制边缘视场的照度，使其不能过低。从理论上讲，像面上的照度与主光线入射像面的角度的平方是成比例的，因此在设计中要控制边缘视场的光线与像面的入射角不能过大。

5.3.2　镀膜

镀膜（Coating）在光学元件中经常被用到，其主要用于增加光学元件的反射率或透射率。目前常用的镀膜主要是金属膜和介质膜。金属膜中常用的铝膜，其平均反射系数为 0.85，银膜的平均反射系数为 0.90。介质膜是利用介质分界面的折射率差而形成反射的。例如，利用两种不同折射率的周期性介质膜，如图 5-5 所示，形成布拉格反射，其反射率可以接近 100%。工程设计人员还可以专门对介质的材料、厚度等参数进行膜系设计，从而得到所需要的反射率或透射率。当然镀膜的反射率和透射率与入射的角度和波长也有很大关系，如图 5-6 所示。光常用的镀膜介质材料有 MgF_2、Ta_2O_3、SiO_2 等。本节简单介绍 Zemax 中镀膜仿真的相关内容。

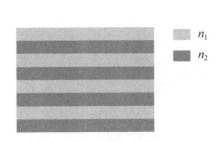

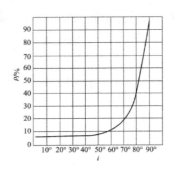

图 5-5　周期性介质膜示意图 　　　　图 5-6　光线从空气射入火石玻璃的 ρ-i 曲线

（i 是入射角，p 是反射率）

在工具栏中的 Libraries 选项下面有 Coating Catalog 和 Coatings Tools 两个图标。在 Coating Catalog 下拉菜单中具有 Zemax 默认提供的或者设计人员自己编辑的镀膜材料、膜系结构及光学特性等相关参数，以供设计者查看。Coatings Tools 下拉菜单中有三个命令，分别是 Edit Coating File、Reload Coating File 及 Export Encrypted Coating，如图 5-7 所示。

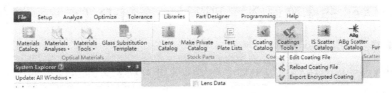

图 5-7　Coatings Tools 下拉菜单

选择 Edit Coating File 命令，在 Coating 文件中编辑镀膜的参数。当然读者也可以在 Zemax 的根目录 Coating 文件夹下的 COATING.DAT 文档中直接编辑参数。值得注意的是，当编辑完参数后，需要选择 Reload Coating File 命令将编辑过的 COATING.DAT 文档导入系统中。也可以在 System Explorer 对话框中的 Files 选项中单击 Reload 按钮。Export Encrypted Coating 命令用于导出单个镀膜参数文件 Zemax Encrypted Coating (ZEC) file。

当镀膜的参数都定义好（或者直接利用 Zemax 默认的膜系参数）后，读者可以在 Lens Data 编辑器需要的界面中，单击 Coating 下拉列表，选择所需要的膜，如我们这里选择 ETALON，如图 5-8 所示。

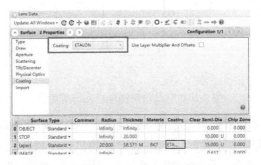

图 5-8　在 Coating 下拉列表中选择 ETALON

单击工具栏中的 Analyze 选项，并单击 Coatings 图标，在弹出的下拉菜单中选择 Reflection vs. Angle 命令，在弹出的对话框中单击左上角 Settings 按钮，在弹出的界面中设置 Surface 为 2，即第 2 面。可以看到多峰反射谱，其中包含 S 偏振、P 偏振及平均偏振值，如图 5-9 所示。

此外，如果没有设置镀膜，那么 Zemax 按介质分界面的菲涅耳定律计算反射率和透射率。

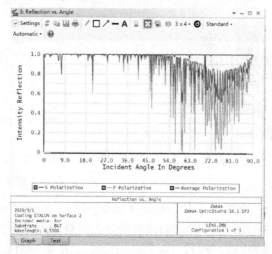

图 5-9 ETALON 膜反射率与入射角度的关系曲线

5.3.3 利用序列/非序列混合模型设计一个LED（点光源）的照明系统

1．设计要求

利用 PMMA 光学塑料实现照明系统，该系统使单个 LED 光源能尽可能地以平行光出射。

2．知识补充

PMMA 全称为聚甲基丙烯酸甲酯，俗称有机玻璃。该材料具有优良的光学特性及耐气候变化特性，所以常被用于制造低成本的光学透镜等元件。

本例中拟采用双凸厚透镜实现 LED 光源（视为点光源）的准直，如图 5-10 所示。当选定材料后，该透镜的焦距或光焦度与两个折射球面的曲率半径 r_1 与 r_2 及透镜的光学厚度 d 有关，因此可以优化这三个参数以得到较为理想的结构。如果将两个折射面进一步设计成非球面，则可以得到更好的结果。

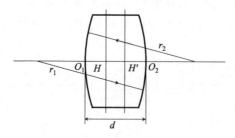

图 5-10 双凸透镜实现点光源的准直

本例的设计思路为利用序列模型设置轴上物点，并优化透镜参数实现平行光出射。其中，透镜结构在非序列模型中设置。因为序列模型的优化是根据几何光学模型建立的数值优化理论的，所以其优化效率高。同时，将 LED 光源设置在物点位置，这样可以实现整体照明设计的优化。在序列中优化镜头参数得到准直光线后，实际效果需要在非序列模型中进行光线追迹加以观察，如果效果不好，则需要在非序列模型中调整参数，继续优化，直到出现满意的效果。

3. 仿真分析

运行 Zemax，在 System Explorer 对话框的 Aperture 选项下面的 Aperture Type 下拉列表中选择 Object Cone Angle，并设置 Aperture Value 为 32。该值表示以轴上物点的边缘光线角度 32°为系统优先值，STOP 面的孔径光阑会根据这个角度进行调整。观察 Lens Data 编辑器，在第 0 面（Object 面）的 Thickness 中输入 0.1，在第 1 面（STOP 面）后面插入新的一面，并设置 Surface Type 为 Non-Sequential Component。此时，System Explorer 对话框中出现 Non-Sequential 选项，具体参数选用默认值。回到工具栏中的 Setup 选项，单击 Non-Sequential 图标。注意本例所有的操作都在序列模型中，即处于 Sequential 选项中，如图 5-11 所示。如果切换到 Non-Sequential 模型，则在 Lens Data 编辑器中的数据会丢失。

图 5-11　Non-Sequential 图标

单击 Non-Sequential 图标，弹出 Non-Sequential Component Editor 对话框，如图 5-12 所示。

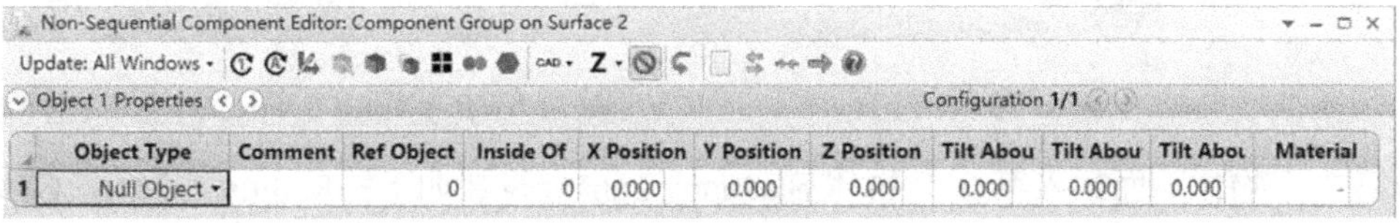

图 5-12　Non-Sequential Component Editor 对话框

设置第一个物体为点光源以近似 LED，设置 Object Type 为 Source Point，#Layout Rays 为 200，#Analysis Rays 为 10000，用于光线追迹。Cone Angle 为模拟 LED 的发光角，设置为 80°。右击第 1 行物体，选择 Insert Object After，插入第 2 个物体，设置 Object Type 为 Standard Lens，Radius 1 为 3.8，Conic 1 为-1，Clear 1 为 9，Edge 1 为 9，Thickness 为 13.5，Radius 2 为 -8.5，Conic 2 为-5，Clear 2 为 5，Edge 2 为 9。其中 Radius 为折射面的曲率半径；Conic 为非球面参数，具体可以参看 Zemax 的 Help PDF 文件；Clear 为折射面垂直方向的半径；Edge 为该面垂直方向整体的半径。因为这是一个物体，所以具有两个折射面，两者之间的距离在 Thickness 中设置。

单击工具栏中的 Analyze 选项，并单击 Shaded Model 或者 3D Viewer 图标，可以看到目前设置的物体的三维结构图。通过调整不同参数的设置来判断物体结构的变化，也可以在 Analyze 工具栏中的非序列光线追迹相关建模工具 NSC Raytracing 中设置，如图 5-13 所示。单击 NSC Raytracing 图标，弹出如图 5-14 所示的下拉菜单，选择 NSC Shaded Model 命令，出现模型图，如图 5-15 所示。这里需要注意的是，需要选择 NSC Raytracing 下拉菜单中的 Ray Trace 命令，并在弹出的对话框中进行如图 5-16 所示的设置，否则系统在三维建模时会报错。

图 5-13　NSC Raytracing 图标

图 5-14　NSC Raytracing 下拉菜单

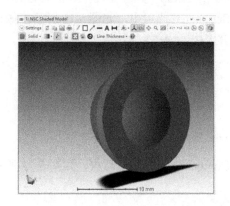

图 5-15　NSC Shaded Model 图 1　　　　　图 5-16　Ray Trace Control Surface 2 对话框

在第 2 个物体下面插入第 3 个物体 Standard Lens。设置如下：Radius 1 为 0，Conic 1 为 0，Clear 1 为 2.8，Edge 1 为 2.8，Thickness 为 5，Radius 2 为 2.8，Conic 2 为-3.2，Clear 2 为 2.8，Edge 2 为 2.8。此外，Ref Object 为-1，该参数的含义为该物体的坐标相对于前面一个物体的相对坐标。详细的 Reference Object 的设置方法可参看 Zemax 软件的 Help PDF 文件。单击第 3 个物体，并单击 View Current Object 图标，如图 5-17 所示，可以观察到当前物体的三维模型，如图 5-18 所示。

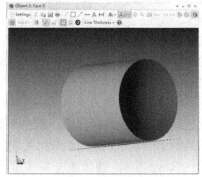

图 5-17　View Current Object 图标　　　　　图 5-18　物体三维模型

下一步利用布尔运算在第 2 个物体中减掉第 3 个物体，从而形成一个双凸透镜和柱状孔以放置光源。在第 3 个物体下面插入一个新的物体，并设置 Object Type 为 Boolean；在 Comment 中输入 a-b，表示布尔运算的两个物体相减；在 Z Position 中输入-1.5，表示布尔运算以后的物体的 z 坐标；在 Material 中输入 PMMA，此时，弹出如图 5-19 所示的对话框，说明 PMMA 材料并非在 Zemax 当下默认的材料库内，需要导入其他材料库，单击 Yes 按钮，也可以通过单击工具栏中的 Libraries 选项，并单击 Materials Catalog 图标，查看该材料的光学特性，如

图 5-20 所示；在 Object A 和 Object B 中分别输入 2 和 3，此时可以通过 NSC Shaded Model 图查到所建的模型。为了让物体 2 和物体 3 不要出现在布尔运算以后的物体中，需要进行一些设置。在 Non-Sequential Component Editor 对话框左上角打开这两个物体的特性设置界面，即 Object 2 Properties 和 Object 3 Properties 界面。如图 5-21 所示，单击 Draw 选项，勾选 Do Not Draw Object 复选框。单击 Coat/Scatter 选项，在 Face Is:下拉列表中选择 Absorbing。这样可以忽略光线在物体侧面的作用，方便研究透镜的光学性能。

图 5-19　材料库提示对话框

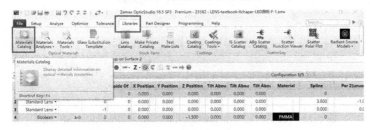

图 5-20　Materials Catalog 图标

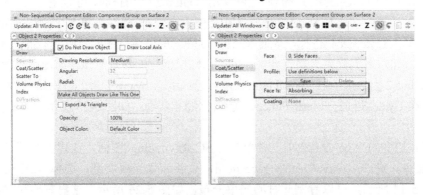

图 5-21　Object 2 Properties 界面

　　在第 4 物体面插入新的一面为探测器，设置 Object Type 为 Detector Rectangle，进一步设置 Ref Object 为 4，说明坐标是关于第 4 个物体的相对值。设置 Z Position 为 100，X Half Width 和 Y Half Width 都为 5，X Pixels 和 Y Pixels 都为 100。

　　回到 Lens Data 编辑器，在第 2 面（Non-Sequential Component 面）的 Draw Ports 中输入 3，在 Exit LocZ 中输入 15。插入新的一面（第 3 面），并在 Thickness 中输入 100，在 Clear Semi-Dia 中输入 12。

　　为了方便观察，打开 Shaded Model 图或者 NSC Shaded Model 图查看目前所建的模型，如图 5-22 所示。可以看到光束接近水平出射，略有发散。可以通过调整折射面的曲率半径或者间距来增加光焦度。为了评估设置的值是否合理，以及优化参数，设置第 2 个物体的 Thickness、Raduis 2 和 Conic 2，以及第 3 个物体的 Thickness、Radius 2 和 Conic 2 为变量。设置后的 Non-Sequential Component Editor 对话框如图 5-23 所示。另外，在 Merit Function Editor

对话框中选择默认的评价函数 DMFS。

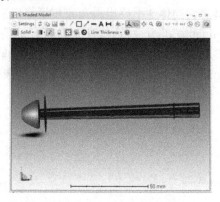

图 5-22 Shaded Model 图 1

	Object Type	t Abou	Tilt Abou	Tilt Abo	Material	Radius 1	Conic 1	Clear 1	Edge 1	Thickness	Radius 2	Conic 2	Clear 2	Edge 2	Par 10(un	Par 11(un	P
1	Source Point ▾	.000	0.000	0.000		0	0	1.000		0.000	0.000						
2	Standard Lens ▾	.000	0.000	0.000		3.800	-1.000	9.000	9.000	13.500 V	-8.500 V	-5.000 V	5.000	9.000			
3	Standard Lens ▾	.000	0.000	0.000		0.000	0.000	2.800	2.800	5.000 V	2.800 V	-3.200 V	2.800	2.800			
4	Boolean ▾	.000	0.000	0.000	PMMA	0		1	5	5	5		0.000	0.000	0.000		
5	etector Rectangle ▾	.000	0.000	0.000		5.000	5.000	100	100	0	0		0	0.000	0		

图 5-23 设置后的 Non-Sequential Component Editor 对话框

单击工具栏中的 Optimize 选项，并单击 Optimize！图标，可以看到在弹出的 Local Optimization 对话框中，此时 Merit Function 初始值为 12.53。先减小第 3 个物体的 Radius 2，设置为 2.4，再单击 Optimize！图标，此时 Merit Function 的值为 0.906。现在的 Shaded Model 图如图 5-24 所示。可以看到光束又略有会聚，并可以知道优化的参数应该在前面两组参数之间。进一步修改 Radius 2 为 2.5，查看 Local Optimization 对话框，Merit Function 的值约为 0.593，单击 Start 按钮，在 Cycle 30 时，Merit Function 的值已经非常小，如图 5-25 所示，单击 Stop 按钮，退出优化。

单击工具栏中的 Analyze 选项，并单击 NSC Raytracing 图标，在弹出的下拉菜单中选择 Ray Trace 命令，进一步单击 Clear&Trace 按钮，重新计算光线追迹。选择 NSC Shaded Model 命令，如图 5-14 所示，可以看到此时的光束分布，如图 5-26 所示。这里需要明确的是，若通过 NSC Raytracing 工具观察光线追迹，只会看到 Non-Sequential Component 中的点光源的光线、物体及探测器。但是在序列模型中的 Shaded Model 等工具中看到的是包含了物点的光线和点光源的光线、物体、探测器及物面所有的信息。不过，点光源与探测器不参与优化计算。

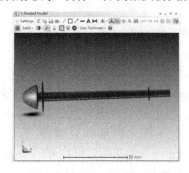

图 5-24 Shaded Model 图 2

Local Optimization				
Algorithm:	Damped Least Squar ▾	# of Cores:	4	
Targets:	18	Cycles:	Automat	
Variables:	6	Status:	Cycle 30	
Initial Merit Function:	0.592637116	Execution Time:	1.84 min	
Current Merit Function:	0.000000099			

□ Auto Update   Start   Stop   Exit

图 5-25 Local Optimization 对话框

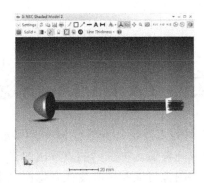

图 5-26　NSC Shaded Model 图 2

前面为了方便分析，在 Object 2 Properties 和 Object 3 Properties 界面中把第 2、3 个物体的表面设置为吸收。这里为了与实际情况更加吻合，在 Coat/Scatter 选项中，将 Face Is:下拉列表的 Absorbing 改为 Object Default。在 NSC Raytracing 下拉菜单中选择 NSC 3D Layout 命令，可以看到物体与整个光线分布三维透视图，如图 5-27 所示。在 NSC Raytracing 下拉菜单中选择 Detector Viewer 命令，可以看到探测器上的光强分布图，如图 5-28 所示。当然可以通过 Zemax 中的其他命令，如 NSC Raytracing 下拉菜单中的 Source Illumination Map 等命令判断设计的结果是否满足需求。

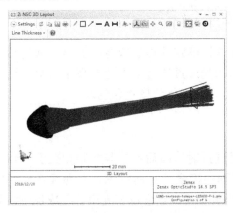

图 5-27　物体与整个光线分布三维透视图

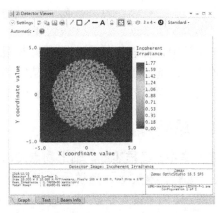

图 5-28　探测器上的光强分布图

第 6 章　Zemax 像差计算

在理想光学系统中，物空间的点发出的光线经过光学系统后能会聚在像空间中的某一点，但是实际光学系统不可能成完善像。物空间的点发出的光线经过光学系统后不能会聚为一点，而可能形成一个弥散斑，图像可能发生畸变或者像面发生弯曲。因此，实际光学系统所成的像与理想像之间的偏差，称为"像差"。当代人类虽然已经发展出各种技术来降低像差，但是在成像光学设计中，像差的优化依旧是最为关键的部分，直接影响到镜头设计的优劣。应该说对于一个设计过程，大部分的工作都是优化像差。在计算机辅助设计之前，设计者需要进行大量的人工计算来追迹每条光线，并优化像差，计算工作繁杂，工作量巨大。现在随着计算机的发展，借助仿真软件，可以方便且高效地计算出各种像差情况，并根据设计要求进行软件自动优化，这为设计者提供了极大帮助。本章将介绍各种像差的基本概念与形成原因。另外，通过 Zemax 进一步仿真各种像差，以帮助读者深入理解其背后的物理机制。

6.1　像差的基本概念

在光学中，像差指的是实际成像与根据单透镜理论确定的理想成像的偏离。换句话说，与光轴平行的光不能会聚于焦点，从物体一点发出的光透过透镜后不能会聚于一点，这种现象叫作像差。像差可以分为轴上点像差和轴外点像差，或者单色像差和色差。

6.1.1　球差

第 1 章中已经描述过，轴上物点发出的光束经过折射球面后不再与光轴相交于一点，即"球差"现象。事实上，光学元件很多都是由折射球面构成的，所以球差普遍存在于光学系统。如图 6-1 所示的光学系统，轴上物点 A 的物方截距为 L，当它以宽光束孔径成像时，其像方截距 L' 随孔径角 U 的变化而变化。因此，轴上物点发出的具有一定孔径的同心光束，经过光学系统后不再会聚于轴上同一点。图 6-2 给出了凸透镜焦点附近不同位置的光斑图。

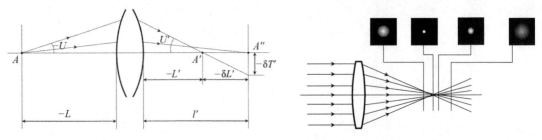

图 6-1　轴上点球差　　　　　　　　图 6-2　凸透镜焦点附近不同位置的光斑图

在孔径角很小的情况下，光束经过光学系统成像后得到的是近轴区域的理想像点 A''（像距 l'），而近轴区域以外的孔径角为 U 的成像光线将偏离理想像点（如会聚在 A' 点），其与光轴相交的点截距为 L'。像方截距 L' 与理想像点的位置 l' 之差称为"轴上点球差"，用 $\delta L'$ 表示，

其数学定义为

$$\delta L' = L' - l' \qquad (6\text{-}1)$$

由于该球差沿光轴方向度量，故又称为"轴向球差"。显然，以不同孔径角 U（或投射的孔径高度 h）入射的光线有不同的轴向球差值。如果轴上物点以最大孔径角 U_m 成像，则其球差称为边缘光球差，用 $\delta L_m'$ 表示。一般情况下，光学系统只能对某一孔径高度的球差进行校正。我们常常对边光校正球差，即 $\delta L_m' = 0$。若 $\delta L_m' < 0$，则称为"球差校正不足"；若 $\delta L_m' > 0$，则称为"球差过校正"。

由于共轴球面系统具有对称性，孔径角为 U 的整个圆形光锥面上的光线都具有相同的球差并且交于一点，将其延伸至理想像面上，随之形成一个圆，其半径 $\delta T'$ 称为"垂轴球差"，如图 6-1 所示。垂轴球差与轴向球差之间的关系为

$$\delta T' = \delta L' \mathrm{tg} U' \qquad (6\text{-}2)$$

由于凸透镜和凹透镜的球差符号相反，因此可以把凸透镜和凹透镜胶合起来，组成一个复合透镜或胶合透镜，用来减小球差。同时，还有一类折射率渐变的透镜（简称 GRIN 透镜）也可以消除球差。在这种透镜中，由于透镜内部折射率是渐变的，因此折射不仅发生在透镜的表面，还发生在透镜的内部。相比之下，普通材料的折射率是均匀的，因此折射仅发生在透镜的表面，即折射率突变处。

6.1.2 彗差

轴外物点宽光束成像常见的像差是"彗差"，其本质上与正弦差相同，都表示经过光学系统成像后，轴外物点宽光束失去对称性的情况。两者不同之处在于，正弦差只在小视场的光学系统中适用，而彗差在任何视场的光学系统中都适用。但是在计算复杂度上，用正弦差表示轴外物点宽光束经过光学系统后的失对称情况时，只需要在计算球差的基础上再计算一条第二近轴光线即可，所以正弦差计算较为简单。每一视场相对主光线对称入射的上、下光线在使用正弦差时是不必计算的，而在使用彗差时必须计算。

在光学系统的成像中，轴外物点在理想像面上会形成如同彗星状光斑的像点，说明该光学系统存在彗差。其中靠近主光线的细光束在像方会聚在主光线，像面上形成一个亮点，形似彗星头。而远离主光线的光线束，因为不同孔径入射，所以形成远离主光线的一系列圆环像点，形似彗星尾。因此，这种成像缺陷称为"彗差"，如图 6-3 所示。

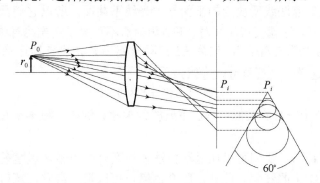

图 6-3 通过透镜不同位置的光线在彗星图像上成像位置的对应关系

前文已经对斜入射子午与弧矢光束结构做了一定的描述，这里进一步分析彗差的几何结构。图 6-4 中轴外物点 B 发出一束以主光线为对称中心的子午宽光束。先考察主光线 c，以及

上、下光线对 a 和 b。在物空间折射前，光线对 a 和 b 关于主光线 c 对称；当折射后，像空间光线对 a' 和 b' 不再对称于主光线 c'，两者的相交点 B_{T}' 在主光线下面，失去了原有的对称性。为了探究原因，过物点 B 作一条通过球心 C 的辅助光轴（见图 6-4 中的虚线）。显然，此时的物点 B 可看成辅助光轴上的一点，即轴上物点。它发出的三条入射光线（光线对 a、b 和主光线 c）对于辅助光轴具有不同的孔径角。由于系统不可避免的球差，这三条光线在像方光轴上不能交于同一点。这导致了入射前原本关于主光线对称的上、下光线对，出射后不再关于主光线对称。上、下光线对的交点 B_{T}' 到主光线之间的垂直距离称为"子午彗差"，即 K_{T}'，它反映了子午光束失对称的程度。以主光线为参考，B_{T}' 在主光线下面时，K_{T}' 为负；B_{T}' 在主光线上面时，K_{T}' 为正。

为了方便量化描述，我们进一步把三条光线延伸至高斯像面。上、下光线对在像面上各自截取的交点高度分别为 Y_a' 和 Y_b'。两者平均值可以看成上、下光线对交点 B_{T}' 的垂轴高度。另外，主光线在像面上的垂轴高度用 Y_c' 表示，此时子午彗差可以近似为

$$K_{\mathrm{T}}' = \frac{1}{2}\left(Y_a' + Y_b'\right) - Y_c' \tag{6-3}$$

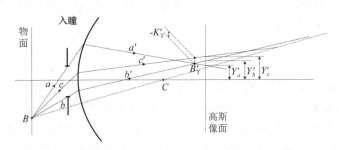

图 6-4　子午彗差

这里对于弧矢面的情况进行类似的分析。图 6-5 中，物点 B 在弧矢面内发射光线对 a 和 b，它们在物空间入射到光学系统前对称于主光线 c，显然，两者也对称于子午面。经过系统出射后两者依然对称于子午面，但不再对称于主光线。因此，交点 B_{S}' 虽然在子午面内，却不交于主光线上。这是因为弧矢光线与主光线对折射球面的折射情况是不同的。具体而言，主光线的入射点及其法线在子午面内，故在子午面内折射。而弧矢光线的入射点及其法线不在子午面内，光线和入射点法线所决定的平面与主光线不共面，所以它们虽相交在子午面内，但并没有交在主光线上。这就使得光线对 a 和 b 出射后不再关于主光线对称。它们的交点到主光线的垂轴距离称为"弧矢彗差"，记为 K_{S}'。同样将三条光线延伸至像面并取与像面的交点，如图 6-5 所示，这样弧矢彗差可以近似为

$$K_{\mathrm{S}}' = Y_a' - Y_c' = Y_b' - Y_c' \tag{6-4}$$

K_{S}' 的符号规则与子午彗差类似，都以主光线为参考。例如，图 6-5 中的 K_{S}' 在主光线下面，其值为负。

由于彗差符号有正负，我们可以通过配曲法使得两个或更多透镜彗差的符号相反，数值接近就可以基本消除镜头的彗差。此外，胶合透镜也可以消除彗差，还可以在适当的位置装配光阑来消除彗差。若在某点处能同时消除慧差和球差，则该点与其共轭点称为"齐明点"，又称为"不晕点"或"等光程点"。

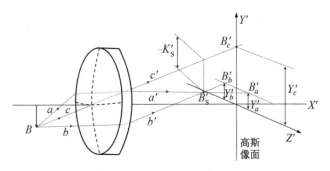

图 6-5　弧矢彗差

6.1.3　像散

如果轴外物点发出的是细光束，那么此时彗差效应会显著减弱。宽光束上、下光线对之间的失对称现象也可以忽略。但是光束在子午面与弧矢面两个截面内的成像特性依旧不同，导致光束仍然存在失对称现象，且随着视场角的增大而愈加明显。例如，图 6-6 中轴外物点 B 发出的细光束（如用小光阑滤光）在物空间传播并与单折射球面相交，其光束在子午面与弧矢面内与球面会截取到两条不同交线，且两条交线长度不同。由于长度不同，入射角也不同，折射情况也不同，一般子午面内交线比弧矢面内交线长，所以子午光线入射角大，折射效应更加显著，先会聚在像方。这种差别使得轴外物点以细光束成像时，在子午面和弧矢面分别聚焦在不同位置的像点，形成两个独立且清晰像，这种现象称为"细光束像散"。

如图 6-6 所示，子午光线和弧矢光线的物距分别为 t 和 s；子午光线和弧矢光线的像距分别为 t' 和 s'。

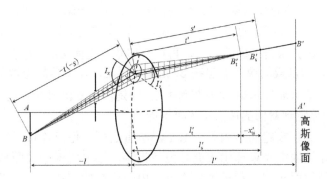

图 6-6　子午像点和弧矢像点

子午光线和弧矢光线各自的物像关系由以下杨氏公式得到：

$$\frac{n'\cos^2 I'_z}{t'} - \frac{n\cos^2 I_z}{t} = \frac{n'\cos I'_z - n\cos I_z}{r} \tag{6-5}$$

$$\frac{n'}{s'} - \frac{n}{s} = \frac{n'\cos I'_z - n\cos I_z}{r} \tag{6-6}$$

式中，I_z 和 I'_z 分别是主光线在折射球面上的入射角和折射角。

子午像点到弧矢像点都位于主光线上，通常将子午像距 t' 和弧矢像距 s' 投影到光轴上得到 l'_t 和 l'_s，如图 6-6 所示。两者之间的距离即"像散差"，用符号 x'_{ts} 表示为

$$x'_{ts} = l'_t - l'_s \tag{6-7}$$

式中，当 $l'_t > l'_s$ 时，像散为正，反之为负。

图 6-7 给出了细光束像散光束及场曲。可以看到在不同的位置，光斑的形状会发生变化。子午光线先聚焦在 b 点，焦线的位置所成像为一条水平线；弧矢光线后聚焦在 d 点，焦线的位置所成像为一条垂直线。

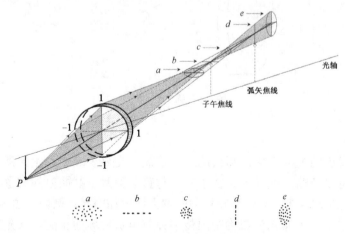

图 6-7　细光束像散光束及场曲

6.1.4　场曲

因为折射界面是球面，所以像面也不再是垂直的面。如图 6-8 所示，现有一个折射球面，球心为 C。为了方便分析，同样以 C 为球心，画一个球面物体 E。B_1 为轴外点，在球面 E 上；A 点为轴上点，既在垂直物面 BD 上，也在球面物体 E 上。过 B_1 点连接球心 C 画一条辅助光轴，此时 B_1 点是辅助光轴的轴上点。当 A、B_1 点在各自的光轴上以细光束成像时，因为物距相同，所以像距也相同。考察球面中弧线段 AB_1，AB_1 成像也是弧线段 $A'B_1'$。显然球面物体的细光束像也是球面 E'，并与折射球面同心。再次考察垂直物面 BD，对于实际光线，辅助光轴上物点 B 在 B_1 左侧，所以成的像点 B' 也在 B_1' 左侧。因此，在实际的光学系统中，垂轴平面上的物体经球面成像后不可能在理想的垂轴像面上，而是像面变得弯曲。这种偏离随视场的增大而逐渐增大。平面物体得到弯曲的像面称为"场曲"。

将所有的子午像点连接起来形成子午像面，所有的弧矢像点连接起来形成弧矢像面。对于视场中心，沿着光轴的细光束理想成像时像散为零。这表明子午像面和弧矢像面在视场中心处重合并且与理想像面相切。对于轴外物点，由于像散的存在，一个平面物体将得到子午和弧矢两个弯曲的像面，如图 6-9 所示。由于轴上像散为零，因此两个像面必须同时相切于理想像面和光轴的交点，即子午场曲面和弧矢场曲面在视场中心处重合。

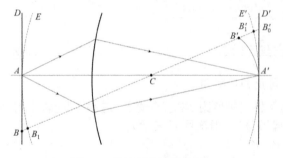

图 6-8　垂轴平面物体成像

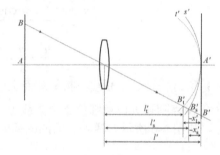

图 6-9　子午像面和弧矢像面

我们可以用弯曲像面与高斯像面的轴向距离来度量场曲。子午像面为子午场曲，弧矢像面为弧矢场曲。它们相对于理想像面的偏差分别用 x'_t 和 x'_s 表示，数学定义场曲为

$$x'_t = l'_t - l' \tag{6-8}$$
$$x'_s = l'_s - l' \tag{6-9}$$

像散和场曲的关系为 $x'_{ts} = x'_t - x'_s$。

因为屏幕或接收器一般是水平的，如相机的胶片或 CCD 等，所以场曲导致像面不能全部清晰地呈现在屏幕或接收器上。如图 6-10 所示，一个十字形状的物体成像，因为场曲，屏幕放置的位置如果是十字中心成像清晰，那么边缘成像模糊；如果边缘成像清晰，那么十字中心成像模糊。

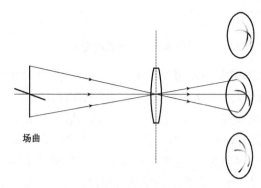

场曲

图 6-10　成像场曲

对于一般的目视光学系统，由于人眼具有自适应性，较小的场曲是可以接受的。但是对于视场较大的照相机来讲，消除像散和场曲是很有必要的，否则，感光底片需要以曲面形式安装，这样很不现实。对于单个透镜，我们可以通过在适当位置放置光阑的方法改善场曲，而要消除像散则需要用透镜组合。

6.1.5　畸变

在理想光学系统中，物像共轭面之间的垂轴放大率 β 总是常数，所以物和像之间总是相似的。但是在实际的光学系统中远离近轴区域，像面不再和物面相似。例如，在日常生活中用大口径广角镜头拍照，常常会发现相片上的人变胖或变瘦了。这是因为在远离近轴的区域，物像共轭面之间的垂轴放大率随着视场的增大而变化。因此，轴上点与视场边缘点的垂轴放大率不同，这就使得物和像不完全类似。像面的边缘发生变形，称为"畸变"。

图 6-11 中存在光轴外某一点 B，过 B 点连接球心 C 作辅助光轴，且与像面交于 B'_0 点，那么 B'_0 点就是 B 点的理想像点。根据此前对场曲的分析，当 B 点以细光束成像时，光束交于辅助光轴上 B'_0 点左侧的 B' 点。同样，辅助光轴上 B 点以主光线一定的孔径角成像时，光线与辅助光轴相交于 B'_1 点，$B'_1 B''$ 为辅助光轴上 B 点的球差。在这种情况下，主光线最终经 B'_1 点交像面于 B'_z 点，偏离了理想像点 B'_0 点，导致垂轴放大率不同，产生畸变。

一般用两种方式来定义畸变，一种是绝对畸变，也称为线畸变，它用于表示主光线像点的高度与理想像点的高度差，其数学形式为

$$\delta Y'_z = Y'_z - y' \tag{6-10}$$

另一种是相对畸变，它表示相对于理想像高的绝对畸变，通常用百分率表示，即

$$q = \frac{Y'_z - y'}{y'} \times 100\% \qquad (6\text{-}11)$$

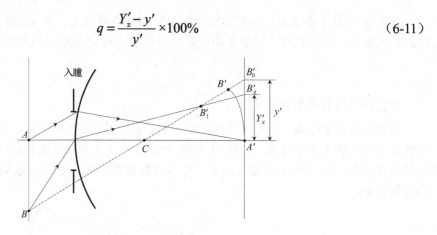

图 6-11　主光线畸变

经光学系统成的实际像高大于理想像高时，这种畸变称为"正畸变"，又称为"枕形畸变"。此时放大率随视场的增大而增大。经光学系统成的实际像高小于理想像高时，这种畸变称为"负畸变"，又称为"桶形畸变"。此时放大率随视场的增大而减小。这两种畸变如图 6-12 所示。此外，畸变与光阑的位置也有关。对于薄透镜而言，当光阑与其重合时，不产生畸变。对于凸透镜而言，若光阑位于透镜前，则产生负畸变；若光阑位于透镜后，则产生正畸变。因此，在光阑的两侧对称放置两个相同的透镜或透镜组时，正、负畸变将互相抵消而得到无畸变的像。

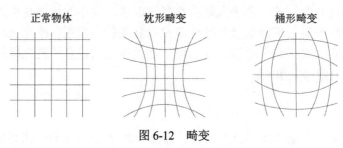

图 6-12　畸变

6.2　色差

前面讨论的像差都假设为单色光情况，因此这些像差都属于单色像差。单模激光器发出的光通常被认为是单色光。但是实际情况中的光源发出的往往是复色光（如太阳光或其他光源发出的白光），其中就包含各种不同波长成分。对于某一种具体的光学材料而言，其折射率与波长有关。而透镜的焦距，除了与两表面的曲率半径有关，也随着材料折射率的变化而变化。因此，当复色光经过某个光学系统后，不同的波长具有不同的焦距。同一物点会因各谱线不同形成各自的像点。这就使同一个物点具有不同波长的像距和放大率。这种由于波长不同而形成的成像差异统称为"色差"。

色差有两种几何描述：一种是两种波长之间像点位置差异的色差，称为"位置色差"或者"轴向色差"，常用于轴上物点的计算；另一种是两种波长之间成像高度差异的色差，称为"倍率色差"或者"垂轴色差"，常用于轴外物点的计算。

6.2.1 位置色差

如图 6-13 所示，轴上物点 A 发出白光光束，其中一条孔径角为 U 的光线经过光学系统后，F 谱线（紫光）和 C 谱线（红光）在像方与光轴交于 A'_F 点和 A'_C 点，像方截距分别为 L'_F 和 L'_C，两个像方截距之差为孔径角 U 的位置色差，记为 $\Delta L'_{FC}$，其数学定义为

$$\Delta L'_{FC} = L'_F - L'_C \tag{6-12}$$

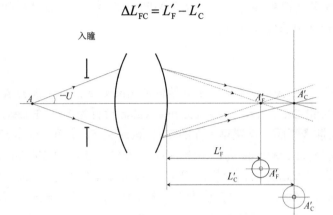

图 6-13 位置色差

6.2.2 倍率色差

由于光学系统对两种色光的焦距不同，轴外物点所成的像的高度也会因为焦距的不同而有所差异。如图 6-14 所示，假设已经校正了位置色差，轴外物点 B 发出的白光光线经过光学系统后，其 F 谱线和 C 谱线在像方与像面交于 B'_F 点和 B'_C 点，对应像的高度是 Y'_F 和 Y'_C，两者之差即"倍率色差"，记为 $\Delta Y'_{FC}$，其数学定义为

$$\Delta Y'_{FC} = Y'_F - Y'_C \tag{6-13}$$

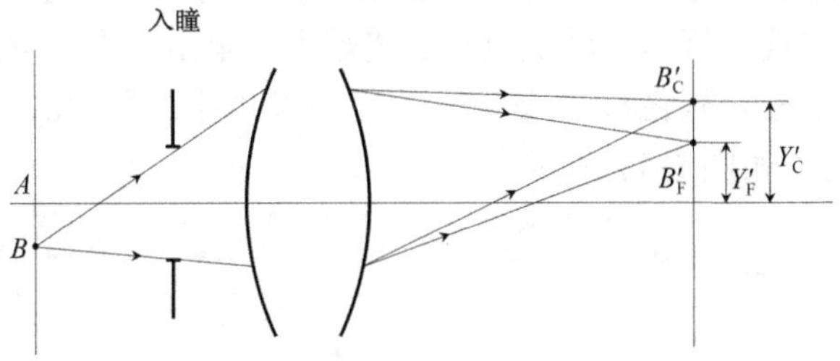

图 6-14 倍率色差

虽然单透镜是不能消除色差的，但是不同的透镜类型具有不同的色差，比如单凸透镜具有负色差，单凹透镜具有正色差。而且色差的大小仅与光焦度成正比，与阿贝数（见 6.3.6 节）成反比，与透镜结构或形状无关，因此通过凸凹透镜组合可以消除色差。对于密接薄透镜组，比如胶合透镜，若系统已校正色差，则倍率色差也能同时得到校正。但是如果系统由具有一定间隔的两个或多个薄透镜组成，那么只有对各个薄透镜组分别校正位置色差，才能同时校正系统的倍率色差。

6.3　Zemax 中的像差模拟与分析

在第 1 章中已经简单介绍了 Zemax 的像质评价方法，以及球差与离焦。本章利用 Zemax 进一步介绍常见的像差及像质评价方法，从而帮助读者加深对本章基础知识的理解，以及了解 Zemax 实际光学设计中的像差分析。

6.3.1　球差

运行 Zemax 软件，在 System Explorer 对话框的 Aperture 选项下面的 Aperture Type 下拉列表中选择 Entrance Pupil Diameter，并将 Aperture Value 设置为 10。在 Lens Data 编辑器中第 1 面（STOP 面）后面插入两面。设置第 1 面的 Thickness 为 5，并在 Surface Properties 对话框的 Aperture 选项中设置 Aperture Type 为默认值 None。设置第 2 面的 Thickness 为 2，Material 为 BK7。在第 3 面中单击 Radius 右侧空格，弹出 Curvature solve on surface 3 对话框，在 Solve Type 中选择 F number，并输入 2，即 F 值为 2，此时像方焦距为 20mm。可以看到 Radius 自动设置为-10.37。单击 Thickness 右侧空格，弹出 Curvature solve on surface 3 对话框，在 Solve Type 中选择 Marginal Ray Height，显示后缀 M，该选项表示软件自动优化像面光束的光斑最小。此时软件自动调整 Thickness 为 20。Lens Data 编辑器设置如图 6-15 所示。

	Surf:Type	Comment	Radius	Thickness	Material	Coating	Clear Semi-Dia	Chip Zone	Mech Semi-Dia	Conic	TCE x 1E-6
0	OBJECT Standard ▾		Infinity	Infinity			0.000	0.000	0.000	0.000	0.000
1	STOP Standard ▾		Infinity	5.000			5.000	0.000	5.000	0.000	0.000
2	Standard ▾		Infinity	2.000	BK7		5.000	0.000	5.000	0.000	-
3	Standard ▾		-10.370 F	20.000 M			5.000	0.000	5.000	0.000	0.000
4	IMAGE Standard ▾		Infinity	-			2.015	0.000	2.015	0.000	0.000

图 6-15　Lens Data 编辑器设置 1

单击工具栏中的 Analyze 选项，并单击 Cross-Section 图标，可以看到光路结构图，如图 6-16 所示。投射高度越高的光线，其与光轴交点离透镜越近。单击工具栏中的 Analyze 选项，并单击 Rays&Spots 或者 Aberrations 图标，在弹出的下拉菜单中选择 Ray Aberration 命令，可以看到球差的 Ray Fan 图，如图 6-17 所示。

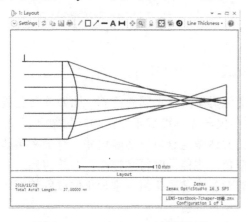

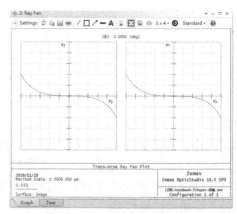

图 6-16　Cross-Section 光路结构图 1　　　　　　图 6-17　Ray Fan 图 1

可以通过单击工具栏中的 Analyze 选项，并单击 Wavefront 图标，查看球差的波前特性。

选择 Wavefront 下拉菜单中的 Optical Path 命令，得到如图 6-18 所示的光学相位差图。选择 Wavefront 下拉菜单中的 Wavefront Map 命令，得到三维波前相位图，如图 6-19 所示。这里在对话框的 Settings 中设置数据采样 Sampling 为 1024×1024，从而得到较好的图像分辨率。显然，光瞳边缘的相位超前，这也说明了球差的产生是因为平行光通过折射面后波前相位发生改变，导致波面不再是理想的球面。

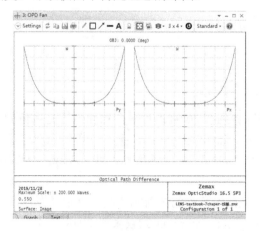

图 6-18 光学相位差图

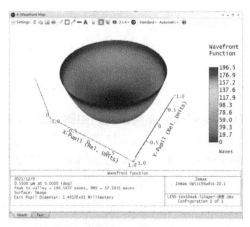

图 6-19 波前相位图 1

选择 Wavefront 下拉菜单中的 Interferogram 命令，如图 6-20 所示，可以看到像面上实际波前与经过理想透镜后的参考波前的干涉图。图 6-21 所示为类似于牛顿干涉环的干涉图。这里在对话框的 Settings 中设置数据采样 Sampling 为 1024×1024，Surface 为 Image，Beam 1 为 1/1，Beam 2 为 Reference。

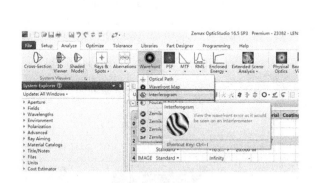

图 6-20 Interferogram 命令

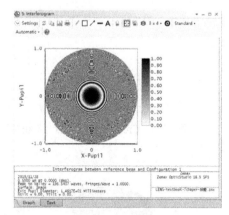

图 6-21 干涉图

6.3.2 彗差

彗差是在轴外物点宽光束入射形成的一种像差。像点是一个弥散斑，主光线偏到弥散斑的一侧。本例中将增加入射角观察像面的弥散斑变化。运行 Zemax，在 System Explorer 对话框的 Aperture 选项下面的 Aperture Type 下拉列表中选择 Entrance Pupil Diameter，并将 Aperture Value 设置为 20。在 Fields 选项中设置三个视场角，分别为 0°、10° 和 20°。在 Lens Data 编辑器中第 1 面（STOP 面）后面插入两面。设置第 1 面的 Thickness 为 2，并在 Surface Properties

对话框的 Aperture 选项中设置 Aperture Type 为默认值 None。设置第 2 面的 Radius 为 60，Thickness 为 3，Material 为 BK7。设置第 3 面的 Radius 为-60，单击 Thickness 右侧空格，弹出 Curvature solve on surface 3 对话框，设置 Solve Type 为 Marginal Ray Height，Height 和 Pupil Zone 为默认值 0。该设置表示软件自动优化轴上点的像面光束的光斑最小。Lens Data 编辑器设置如图 6-22 所示。

	Surf:Type	Comment	Radius	Thickness	Material	Coating	Clear Semi-Dia	Chip Zon	Mech Semi	Conic	TCE x 1E-
0	OBJEC Standard ▾		Infinity	Infinity			Infinity	0.000	Infinity	0.000	0.000
1	STOP Standard ▾		Infinity	2.000			10.000	0.000	10.000	0.000	0.000
2	Standard ▾		60.000	3.000	BK7		11.105	0.000	11.247	0.000	-
3	Standard ▾		-60.000	57.359 M			11.247	0.000	11.247	0.000	0.000
4	IMAGI Standard ▾		Infinity	-			25.544	0.000	25.544	0.000	0.000

图 6-22　Lens Data 编辑器设置 2

Cross-Section 光路结构图如图 6-23 所示，可以看到在 20°视场角时，焦面附近光线偏向一侧。选择 Ray&Spots 下拉菜单中的 Through Focus Spot Diagram 命令，在弹出的对话框的 Settings 中设置 Delta Focus 为 500，可以看到在 0°、10°及 20°视场角时，以 500mm 为间距的不同位置点列图，如图 6-24 所示。

打开 Wavefront Map 对话框可以看到在 0°和 20°视场角时的波前相位图，分别如图 6-25 和图 6-26 所示。这里在对话框的 Settings 中设置数据采样 Sampling 为较大值 2048×2048，从而提高图像分辨率。在 20°视场角时波前相位是往一侧偏移的，这也是彗差的特征。

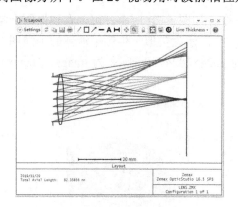

图 6-23　Cross-Section 光路结构图 2

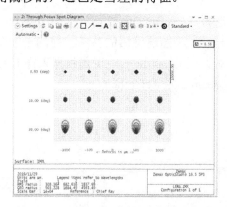

图 6-24　点列图 1

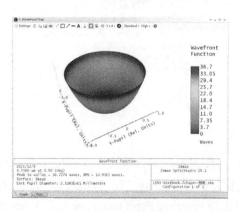

图 6-25　波前相位图 2

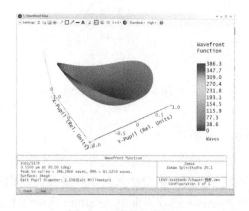

图 6-26　波前相位图 3

当把视场角增加到 30°时，像面上的弥散斑会在主光线一侧进一步扩大，如图 6-27 所示。

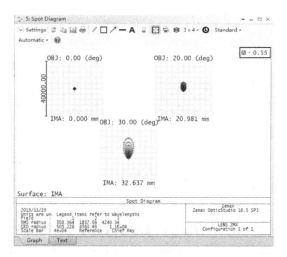

图 6-27　点列图 2

彗差的另一种模拟方法可以利用 Zemax 中 Zernik Fringe Phase 面型设置波面参数，具体可以查阅林晓阳编著的《ZEMAX 光学设计超级学习手册》彗差部分。

6.3.3　像散

单击工具栏中的 File 选项，并单击 Open 图标，进入根目录：\Zemax\ Samples\ Sequential \Objctivies \Apochromat4。该例子视场角设置最大为 3°，增加一个视场角为 15°，并把 Entrance Pupil Diameter 设置为 1，此时的光路结构图如图 6-28 所示，可以看到 15°视场角时焦点位置（光斑最小的位置）在轴上点焦点的左侧。

调整像面使得第 5 面的 Thickness 为 5.8。单击工具栏中的 Analyze 选项，并单击 Ray&Spots 图标，打开 Through Focus Spot Diagram 对话框，在对话框的 Settings 中设置 Field 为 5，Wavelength 为 1，Delta Focus 为 4000，得到间隔为 4000mm 不同位置的点列图，如图 6-29 所示，可以看到子午面和弧矢面在各自的焦面上光斑都接近一条线。

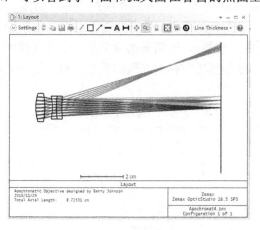

图 6-28　Cross-Section 光路结构图 3

图 6-29　点列图 3

图 6-30 所示为在像面上的 Ray Fan 图，可以看到 P_y 与 P_x（图中为 Px 和 Py）像差曲线斜率不一致，说明系统存在较大像散。

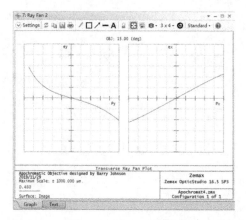

图 6-30 Ray Fan 图 2

6.3.4 场曲

在 System Explorer 对话框的 Aperture 选项下面的 Aperture Type 下拉列表中选择 Entrance Pupil Diameter，并将 Aperture Value 设置为 10。在 Fields 选项中设置三个视场角，分别为 0°、14°和 20°。在 Lens Data 编辑器的第 1 面（STOP 面）中，设置 Radius 为 Infinity，Thickness 为 5，Material 为 BK7。在后面插入新的一面，单击 Radius 右侧空格，弹出 Curvature solve on surface 2 对话框，在 Solve Type 中选择 F number，并输入 10；在 Thickness 中输入 100，设置 Solve Type 为 Marginal Ray Height，Height 和 Pupil Zone 都为 0，此时 Radius 自动变成-51.852，设置后的 Lens Data 编辑器如图 6-31 所示。

	Surf:Type	Comment	Radius	Thickness	Material	Coati	Clear Semi-D	Chip Zon	Mech Semi	Conic	TCE x 1E-6
0	OBJECT	Standard ▼		Infinity	Infinity			Infinity	0.000	Infinity	0.000	
1	STOP	Standard ▼		Infinity	5.000	BK7		5.000	0.000	6.073	0.000	-
2		Standard ▼		-51.852 F	100.000 M			6.073	0.000	6.073	0.000	0.000
3	IMAGE	Standard ▼		Infinity				37.736	0.000	37.736	0.000	0.000

图 6-31 Lens Data 编辑器设置 3

单击工具栏中的 Analyze 选项，并单击 Cross-Section 图标，查看光路结构图，如图 6-32 所示。显然，不同视场角下光束的焦点位置不同，视场角越大，沿光轴焦距越短。将不同视场角的焦点连线，可以看到一条曲线（见图 6-32 中的虚线），即清晰的像面是一个绕光轴回转的弯曲像面。图 6-33 是光斑点列图，可以看到，像面视场角越大光斑弥散越严重，这在光路结构图上也能得到反映。

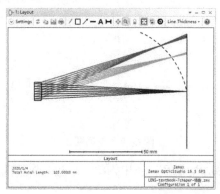

图 6-32 Cross-Section 光路结构图 4

图 6-33 点列图 4

单击工具栏中的 **Analyze** 选项，并单击 **Aberrations** 图标，选择弹出的下拉菜单中的 **Field Curvature and Distortion** 命令，如图 6-34 所示，可以得到关于场曲的定量曲线。

如图 6-35 所示，场曲图有子午面和弧矢面两条曲线。纵坐标表示视场角，横坐标表示子午面与弧矢面内不同视场角光束成的像点与轴上点理想像点之间的轴向距离。

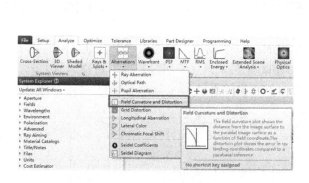

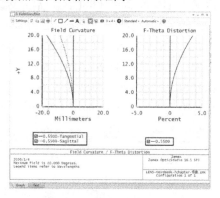

图 6-34　Field Curvature and Distortion 命令　　　　图 6-35　场曲与畸变曲线图 1

单击工具栏中的 **Analyze** 选项，并单击 **Extended Scene Analysis** 图标，可以模拟像面的图片成像质量，选择弹出的下拉菜单中的 **Image Simulation** 命令，如图 6-36 所示，选择 0°视场角，可以看到像面的边缘成像质量恶化。也可以在对话框的 **Settings** 中的 **Input File** 选项中选择其他图片用来进行模拟，如图 6-37 所示。

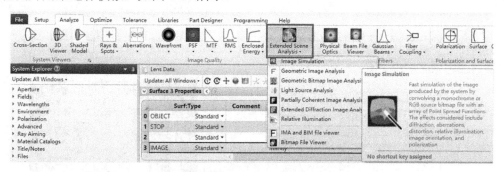

图 6-36　Extended Scene Analysis 图标

图 6-37　图像模拟（Input File 选择文件 Demo Picture-640×480）

6.3.5 畸变

打开 Zemax 附带的例子：\Sample\Sequential\Objectives\Wide angle lens 100 degree field.zmx，这是一个广角镜头，光路结构图如图 6-38 所示。图 6-39 为场曲与畸变曲线图。畸变定义为 Distortion=$100\times(y_{chief}-y_{ref})/y_{ref}$，其中 y_{chief} 表示主光线在像面的高度，y_{ref} 表示参考光线通过视场比例缩放后在像面上的高度（高斯理想像高）。在 Zemax 中畸变的具体表达形式有 F-Theta、Cal.F-Theta 和 Cal.F-Tan(Theta)。

单击工具栏中的 Analyze 选项，并单击 Aberrations 图标，在弹出的下拉菜单中选择 Grid Distortion 命令，可以得到如图 6-40 所示的网格畸变图。该系统明显是桶形畸变。另外，打开图像模拟器，可以看到如图 6-41 所示的图像模拟成像效果。

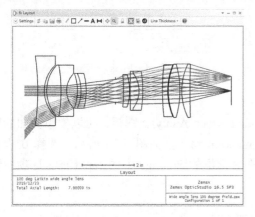

图 6-38　Cross-Section 光路结构图 5

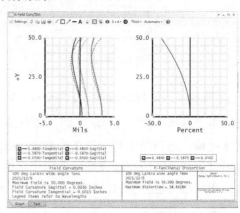

图 6-39　场曲与畸变曲线图 2

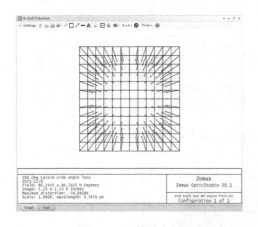

图 6-40　网格畸变图

图 6-41　图像模拟成像效果

6.3.6 色差

一般材料都有色散，根据色散系数（也称为阿贝数，数值越大，色散越小），玻璃被分为冕牌玻璃和火石玻璃。冕牌玻璃色散能力弱（阿贝数大于 50），通常用 K 来命名。火石玻璃色散能力强（阿贝数小于 50），通常用 F 来命名。此外，对于更多玻璃的命名规则，一般沿用德国蔡司公司的命名方法，因为该公司的玻璃型号齐全，性能稳定，如 Z 代表重，B 代表硼，Ba 代表钡，L 代表镧，P 代表磷，N 代表无铅。对于双筒望远镜中广泛采用的 BK7 棱镜，其所用的材料是硼硅酸盐玻璃。其他种类还包括氟冕（FK）、轻冕（QK）、重磷冕（ZPK）、重冕（ZK）、特冕（TK）、轻火石（QF）、重火石（ZF）、重钡火石（ZBaF）、冕火石（KF）、特种火石（TF）等。此外还有一种材料 Fluorite（萤石），即氟化钙晶体（有防治龋齿作用），其色散非常小（阿贝数为 95.3），非常适合用作光学材料，但是非常昂贵。

描述材料色散有多种数学形式，如 Schott 公式为

$$n^2 = a_0 + a_1\lambda^2 + a_2\lambda^{-2} + a_3\lambda^{-4} + a_4\lambda^{-6} + a_5\lambda^{-8} \tag{6-14}$$

式中，a_0、a_1、a_2、a_3、a_4、a_5 为常数，玻璃制造商会给出每种玻璃对应的参数。

此外，Sellmeier 色散公式可以表示为

$$n^2 - 1 = \frac{K_1\lambda^2}{\lambda^2 - L_1} + \frac{K_2\lambda^2}{\lambda^2 - L_2} + \frac{K_3\lambda^2}{\lambda^2 - L_3} \tag{6-15}$$

式中，K_1、K_2、K_3，以及 L_1、L_2、L_3 均为常数。

运行 Zemax 软件，单击工具栏中的 Libraries 选项，并单击 Materials Catalog 图标，弹出 Materials Catalog 对话框，在 Catalog 下拉列表中选择 SCHOTT.AGF，进一步在 Glass 下拉列表中选择 BK7，然后单击 Glass Report 按钮，可以看到 BK7 玻璃相关的光学参数，也包括色散参数，如图 6-42 所示。

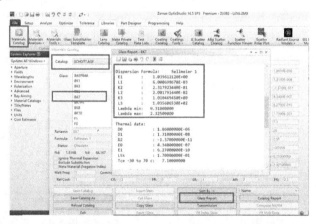

图 6-42　材料库中的材料性质说明

BK7 玻璃由德国光学玻璃制造商肖特玻璃厂（Schott Glaswerke AG）提供，该玻璃提供了 Sellmeier 色散公式中的系数。色散的其他数学形式可以查阅 Zemax 的 Help PDF 文件。

正因为玻璃色散的存在，成像系统具有色差。Zemax 提供了三种形式来评估系统的色差，如图 6-43 所示，它们分别为 Longitudinal Aberration（轴向色差）、Lateral Color（垂轴色差）、Chromatic Focal Shift（多色焦距偏移）。

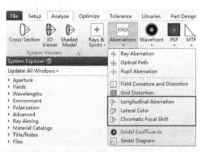

图 6-43　色差分析选项

　　接下来利用 F9 玻璃设计一透镜，并分析其色差。在 System Explorer 对话框的 Aperture 选项下面的 Aperture Type 下拉列表中选择 Entrance Pupil Diameter，并设置 Aperture Value 为 10。在 Fields 选项中设置 0°、2°、-6° 及-10° 4 个视场角。在 Wavelengths 中选择 F、d、C 光，即波长为 0.486μm、0.588μm 和 0.656μm 的光。Lens Data 编辑器设置如图 6-44 所示。

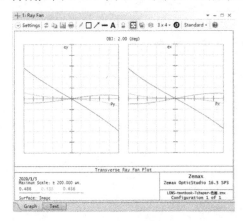

图 6-44　Lens Data 编辑器设置 4

　　单击工具栏中的 Analyze 选项，并单击 Aberrations 图标，在弹出的下拉菜单中选择 Ray Aberration 命令，并选择视场角为 2°，可以看到如图 6-45 所示的 Ray Fan 图。三种波长的垂轴像差差别较大，尤其是在孔径边缘的地方像差最大。在 Aberrations 下拉菜单中分别选择 Longitudinal Aberration、Lateral Color 和 Chromatic Focal Shift 命令，可以看到对应的色差相关曲线，分别如图 6-46、图 6-47 和图 6-48 所示。

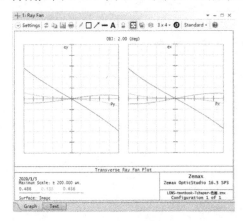

图 6-45　Ray Fan 图 3

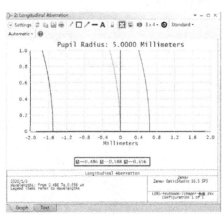

图 6-46　纵向色差曲线

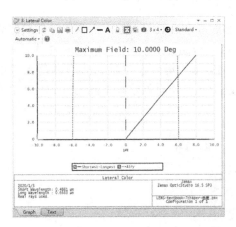

图 6-47　垂轴色差曲线

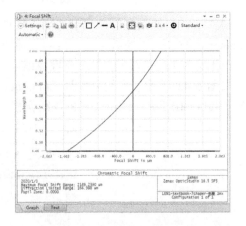

图 6-48　多色焦距偏移曲线

　　单击工具栏中的 Analyze 选项，并单击 Extended Scene Analysis 图标，查看像面的成像模拟。这里给出了在视场角为 0°和-10°时的像面图像，分别如图 6-49 和图 6-50 所示。可以看到在-10°视场角时，成像质量是很差的，这是因为存在比较严重的色球差，即混合球差和色差。

　　单击工具栏中的 Analyze 选项，并单击 Cross-Section 图标，可以看到该透镜的光路结构图，如图 6-51 所示。在-10°视场角下，可以看到在像面上已经是弥散的光斑，且发生一定的色散，这也导致了像面边缘部分成像质量严重恶化。通常情况下，利用双胶合消色差透镜或三胶合复消色差透镜来校正色差。

图 6-49　0°视场角图像模拟　　　　　　　　　图 6-50　-10°视场角图像模拟

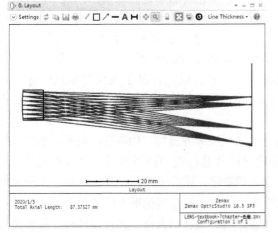

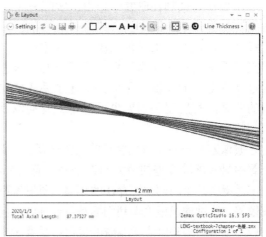

图 6-51　多种视场角与波长下的 Cross-Section 光路结构图

　　本节主要的目的是希望读者能通过 Zemax 仿真光路结构来理解像差的产生原因。像差理论是一门很复杂的学科，读者若要进一步深入学习相关理论可以参考其他书籍。此外，Zemax 附带了光学系统优化设计工具，可以优化成像质量，本书第 8 章会进一步讲到优化设计相关内容。

第 7 章　像质评价

在光学系统设计与制造过程中关键之一是如何尽可能减小像差。虽然第 6 章中基于几何光学描述了光学系统中常见的像差，但是真实的光学系统无法避免衍射等现象。从这个角度来看，像差是不可能完全被消除掉的。当然考虑成本与系统复杂性等问题，像差也并不需要校正为零，而是达到可接受范围即可。所以我们有必要了解各种光学系统所允许存在的剩余像差值及像差公差的范围。此外，衍射的存在使得除了几何光学方法，我们还需要基于物理光学手段寻找其他像质评价方法。

1. 瑞利判据

成像本质上是光波的传播过程，所以像差本质上就是光波的畸变。假设一个点光源，在像空间为会聚到一点的球面波，那么可以认为成完善像，没有像差。而现实的波面是有畸变的，这种带缺陷的波面导致像点不再是理想的点，这种波面的偏差称为"波像差"。波像差可以通过追迹一系列光线，分别计算每条光线的光程。如果光程都相等，则是理想的球面，如果光程不等，即存在光程差（Optical Path Difference，OPD），则存在有像差的波面。因此，波像差可以用来评价成像质量的优劣。在 Zemax 等软件中都有这种类型的像差计算。

1879 年，瑞利在研究中指出：实际波面与理想球面波之间的最大波像差不超过 $\lambda/4$ 时，此波面就可看作是无缺陷的，成像是完善的。此时，光学系统成像质量相对较好。这是一个经验标准，是长期用来评价像质的一种方法。波像差与几何像差之间的计算关系比较简单，利用光学系统的几何光路计算即可得出几何像差曲线，根据曲线的光程积分即可得到波像差，通过计算得到的波像差即可评价光学系统成像质量的优劣。反之，基于波像差和几何像差之间的关系，利用瑞利判据也可以得到几何像差的公差范围，这对于实际光学系统的讨论是很有利的。

波像差只反映了单色像点的成像清晰度，但是不能反映像的变形，如畸变。而且瑞利判据在计算中只考虑波像差的最大允许公差，而没有考虑缺陷部分在整个波面面积中所占的比重。例如，透镜中某个局部位置存在的划痕、折射率不均匀等缺陷，这些都可能在某一局部引起很大的波像差，这种情况根据瑞利判据是不允许的。但事实上，由于镜片其他很大区域都参与成像，局部极小区域的缺陷对光学系统的成像质量并没有显著影响。瑞利判据是一种较为严格的像质评价方法，主要适用于小像差光学系统，如望远物镜、显微物镜等。

2. 中心点亮度

光学系统成像过程可以理解为物体上无数个发光点通过系统，成的像为每个发光点的像的线性叠加。从这个角度来看，单个发光点的成像质量可以评估光学系统的像质。数学上把点源（脉冲函数 $\delta(r)$）成像过程描述为"点扩散函数 $h(r)$"，即系统对脉冲信号的响应。1894 年，斯特列尔根据光学系统像差对点扩散函数中心点亮度的影响，指出用有像差时的点衍射图案中最大亮度与无像差时的点衍射图案中最大亮度之比来衡量光学系统成像质量。该比值称为斯特列尔比（$S.D$），也称为"中心点亮度"。当 $S.D \geqslant 0.8$ 时，认为光学系统的成像质量是完善的，这就是著名的斯特列尔准则。斯特列尔准则也是一种高质量的像质评价标准，但是也只适用于小像差光学系统。因为中心点亮度计算相当复杂，所以其在实际中较少使用。

中心点亮度和瑞利判据是分别从两个角度提出来的像质评价方法。1947 年，Marechal 进一步研究表明，当均方根波像差小于或等于 $\lambda/14$ 时，其中心点亮度 $S.D$ 大于或等于 0.8，此为 Marechal 判据。

3. 分辨率

分辨率是光学成像系统的关键指标之一，反映了光学成像系统分辨物体细节的能力。因此，分辨率也是一种重要的像质评价方法。根据衍射理论可知，无限远物体经过一定孔径的光学系统成像时会有衍射。衍射图像中第一暗环半径对出瞳中心的张角为

$$\Delta\theta = 1.22\lambda/D'_{出} \tag{7-1}$$

式中，$\Delta\theta$ 为光学系统的最小分辨角；$D'_{出}$ 为出瞳直径。

通过最小分辨角可以判断光学成像系统的分辨情况。但是需要指出的是，分辨率作为光学系统成像质量的评价方法并不是很完善的手段。其缺点在于下面三点：①在小像差光学系统中，像差对分辨率的影响较小，对实际分辨率的影响主要来自光学系统的相对孔径。只有在大像差光学系统中，分辨率才与系统的像差有关。②检测分辨率的鉴别率板上为黑白相间的周期条纹，但是这与实际物体的亮度分布完全不同。而且对同一光学系统，使用同一块鉴别率板来检测系统分辨率时，由于外界环境，如照明条件和接收器的不同，检测出来的结果也往往不同。③对照相机物镜或者投影仪物镜等做分辨率检测时，可能会出现"伪分辨率"现象，即镜头对鉴别率板某一组周期的黑白条纹已经不能分辨，但是对周期更密的一组条纹反而能够分辨出来，这是由对比度反转造成的。

7.1　光学传递函数像质评价基本概念

光学成像系统的 Zemax 软件像质评价方法在前面进行了介绍，如点列图等。这里介绍另一种常用的像质评价方法——调制传递函数（MTF）。

光学成像系统在数学上可以看成是一种函数的变换过程，如图 7-1 所示。为了简化分析，可以假设被成像物体发出单色光。此时，物体的光场振幅分布可以写成一个函数 $g_{in}(r)$ 作为信号输入，它是一个空间分布函数。对应的信号输出函数，即输出像表示为 $g_{out}(r)$。光学成像系统可以看成是一个线性平移不变系统，并且是满足线性叠加原理的。可以理解为，如果某一物体的位置发生改变，那么像也对应地按线性比例发生改变；或者物体形状发生改变，像对应的形状也发生线性改变。对于这点，目前实际的光学成像系统都近似成立。因此，该系统的性质归纳为以下两点。

（1）若输入信号位置移动 $g_{in}(r + \Delta r)$，则输出信号为 $g_{out}(r + k\Delta r)$（k 为常数）。

（2）若输入信号为 $g_{in}^{(1)}(r) + g_{in}^{(2)}(r)$，则输出信号为 $g_{out}^{(1)}(r) + g_{out}^{(2)}(r)$，即线性叠加原理。

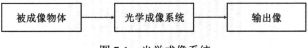

图 7-1　光学成像系统

对于线性系统，可以把输入信号表示为脉冲函数的积分形式：

$$g_{in}(r) = \int g_{in}(r')\delta(r - r')dr' \tag{7-2}$$

该形式可以理解为被成像物体是由一个序列点光源的加权累加而组成的。

输出函数可以写为

$$g_{out}(r) = \int g_{in}(r')h(r,r')dr' \tag{7-3}$$

式中，$h(r,r')$ 为脉冲响应函数或点扩散函数，反映了光学系统的本征特性。由于线性平移不变系统，$h(r,r')$ 可以写成 $h(r-r')$，则式（7-3）可以进一步写成卷积的形式：

$$g_{out}(r) = \int g_{in}(r')h(r-r')dr' = g_{in}(r)*h(r) \tag{7-4}$$

对式（7-4）进行傅里叶变换，得到频域形式：

$$G_{out}(f) = H(f)\times G_{in}(f) \tag{7-5}$$

这里 f 是空间频率，也为二维，即物面或像面上光的振幅随空间周期性变化对应的频率。这样成像过程可以理解为在频域内被成像物体的每个空间频率的光的振幅和相位受到光学系统的调控后得到的响应。此外，一般情况下，物体经过光学系统成像后，其像会放大或缩小。所以假设某一明暗周期变化物体，其频率与对应的周期变化像的频率肯定不同。所以虽然式（7-5）提及物面和像面用了同一个频率 f，但这里可以认为做了归一化处理，即某一周期变化的物，其频率与对应的像频率是一样的。

其中，$H(f)$ 是 $h(r,r')$ 的傅里叶变换，即

$$H(f) = \int h(r)\exp[-jf\cdot r]dr \tag{7-6}$$

这样可以理解为，光学系统的成像特性可以用 $H(f)$ 来表征。$H(f)$ 的幅度 $|H(f)|$ 称为"调制传递函数"，常常写成 $MTF(f)$。$H(f)$ 的相位 $arc[H(f)]$ 称为"相位传递函数"，常常写成 $PTF(f)$。它们分别反映了被成像物体通过光学系统的每个空间频率时振幅和相位的改变。如图 7-2 所示，可以看到在一维情况下输入和输出的光学信号在振幅和相位上的变化，而这些变化完全可以由以上两个函数描述出来。

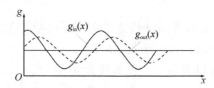

图 7-2 一维情况下某个频率的输入和输出信号的变化示意图

MTF 在光学设计中应用比较多，它表征了光强在空间频率的调制程度，是光学系统对空间频域的滤波变换。在 MTF 曲线中横坐标是空间频域，其单位以 lp/mm 表示。相邻的黑白两条线可以称为一个线对，如图 7-3 所示。每毫米能够分辨出的线对数就是空间分辨率，反差定义为（照度的最大值-照度的最小值）/（照度的最大值+照度的最小值）。如图 7-4 所示，输入的信号（物的光强分布）是一维的正弦信号，通过透镜后，输出的也是一维信号（像的光强分布）。光学系统像方的反差是评价光学系统优良的重要参数之一。

图 7-3 线对示意图

在图 7-5 中②号（虚线）光学系统的 MTF 截止频率（MTF cut off）更高，所以具有更高

的空间分辨率。但是在低频范围，①号（实线）光学系统具有更高的光强透过率，镜头的反差更好。

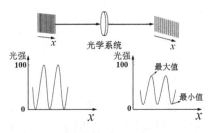

图 7-4　正弦信号经过透镜成像示意图

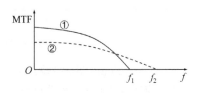

图 7-5　调制传递函数

7.2　人眼的 Zemax 模型及其在 VR 中的应用

1．设计要求

基于 Zemax 仿真分析人眼的光学特性，并设计 VR（虚拟现实）眼镜。

2．知识补充

关于对人眼的研究及人眼模型的研究，生物上已有诸多成就，本书不再赘述。本章是依据 Liou&Brennan（1997 年）眼模型来建立人眼模型的，通过 Zemax 对人眼模型进行设计优化，重点讲解如何在 Zemax 中建立模型及进行像质评价。

1997 年，墨尔本大学提出了一个较为广泛使用的模型，总共建立角膜、液状体、晶状体和玻璃体 4 个非球面透镜，其中晶状体为渐变折射率模型。该模型的结构的主要参数在表 7-1 中列出。

表 7-1　人眼模型的结构的主要参数

介质表面	半径/mm	厚度/mm	非球面系数	在 555nm 下的折射率
角膜前表面	7.77	0.50	−0.18	1.376
角膜后表面	6.40	3.16	−0.60	1.336
瞳孔	12.40	1.59	−0.94	Grade A
假想面	∞	2.43	—	Grade P
晶状体后表面	−8.10	16.27	0.96	1.336

3．仿真分析

如果把该模型在 Zemax 中仿真出来，则首先在 System Explorer 对话框中完成三大设置。第一为 Aperture 的设置，Aperture Type 为 Entrance Pupil Diameter，其值为 4。第二为 Wavelengths 的设置，光波长设置为 F、d、C 三种可见光。第三为 Fields 的设置，视场 x 轴方向倾斜 5°，模拟眼球的偏转角度。

回到 Lens Data 编辑器，在 OBJECT 面后插入新的一面，并在 Comment 中注释为 Cornea 角膜以便于理解。在 Radius 中输入 7.77，在 Thickness 中输入 0.55，单击 Material 右侧空格，弹出 Glass solve on surface 1 对话框，设置 Solve Type 为 Model，Index Nd 中为 1.376（折射率为 1.376），Abbe Vd 为 50.23，dPgF 为默认值 0，如图 7-6 所示。该设置直接定义了材料的折射率和阿贝数。注意在 Material 中只显示 3 位有效数字。

图 7-6 材料的折射率与阿贝数的设置方式

进一步在 Clear Semi-Dia 中输入 5，这样在 Mech Semi-Dia 中自动设置为 5。在 Conic 中输入-0.18，用于模拟角膜表面的非球面特性。进一步插入 5 个面和 2 个断点面，依次用于模拟液状体、瞳孔、晶状体和玻璃体，像面模拟为视网膜。Lens Data 编辑器设置如图 7-7 和图 7-8 所示。

图 7-7 Lens Data 编辑器设置 1

图 7-8 Lens Data 编辑器设置 2

其中，第 1、2、4、8 面的材料参数归纳在表 7-2 中，dPgF 都为默认值 0。

表 7-2 材料折射率参数设定值

参数	面序数			
	1	2	4	8
Index Nd	1.376	1.336	1.336	1.336
Abbe Vd	50.23	50.23	50.23	50.23

这里为了模拟晶状体的渐变折射率，在 Surface Type 中选择第 6、7 面为 Gradient 3 的渐变面。单击这两行，表头可以看到 Delta T、n0、Nr2、Nr4、Nr6、Nz1、Nz2 和 Nz3，具体参数设置如图 7-9 所示。这些参数定义了渐变折射率，读者也可以查阅 Zemax 软件的 Help PDF 文件。

	Surface Type	Comment	Ra	Thi	Ma	Co	Cle	Chi	Me	Conic	TCi	Delta T	n0	Nr2	Nr4	Nr6	Nz1	Nz2	Nz3
0	OBJECT Standard ▾		Infi.	Infi.			Infi.	0.0.	Infi.	0.000	0.0.								
1	(aper) Standard ▾	Cornea_角膜	7.7.	0.5.	1.3.		5.0.	0.0.	5.0.	-0.180									
2	(aper) Standard ▾	Aqueous_液状体	6.4.	3.1.			5.0.	0.0.	5.0.	-0.600									
3	Coordinate Break ▾			0.0.			0.0.					-0.550	0.000	0.000	0.000	0.000	0		
4	STOP (a Standard ▾	Pupil_瞳孔	Infi.	0.0.	1.3.		1.2.	0.0.	1.2.	0.000									
5	Coordinate Break ▾			0.0.			0.0.					0.550	0.000	0.000	0.000	0.000	0		
6	(aper) Gradient 3 ▾	Lens-fronta-晶	12.	1.5.			5.0.	0.0.	5.0.	0.000	0.0.	1.000	1.368	-1.9788E-03	0.000	0.000	0.049	-0.015	0.000
7	(aper) Gradient 3 ▾	Lens-back-晶状体	Infi.	2.4.			5.0.	0.0.	5.0.	0.000	0.0.	1.000	1.407	-1.9788E-03	0.000	0.000	0.000	-6.605E-03	0.000
8	(aper) Standard ▾	Vitreous_玻璃体	-8.	16.	1.3.		5.0.	0.0.	5.0.	0.960	0.0.								
9	IMAGE Standard ▾	IMA_视网膜	-12.				5.0.	0.0.	5.0.	0.000									

图 7-9　Gradient 3 面型对应的表头

将第 4 面设置为 STOP 面，先后插入第 3 和第 4 坐标断点面，以让 STOP 面相对光轴 x 方向往下偏离 0.55mm（Decenter X）。此外，第 1、2、4、6、7、8 面型 Aperture Type 中都设置为 Floating Aperture。这样在第 4 面（STOP 面）调整口径大小时，其他面也自动调整光通过的口径大小。

利用 3D Viewer 工具观察光路结构图，如图 7-10 所示。其中 Rotation 中设置 X 为 0，Y 为 0，Z 为 90，Ray Pattern 为 Grid。图 7-11 所示为点列图。

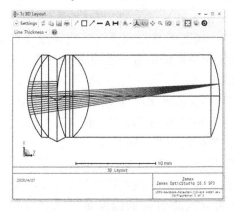

图 7-10　人眼模型的光路结构图

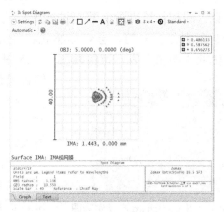

图 7-11　点列图

接下来计算 MTF 曲线来评价该模型的成像质量。单击工具栏中的 Analyze 选项，并单击 MTF 图标，在弹出的下拉菜单中选择 FFT MTF 命令，如图 7-12 所示，计算的结果如图 7-13 所示，可以看到子午面和弧矢面的 MTF 曲线差别较大。

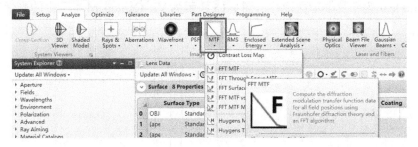

图 7-12　MTF 图标

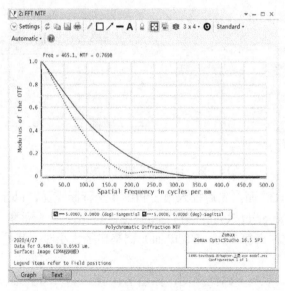

图 7-13　人眼模型的 MTF 曲线

该人眼模型的光学参数是进行了大量的测试总结出来的光学常数,但是实际人眼各个结构的折射率是多变的,会依据感光神经元自动调节,模型的建立只是在一定程度上接近人眼,因此人眼模型有一定的局限性。人眼模型在视觉光学系统中有一定的仿真作用,如显微镜目视系统、VR/AR 等。

接下来,本节以 Google 曾经推出的一个 VR-Cardboard 产品为例(专利号 USD750,074,Google Inc.),创建 VR 与人眼的模型,该产品实物图如图 7-14 所示。

手机下载 VR 片源,并置于 VR-Cardboard 产品中,便可以观看三维视频。该 VR 系统利用了双目立体视觉的效果,因此观察者两只眼睛看到的图像是显示屏分别产生的。一只眼睛只能看到奇数帧图像,另一只眼睛只能看到

图 7-14　VR-Cardboard 产品实物图

偶数帧图像。而奇、偶数帧图像是具有不同视场角的,这样也就产生了立体感。VR 眼镜中的透镜将电子显示屏放大在视网膜上成像,给我们一种模仿现实世界身临其境的感觉。随着网络宽带的增加,在线 VR 视频和眼镜将会越来越普及。

Cardboard lens 为一片非球面镜片,图 7-15 所示为 VR-Cardboard 专利中的光学参数。

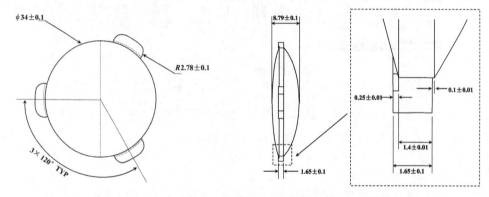

图 7-15　VR-Cardboard 专利中的光学参数(单位:mm)

图 7-15　VR-Cardboard 专利中的光学参数（单位：mm）（续）

我们先在刚才的人眼模型中添加两个视场，在 System Explorer 对话框的 Fields 选项中单击 Open Field Data Editor 按钮，打开 Field Data Editor 对话框，具体参数设置如图 7-16 所示。其中参数 VDX、VDY、VCX 和 VCY 表示渐晕。在 Field # Properties 对话框中可以设置更为详细的参数，如在 Normalization 下拉列表中选择 Rectangular。

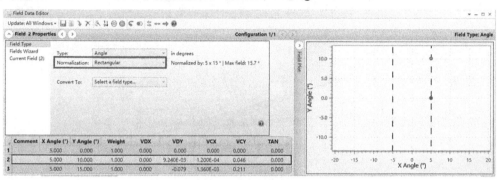

图 7-16　视场参数设置

在 Lens Data 编辑器中将 OBJECT 的 Thickness 设置为 36.812，该物体的位置就是手机放置的位置。为了便于观察，在 OBJECT 下面插入新的第 1 面（虚构面），参数都为默认值。我们下面设置 Cardboard lens。该透镜是非球面的，材料是 PMMA。因此，在第 2 面和第 3 面的 Surface Type 中选择 Even Asphere（偶次非球面），并进一步在表头 4th Order Term、6th Order Term 和 8th Order Term 中设置非球面参数。增加的第 4 面（坐标断点面）用于模拟眼球转动，将该面的 Tilt About X 设置为-20。第 5 面是虚构面，为了便于观察光学系统，其参数采用软件默认值。设置好的 Lens Data 编辑器如图 7-17 所示。人眼模型和 VR-Cardboard 的光路结构图如图 7-18 所示。这就描述了人眼转动 20°，在视场角位 15°时的成像质量。

	Surface Type	Comment	Radius	Thickness	Material	Coating	Clear Semi-D	Chip Zo	Mech Sen	Conic	TCE x 1E-	2nd Orde	4th Order Ter	6th Order T
0	OBJECT Standard ▾		Infinity	36.812			15.344	0.000	15.344	0.000	0.000			
1	Standard ▾		Infinity	0.000			6.164	0.000	6.164	0.000	0.000			
2	(aper) Even Asphere ▾	Front-Cardboard lens	57.527	8.790	PMMA		17.000 U	0.000	17.000	-14.632	-	0.000	4.142E-06	-1.953E-09
3	(aper) Even Asphere ▾	Back-Cardboard lens	-29.563	5.000			17.000 U	0.000	17.000	-6.998	-	0.000	-2.648E-05	4.608E-08
4	Coordinate Break ▾			0.000			0.000					0.000	0.000	-20.000
5	Standard ▾	Input beam	Infinity	0.000			2.157	0.000	2.157	0.000	0.000			
6	(aper) Standard ▾	Cornea角膜	7.770	0.550	1.38,50.2 M		5.000 U	0.000	5.000	-0.180	0.000			
7	(aper) Standard ▾	Aqueous液状体	6.400	3.160	1.34,50.2 M		5.000 U	0.000	5.000	-0.600	0.000			
8	Coordinate Break ▾			0.000			0.000					-0.550	0.000	0.000
9	STOP (aper) Standard ▾	Pupil瞳孔	Infinity	0.000	1.34,50.2 M		1.250 U	0.000	1.250	0.000	0.000			
10	Coordinate Break ▾			0.000			0.000					0.550	0.000	0.000
11	(aper) Gradient 3 ▾	Lens-front晶状体	12.400	1.590			5.000 U	0.000	5.000	0.000		1.000	1.368	-1.978E-03
12	(aper) Gradient 3 ▾	Lens-back晶状体	Infinity	2.430			5.000	0.000	5.000	0.000		1.000	1.407	-1.978E-03
13	(aper) Standard ▾	Vitreous玻璃体	-8.100	16.239	1.34,50.2 M		5.000 U	0.000	5.000	0.960	0.000			
14	IMAGE Standard ▾	IMA视网膜	-12.000				5.000 U	0.000	5.000	0.000	0.000			

图 7-17　人眼模型和 VR-Cardboard 的 Lens Data 编辑器设置

	Surface Type	Comment	Ra	Thi	Ma	Co	Cle	Chip Zor	Mech Semi-Di	Conic	TCE x 1E-	2nd Order T	4th Order Ter	6th Order Ter	8th Order Tern	10th Order	12th Ord
0	OBJEC Standard ▾		Infi..	36..			15.	0.000	15.344	0.000	0.000						
1	Standard ▾		Infi..	0.0..			6.1.	0.000	6.164	0.000	0.000						
2	(aper) Even Asphere ▾	Front-Cardboard le..	57..	8.7.	PM..		17..	0.000	17.000	-14.632	-	0.000	4.142E-06	-1.953E-09	0.000	0.000	0.000
3	(aper) Even Asphere ▾	Back-Cardboard lens	-29..	5.0.			17..	0.000	17.000	-6.998	-	0.000	-2.648E-05	4.608E-08	-4.100E-11	0.000	0.000
4	Coordinate Break ▾			0.0..			0.0..		-	-		0.000	0.000	-20.000	0.000	0.000	0
5	Standard ▾	Input beam	Infi..	0.0..			2.1.	0.000	2.157	0.000	0.000						
6	(aper) Standard ▾	Cornea角膜	7.7.	0.5.	1.3.		5.0.	0.000	5.000	-0.180	0.000						
7	(aper) Standard ▾	Aqueous液状体	6.4.	3.1.	1.3.		5.0.	0.000	5.000	-0.600	0.000						
8	Coordinate Break ▾			0.0..			0.0..		-	-		-0.550	0.000	0.000	0.000	0.000	0
9	STOP (Standard ▾	Pupil瞳孔	Infi..	0.0..	1.3.		1.2.	0.000	1.250	0.000	0.000						
10	Coordinate Break ▾			0.0..			0.0..		-	-		0.550	0.000	0.000	0.000	0.000	0
11	(aper) Gradient 3 ▾	Lens-front晶状体	12..	1.5.			5.0.	0.000	5.000	0.000	0.000	1.000	1.368	-1.978E-03	0.000	0.000	0.049
12	(aper) Gradient 3 ▾	Lens-back晶状体	Infi..	2.4.			5.0.	0.000	5.000	0.000	0.000	1.000	1.407	-1.978E-03	0.000	0.000	0.000
13	(aper) Standard ▾	Vitreous玻璃体	-8..	16..	1.3.		5.0.	0.000	5.000	0.960	0.000						
14	IMAGE Standard ▾	IMA视网膜	-12..				5.0.	0.000	5.000	0.000	0.000						

图 7-17 人眼模型和 VR-Cardboard 的 Lens Data 编辑器设置（续）

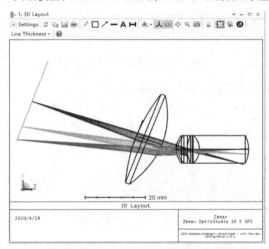

图 7-18 人眼模型和 VR-Cardboard 的光路结构图

感兴趣的读者可以把 Cardboard lens 和人眼模型输入 Zemax 软件中，然后调整不同视场角和人眼的转动角度，查看成像效果。

第8章 Zemax 中的优化与公差

本章首先介绍 Zemax 中的优化工具及光学设计中优化的数学原理，然后介绍 Zemax 中的公差分析。Zemax 给我们提供了非常强大的优化设计功能、可视化界面，以及丰富的材料与知识库。因个人计算机的普及，Zemax 给光学系统设计者提供了极大的便利。但是若要成为一名优秀的光学系统设计者，一方面需要深入了解光学设计的理论与逻辑，另一方面需要学习大量案例，积累丰富的经验，思考背后的设计思路和技巧，并在工程实践中结合具体的产品逐步提高自己的设计水平。

8.1 Zemax 优化方法简介

8.1.1 优化方法概述

Zemax 的优化功能可以帮助光学系统设计者找到系统设计参数的最优解，从而能够更快、更好地实现光学系统的优良性能。随着计算机技术的发展，Zemax 强大的计算能力给光学设计与优化带来了极大的便利。Zemax 具有强大的自动优化设计能力，在前面章节的具体设计案例中已经简单介绍了优化的使用。本节将进一步介绍 Zemax 中优化的相关知识。这里以序列模型为基础，介绍优化背后的数学模型基础、评价函数及操作符等基本知识。

运行 Zemax，在工具栏中的 Optimize 选项下可以看到三个与光学系统优化有关的图标，分别为 Optimize!、Global Search 及 Hammer Current，如图 8-1 所示。

图 8-1 三种优化图标

Optimize！为局部优化。如图 8-2 所示，A 点为局部极小值，在优化过程中，如果初始参数选择在 A 点附近，经过一系列优化算法运算后，软件只能找到 A 点局部的极小值，所以初始结构参数的选择非常重要。该方法对光学系统设计者的经验具有较高的要求。在优化过程中也常常根据优化值人工反复调整光学系统的各项参数，并结合软件优化，使得评价函数降低到最小值，从而得到需要的结构参数，如第 5 章 LED 照明系统设计的优化过程。在优化前，在优化参数右侧后缀对话框中的 Solve Type 下拉列表中选择 Variable，即变量，数值后缀显示 V 字，如图 8-3 所示。该参数会在优化过程中发生变化。

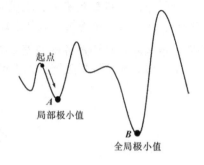

图 8-2 局部极小值与全局极小值
关系示意图

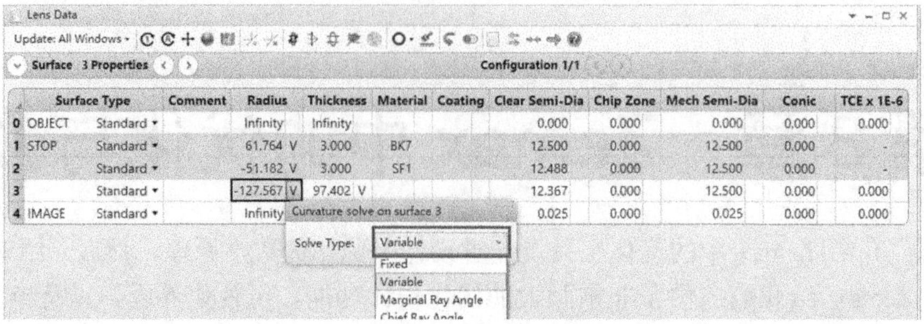

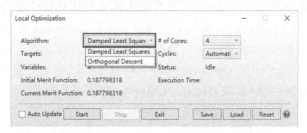

图 8-3　参数类型设置为变量

Global Search 为全局优化，其含义类似于在图 8-2 中寻找评价函数全局极小值，软件会设置多起点同时优化，找到光学系统全局最佳的结构参数。Zemax 会把全局搜寻得到的结果较好的 10 个初始结构保存在文件夹中。光学系统设计者可以查看不同的初始结构，根据经验判断并针对有潜力的结构参数进行进一步局部优化。

Hammer Current（锤形优化）也是全局优化方法，通过重复多次算法优化以避免评价函数的局部极小值，但不会进行大的结构调整。

在以上优化过程中，Zemax 用到了两种优化算法，分别为阻尼最小二乘（Damped Least Squares，DLS）法和正交下降（Orthogonal Descent，OD）法。当单击 Optimize! 图标时，弹出 Local Optimization 对话框，如图 8-4 所示。

下面简单介绍光学系统数学建模，便于读者理解优化算法的计算过程。

图 8-4　Local Optimization 对话框

8.1.2　光学系统数学建模

光学系统结构参数决定了成像的性能，如每个折射面的直径、面间的厚度及折射率等。将这些在优化过程中数值可以改变的结构参数定义为自变量 $\boldsymbol{x}=[x_1,x_2,\cdots,x_N]$。光学特性参数，如焦距、放大率、像距及各种像差参数都随着结构参数的变化而变化。为了方便，可将这些需要设计的目标光学特性参数统称为"像差值"，并定义为 $\boldsymbol{F}=[F_1,F_2,\cdots,F_M]$。进一步写成函数组的形式为

$$F_1 = f_1(\boldsymbol{x}) = f_1(x_1,\cdots,x_N)$$
$$F_2 = f_2(\boldsymbol{x}) = f_2(x_1,\cdots,x_N)$$
$$\vdots$$
$$F_M = f_M(\boldsymbol{x}) = f_M(x_1,\cdots,x_N)$$

可简单表示成：

$$F_i = f_i(\boldsymbol{x}) = f_i(x_1,\cdots,x_N)，\quad i=1,2,\cdots,M \tag{8-1}$$

式（8-1）是很复杂的非线性方程组，称为"像差方程组"。从数学上来讲，光学设计就

是寻找方程组的解。但是因为其方程的复杂性，几乎无法得到准确的解。所以采用的策略是将非线性方程组进行近似处理，转化成线性方程组，并利用已经发展很好的数值优化算法求解最优解。

将函数在 $\boldsymbol{x}^0 = \left[x_1^0, x_2^0, \cdots, x_N^0 \right]$ 附近进行泰勒展开并取到线性项：

$$F_i = f_i(\boldsymbol{x}) = f_i(\boldsymbol{x}^0) + \sum_{j=1}^N \frac{\partial f_i(\boldsymbol{x}^0)}{\partial x_j}(x_j - x_j^0) \tag{8-2}$$

式中，$i = 1, 2, \cdots, M$，$j = 1, 2, \cdots, N$。$\boldsymbol{x}^0$ 为光学系统的初始结构，由设计人员根据经验和基本理论计算确定。而 $\boldsymbol{F}^0 = \left[F_1^0, F_2^0, \cdots, F_M^0 \right] = \left[f_1(\boldsymbol{x}^0), f_2(\boldsymbol{x}^0), \cdots, f_M(\boldsymbol{x}^0) \right]$ 为初始结构时的像差值。式（8-2）可以进一步写成如下形式：

$$\begin{cases} f_1(\boldsymbol{x}) = f_1(\boldsymbol{x}^0) + a_{11}\Delta x_1 + a_{12}\Delta x_2 + \cdots + a_{1N}\Delta x_N \\ f_2(\boldsymbol{x}) = f_2(\boldsymbol{x}^0) + a_{21}\Delta x_1 + a_{22}\Delta x_2 + \cdots + a_{2N}\Delta x_N \\ \qquad\qquad\qquad\qquad \vdots \\ f_M(\boldsymbol{x}) = f_M(\boldsymbol{x}^0) + a_{M1}\Delta x_1 + a_{M2}\Delta x_2 + \cdots + a_{MN}\Delta x_N \end{cases} \tag{8-3}$$

或者矩阵的形式：

$$\boldsymbol{F} = \boldsymbol{F}^0 + \boldsymbol{A}\Delta\boldsymbol{x} \tag{8-4}$$

式中，$\boldsymbol{A} = \begin{bmatrix} a_{11} & \cdots & a_{1N} \\ \vdots & & \vdots \\ a_{M1} & \cdots & a_{MN} \end{bmatrix}$，$a_{ij} = \dfrac{\partial f_i(\boldsymbol{x}^0)}{\partial x_j}$，$\Delta\boldsymbol{x} = \begin{bmatrix} \Delta x_1 \\ \Delta x_2 \\ \vdots \\ \Delta x_N \end{bmatrix}$，$\Delta x_j = x_j - x_j^0$。

式（8-4）可以进一步写成：

$$\boldsymbol{A}\Delta\boldsymbol{x} = \Delta\boldsymbol{F} \tag{8-5}$$

式中，$\Delta\boldsymbol{F} = \boldsymbol{F} - \boldsymbol{F}^0 = \begin{bmatrix} F_1 - F_1^0 \\ \vdots \\ F_M - F_M^0 \end{bmatrix}$。

式（8-5）称为"像差线性方程组"。这样光学设计被简化成对该线性方程组的求解问题。这里 a_{ij} 原则上也无法直接给出。现给自变量改变一个小量 δx_j，然后通过大量光线追迹计算在 $x_j = x_j^0 + \delta x_j$ 时对应的像差数值变化，即 δf_i。这样利用差分 $\dfrac{\delta f_i}{\delta x_j}$ 近似微分 $\dfrac{\partial f_i(\boldsymbol{x}^0)}{\partial x_j}$。此时，系数矩阵表示为

$$\boldsymbol{A} = \begin{bmatrix} \dfrac{\delta f_1}{\delta x_1} & \cdots & \dfrac{\delta f_1}{\delta x_N} \\ \vdots & & \vdots \\ \dfrac{\delta f_M}{\delta x_1} & \cdots & \dfrac{\delta f_M}{\delta x_N} \end{bmatrix} \tag{8-6}$$

这样系数矩阵便可以确定下来。求解式（8-4）可以得到解 $\Delta\boldsymbol{x}$。用一个小于 1 的常数 p 乘以 $\Delta\boldsymbol{x}$，得到：

$$\Delta\boldsymbol{x}_p = \Delta\boldsymbol{x} \cdot p \tag{8-7}$$

当 p 足够小时，总可以得到像差比原系统改善的新的光学系统。把新的光学系统结构参数作为新的原始系统，重新建立像差线性方程组进行求解。这个过程多次迭代，像差逐步优化，直到计算的像差是令人满意的结果（或者 ΔF 小到期望的值）。在第 1 章中已经给出了光学自动设计的主要迭代步骤，基于这种数值方法可以自动优化系统的像差。

在迭代过程中需要求解式（8-5）。这似乎是一个简单的数学问题，但是在实际情况下求解并不容易，会遇到多种情况，如方程组中方程数 M 在一般情况下不等于自变量数 N。

这里主要考虑 $M>N$ 的情况，此时式（8-5）是个超定方程，并不存在准确解，所以常采用最小二乘法得到近似解。先定义一个函数组 $\phi(x)=[\phi_1(x),\cdots,\phi_M(x)]^T$，并将式（8-5）改写成如下形式：

$$\phi(x) = A\Delta x - \Delta F \tag{8-8}$$

式中，$\phi(x)$ 称为像差残量。实际的光学系统中的各种像差分量在数值上差别很大，而且优化设计中每种像差的期望优化值也不同。为了权衡不同像差的比重和希望达到的优化值，这里进一步利用加权平方和作为评价函数：

$$\phi(x) = (\mu_1\phi_1)^2 + (\mu_2\phi_2)^2 + \cdots + (\mu_M\phi_M)^2 = \sum_{i=1}^M \mu_i^2\phi_i^2 \tag{8-9}$$

式中，μ_i 为权重因子，用于确定不同像差在评价函数中的比重。如果将 μ_i 计入式（8-3）和式（8-5）的系数和变量中，这样把 μ_iF_i 改写成 F_i，μ_ia_{ij} 改写成 a_{ij}，$\mu_i\phi_i$ 改写成 ϕ_i，这样式（8-9）可以改写成：

$$\phi(x) = \phi_1^2 + \phi_2^2 + \cdots + \phi_M^2 = \sum_{i=1}^M \phi_i^2 \tag{8-10}$$

式（8-10）进一步可以写成：

$$\phi(x) = (\Delta x - \Delta F)(\Delta x - \Delta F)^T \tag{8-11}$$

现在将问题转化成求方程组 $\phi(x)=0$ 的解。因为问题的复杂性，事实上我们几乎不可能得到准确的解。我们只能尽可能趋向于准确解。因此，该问题进一步转变为求 $\phi(x)$ 的极小值，也即如图 8-2 所示的情况。

根据函数极小值的必要条件，$\phi(x)$ 的一阶导数等于零，即

$$\nabla\phi(x) = 0 \tag{8-12}$$

根据矩阵论，$\nabla\phi(x) = 2(A^TA\Delta x - A\Delta F)$，因此可以得到：

$$\Delta x = (A^TA)^{-1}A^T\Delta F \tag{8-13}$$

Δx 为评价函数的极小值解，也是超定方程最小二乘解。在真实计算中，步长对于 Δx 加以限制，使得远离极小值点时线性逼近依然有效，该方法称为阻尼最小二乘法。具体算法读者可以查阅相关书籍。

8.1.3 Zemax 中评价函数的定义

Zemax 中将像差的目标值与当前系统实际值的差平方后加权和的平方根定义为评价函数：

$$\text{MF} = \frac{w_1\phi_1^2 + w_2\phi_2^2 + \cdots + w_M\phi_M^2}{w_1 + w_2 + \cdots + w_M} = \frac{\sum_{i=1}^M w_i\phi_i^2}{\sum_{i=1}^M w_i} \tag{8-14}$$

式中，$\phi_i = v_i - t_i$，v_i 为当前值，即 Merit Function Editor（评价函数编辑器）对话框中的

Value；t_i 为目标值，即 Merit Function Editor 对话框中的 Target；w_i 为权重，即 Merit Function Editor 对话框中的 Weight，如图 8-5 所示。

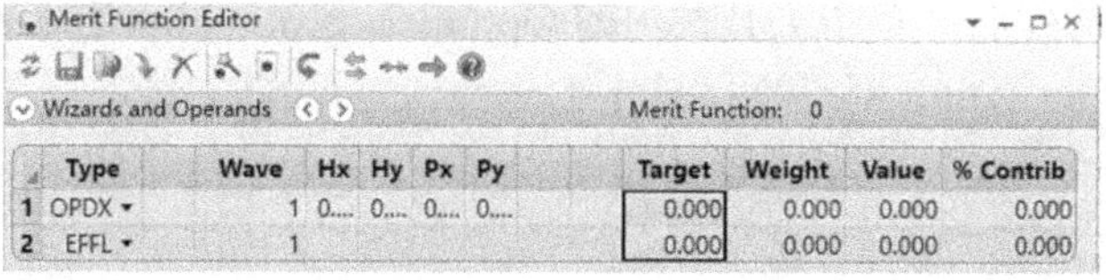

图 8-5　Merit Function Editor 对话框

w_i 是一个相对值，表示某个像差量在评价函数中的比重大小，该值的设置直接影响这个像差量（或者下面介绍的操作符）的贡献大小，即%Contrib 值。

8.1.4　Zemax 操作符的定义

Zemax 利用操作符来构建评价函数，一种操作符对应一种光学特性参数或者像差参数，如基本光学特性参数操作符。

EFFL（Effective Focal Length）：表示光学系统的有效焦距值，以 Lens Units 为单位。

PIMH：指定 Wave 的像面上的近轴像高，以 Lens Units 为单位。

另外，像差控制操作符如下。

LONA：轴上点指定 Wave、孔径带（Zone）光线与光轴交点、沿 z 轴方向与实际像面之间的轴向距离，即轴向像差，以 Lens Units 为单位。

OPDX：指定 Wave、(H_x,H_y)、(P_x,P_y)光线相对于一个移动和倾斜的球面的光程差，该球面可以使 RMS 波前差最小化，以质心为参考。

关于更多的操作符含义可以参考 Zemax 自带的 Help 文件。该文件在 Optimization Operands by Category 部分进行了整理和说明。图 8-6 为 Zemax 自带的 Help 文件中的关于操作符的说明截图。

Operands for First-Order Optical Properties	
AMAG, ENPP, EFFL, EFLX, EFLY, EPDI, EXPD, EXPP, ISFN, ISNA LINV, OBSN, PIMH, PMAG, POWF, POWP, POWR, SFNO, TFNO, WFNO	
NAME	**Description**
AMAG	Angular magnification. This is the ratio of the image to object space paraxial chief ray angles at the wavelength defined by **Wave**. Not valid for non-paraxial systems.
ENPP	Entrance pupil position in lens units, with respect to the first surface. This is the paraxial pupil position, valid only for centered systems.
EFFL	Effective focal length in lens units. The wavelength used is defined by **Wave**. This is paraxial, and may not be accurate for non-paraxial systems.

图 8-6　Zemax 自带的 Help 文件中的关于操作符的说明截图

8.1.5　默认评价函数

虽然前文中已经多次使用默认评价函数（Default Merit Function），但是为了让本章内容有较高完整性，方便读者学习，下面再介绍一下默认评价函数。选择和合理使用操作符需要设计人员有丰富的经验积累，这给刚入门或者普通设计人员带来了极大的困难，为此 Zemax 提供了 Default Merit Function Start（DMFS）的功能（DMFS 为评价函数编辑器中默认评价函数起始面）。当设置了 DMFS 后，Merit Function Editor 对话框中自动生成一系列操作符，这为简单的设计提供了极大的便利。单击工具栏中的 Optimize 选项，并单击 Merit Function Editor 图标，弹出 Merit Function Editor 对话框，单击 Current Operand(1)选项，在 Operand 下拉列表中选择 DMFS，如图 8-7 所示。不同版本默认的评价函数的界面有所不同，但是基本操作都类似。

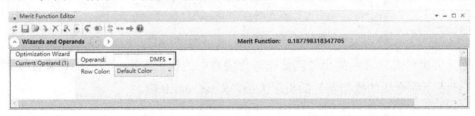

图 8-7　评价函数编辑器中的 DMFS

单击 Optimization Wizard 选项，弹出设置界面，可以设置 DMFS 的相关参数，如在 Type 下拉列表中可以选择 RMS 或 PTV。RMS 表示评价函数由像差的均方根偏差组成，通常该类型用得比较多。而 PTV 表示评价函数由像差的峰谷差组成，该类型评价函数主要控制峰谷偏差趋近 0，常用于控制成像光线在一定圆形区域内。

单击 Apply 和 OK 按钮，Merit Function Editor 对话框中会自动列出一系列操作符，如图 8-8 所示。另外需要注意的是，在改变了光学结构参数、系统参数等设置后，DMFS 需要重新设置。设计人员也可以保留默认的操作符，并自行添加额外的操作符。

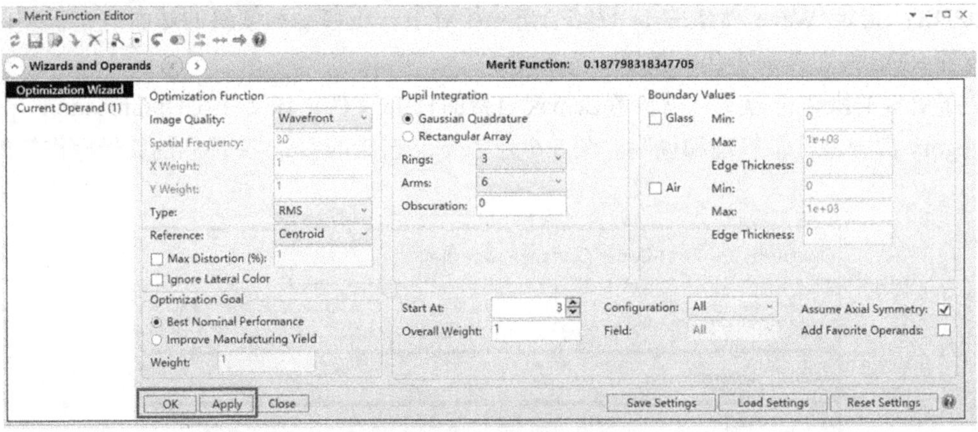

图 8-8　DMFS 的参数设置

此外，对于非序列模型的优化，建议选择正交下降法。因为照明是探测器检测的结果，评价函数在参数变化时往往不是连续变化的或者变化很平坦，而阻尼最小二乘法利用求导的方式寻找最快下降路径，这就导致了优化效率降低。具体的优化方法可以查阅相关照明设计的书籍和文献。

8.2　Zemax 公差分析简介

在光学设计中，虽然通过优化可以得到比较好的光学性能，但是在实际的生产中不可能实现完美的加工制造。公差的来源有很多，如制造过程中曲率半径、组件的厚度和非球面参数的不准确等，还有光学材料的公差，如折射率的不准确、折射率分布的不均匀等。在装配过程中也会产生组装公差，具体有组件偏离机构中心、组件与光轴有倾斜等。在光学系统的使用过程中，环境参数的改变也会对光学性能产生影响，如环境温度的改变导致材料的热胀冷缩，透镜的折射率和结构形状都会发生改变。

为了让实际加工出来的光学系统满足性能指标要求，光学设计人员必须考虑这些公差因素，在设计时计算公差的影响，从而进一步改善设计。本节简单介绍 Zemax 提供的公差分析的功能。如图 8-9 所示，在工具栏中单击 Tolerance（公差）选项，可以看到一系列的图标。与公差分析有关的常用的图标有 Tolerance Data Editor（公差数据编辑器）、Tolerance Wizard（公差向导）和 Tolerancing（公差过程）等。

图 8-9　公差分析

公差分析的使用和优化的使用类似，Zemax 也提供了默认公差和公差操作符。单击 Tolerance Wizard 图标，弹出如图 8-10 所示的界面，可以看到 Zemax 提供了 3 种公差的设置，即 Surface Tolerances（表面公差）、Element Tolerances（元件公差）和 Index Tolerances（折射率公差）。具体的含义可以查阅 Zemax 中 Help 文件或者相关书籍，如林晓阳编著的《ZEMAX 光学设计超级学习手册》。

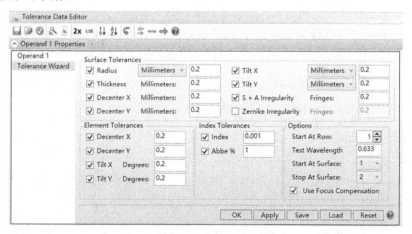

图 8-10　Tolerance Wizard 界面

这里使用默认的参数，并单击 Apply 和 OK 按钮，可以看到软件在 Tolerance Data Editor 对话框中自动生成一系列的操作符。每个操作符对应光学系统的一个公差参数。这里的操作符根据 Tolerance Wizard 界面中的设置和光学系统的结构而产生。如果还保留着第 2 章介绍的双胶合透镜的例子，则可以打开该设计文件，能看到软件一共生成了 30 个操作符，如图 8-11 所示。具体操作符的含义可以查阅 Zemax 中的 Help 文件。

单击 Tolerancing 图标，弹出 Tolerancing 对话框，如图 8-12 所示，可以看到公差分析 Set-Up 选项中有 4 个模式，分别为 Sensitivity（灵敏度分析）、Inverse Limit（反灵敏度限制）、Inverse Increment（反灵敏度增值）和 Skip Sensitivity（跳过灵敏度）。

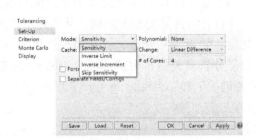

图 8-11　公差操作符　　　　　　　　　图 8-12　Tolerancing 对话框

Sensitivity：对于给定的一批公差，软件分别对每个公差测定它在标准中的变化量。

Inverse Limit：分别通过每个公差在性能方面给定的一个最小允许减小量来计算公差。也就是说，Inverse Limit 需要先给出性能降低多少的允许值，然后计算公差，这相对于灵敏度分析是反过来的。如果在 Set-Up 选项的 Mode 下拉列表中选择了 Inverse Limit，那么在 Criterion 选项的 Limit 文本框中输入数值，这个值表明给定的性能降低多少的允许值，当用 Geom.MTF Avg 作为标准时，这个设定值要求小于 nominal 值。如果 MTF Frequency 为 30lp/mm 时，对应的 nominal 值是 0.535，那么设定的值需要小于 0.535，如设置为 0.4，如图 8-13 所示，就是对从 nominal 值降低到这个设定值 0.4 时的公差求解。

Inverse Increment：与反灵敏度限制的区别是在如图 8-14 所示的 Increment 文本框中设置降低多少量，如以 Geom.MTF Avg 为标准，MTF Frequency 为 30lp/mm 时降低 0.1 的公差求解。

图 8-13　Inverse Limit 模式中 Geom.MTF Avg 和 Limit 的设置

图 8-14　Inverse Increment 模式中 Geom.MTF Avg 和 Limit 的设置

Skip Sensitivity：在 Tolerancing 对话框中单击 Apply 按钮，在执行公差分析时，Zemax 跳过计算灵敏度分析，直接进行 Monte Carlo（蒙特卡罗）计算。

在 Criterion 选项中可以看到 Criterion 下拉列表中有一系列与光学系统性能有关的评价标准，如 RMS Spot Radius（均方根光斑半径）等，如图 8-15 所示。在软件中用户也可以自定义评价函数。

Zemax 的公差分析数值计算模型是 Monte Carlo 方法，如图 8-16 所示。它是一种基于统计学分析原理的随机抽样方法。设置 Zemax 中需要多少个镜头模型，如默认值为 20，就会通过概率分布给出这些公差的累积会对设定的标准值产生多大概率的影响和影响值。

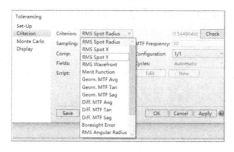

图 8-15　Criterion 下拉列表

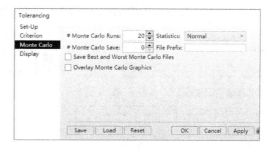

图 8-16　Monte Carlo 选项

下面简单说明一个成像系统公差分析的具体分析步骤。

（1）先在 Tolerance Data Editor 对话框中的 Tolerance Wizard 选项中给成像系统定义一批合适的公差参数，通常默认公差生成是一个好的起始点。

（2）添加补偿：对每个补偿设置允许范围，也就是说在给一个光学系统分配公差后，它的成像质量会变化。但是可以有一个补偿参数使得成像质量恢复至接近于设计值，通常用后焦距作为补偿参数，需要设定后焦距变化的范围。默认的补偿是后焦距，其操作符是 COMP，它控制了像面的位置。当然也可以定义其他的补偿，如像面倾斜。

（3）选择一个适当的标准，如均方根光斑尺寸或 MTF。

（4）选择适当的模式，如灵敏度分析或者反灵敏度限制。

（5）修改默认的公差操作符，或者增加新的公差操作符来满足系统设计要求。具体看实际光学系统的性能指标需求，由设计人员按经验自行判断是否需要修改默认的公差操作符。如图 8-11 所示，可以直接在 Tolerance Data Editor 对话框中修改操作符和修改 Min 值或 Max 值。

（6）回到 Tolerancing 对话框，执行公差分析，即单击 Set-Up 选项中的 OK 按钮。这里请注意执行公差前需要把镜头的每个可变参数设置成固定参数。

（7）在公差分析结束后，Zemax 会生成一个文本，用户可以通过查看软件产生的数据考虑公差的预算，公差分析报告如图 8-17 所示。可以看到此例中采取 MTF 在 30lp/mm 的值作为评价标准，采用 Sensitivity 模式，测试波长为 0.6328μm。Zemax 也列出了 9 个最敏感的公差值，在公差分析过程中可以对这些敏感的参数重新分配公差或优化镜头结构设计，再进行公差分析直至得到镜头制造效益最优的公差结果。

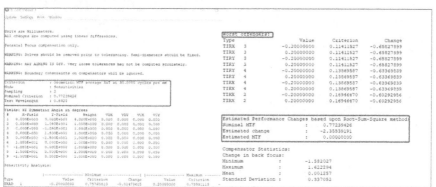

图 8-17　公差分析报告

（8）在公差分析结束后，Zemax 还会给出公差分析总结报告。单击工具栏中的 Tolerance 选项，并单击 Tolerance Summary 图标，出现如图 8-18 所示的公差分析总结报告。

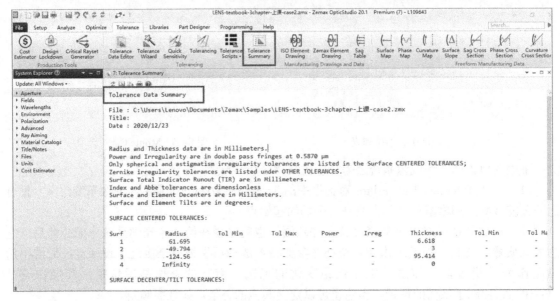

图 8-18　公差分析总结报告

若公差计算的结果已经到了加工或装配的极限但仍不能保证良好的成像质量，则可能需要重新考虑光学系统的设计和进行系统的设计优化。在实际的镜头设计中，公差分析一直是伴随在设计过程中的。设计人员在设计时需要判断该镜头是否可以在现有的加工和装配能力下制造出来。若有困难，则需要重新进行系统的优化设计再通过公差分析检查。如此反复，直至能够获得满足加工和装配的条件，同时又能保证成像质量的优良结果。

除公差外，查看工具栏中的 Tolerance 选项下的图标，Zemax 也提供了所设计的光学系统的 ISO Element Drawing（国标光学元件绘图）和 CAD Export（CAD 三维结构输出数据菜单）等功能。在 System Explorer 对话框中提供了 Cost Estimator（工程造价估算）选项。

第9章 光通信模块 Zemax 设计初步

Zemax 光学设计有大量的教材和实例。目前现有的教材和资料主要集中在光学成像系统的设计中，读者可以查阅相关资料。近年来，随着光学技术的发展，光学产品得到了快速的发展，光学设计也渗透到了产品开发的各个方面。光通信系统是当代信息传输的物理基础。随着 5G 移动接入、云计算与人工智能等技术的发展，光通信的带宽需求急剧增加，这对光通信器件的研发提出了很高的要求。我国也是光通信产业大国，对该方面的技术需求紧迫。本章主要介绍 4 种基本的光通信器件与模块的光学设计，具体包括双透镜光纤耦合设计、半导体激光器与单模光纤耦合设计、基于偏振元件的光环形器设计，以及基于滤波片的 Z-BLOCK 波分复用器设计。通过本章的学习，读者可以掌握光学元件的建模、设计的基本原理和思路。

9.1 双透镜光纤耦合设计

1. 设计要求

对一个双透镜光纤耦合系统进行优化，获得最大的耦合效率，并简单分析系统耦合效率对特定参数的灵敏度。具体设计内容如下。

（1）利用高斯切趾光阑模拟高斯光束，建立和设置傍轴高斯光束传输系统。

（2）在傍轴高斯光束传输系统中利用 GBPS 和 FICL 操作符优化光纤耦合效率。

（3）使用物理光学传播（Physical Optics Propagation，POP）优化光纤耦合效率，设置相应参数。

（4）在物理光学传播方法中利用操作符 POPD 参数优化光纤耦合效率，并分析结果。

2. 知识补充

光纤耦合系统的设计和优化在光通信器件的优化设计中有着十分重要的地位。与成像系统的优化相比，此类系统中往往只针对特定波长的激光，因此不需要考虑色差问题。光在系统中的传输特性将更多地体现出光作为电磁波的特性，即光场不可再被简单地看成是由光线束组成的，而是一个在空间中呈特定强度分布的光场。光场准确的传输特性需要通过物理光学中描述光场的麦克斯韦方程组进行计算。但是光线光学模型仍可以用来在近轴条件下近似计算光传输的 1 阶光学特性。在 Zemax 中上述方式都可以实现。

以一个典型的光纤耦合系统为例，系统结构示意图如图 9-1 所示。系统中有一根输出光纤和一根输入光纤，激光从输出光纤中发射到空间，通过由两个透镜组成的耦合系统耦合进输入光纤。本例中光纤激光输出端和耦合输入端都为同一型号的单模光纤，采用常用的康宁 SMF-28e 型，具体参数如表 9-1 所示。

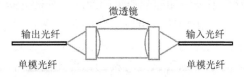

图 9-1 双透镜光纤耦合系统结构示意图

表 9-1　康宁 SMF-28e 型光纤参数表

型号	数值孔径	芯径/μm	模场直径@1310nm/μm
SMF-28e	0.14	8.2	9.2±0.4

由于康宁公司对数值孔径的定义是边缘光线强度为峰值强度的 1%时的边缘光线角的正弦，不同于通常边缘光线角处的光线强度为峰值强度的 $1/e^2$ 的定义。而在 Zemax 中采用的是后一种定义，因此表 9-1 中的数值孔径转换到通常的 $1/e^2$ 定义中应为

$$\frac{0.14 \times \sqrt{2}}{\sqrt{-\ln(0.01)}} \approx 0.09$$

此外，由于系统的对称性，耦合镜采用两个参数完全一样的透镜。透镜可采用曲率半径较小的简单平凸透镜，具体参数如表 9-2 所示。

表 9-2　耦合透镜参数表

材料	厚度/mm	直径/mm	曲率半径/mm	锥度常数（Conic Constant）
N-SF11	1	2	3.1	0

3．仿真分析

首先对双透镜系统建立初始结构。因为系统的光阑面被设置在第一个透镜后端面，并设置光阑为随实际系统参数浮动，所以在 System Explorer 对话框的 Aperture 选项中设置 Aperture Type 为 Float By Stop Size，Apodization Type 为 Gaussian，Apodization Factor 为 1。因为在 Lens Data 编辑器中设置的光学系统默认为成像系统，所以在单击工具栏中的 Analyze 选项，并单击 Cross-Section 图标后看到的光路结构图也是根据光路追迹计算的光路结构图，而不是基于电磁波理论模拟高斯光束的光束传播。根据光路结构图，已经能很直观地看到高斯光束近似传播情况了。

此外，这里设置的高斯切趾只代表了物点发出的光束在截面的疏密程度，疏密程度由 Apodization Factor 切趾因子值表示。当其值设为 0 时，无切趾效果，光阑内光强均匀分布；当其值设为 1 时，在光阑边缘处，光场振幅衰减为中心峰值的 1/e，以此类推。不同参数的效果可以在 Cross-Section 光路结构图中观察到光线在截面上的疏密变化。但是这里并没有考虑高斯光束在传播中的物理效应。

在 System Explorer 对话框中，将 Wavelengths 选项中波长设置为 1.310μm，该波长是光纤通信常用的波长，其他为默认值。

下一步设置双透镜耦合系统的初始结构，该初始结构可以通过简单的透镜成像计算得到。这里因为主要介绍 Zemax 的使用，所以不进行进一步说明。

该系统中光束的变化应该是一个先准直、再聚焦的过程。因此在经过优化后的系统中，对性能影响最大的应该是出射光纤端面（第 0 面 OBJECT）到透镜的距离，以及透镜到接收光纤端面的距离。所以将这两个参数设为变量，并需要重点优化。这里先在第 0 面下一行添加新的一面（第 1 面），该面表示出射光纤端面到透镜的距离，Thickness 为 4，数据类型为变量。

因为两个透镜之间是平行光传输的，所以透镜间距的变化对耦合效率的影响应该较小。因此，先将两个透镜间的距离固定为 10mm，该距离将在后面进一步优化。由于系统的对称性，可以预见最终经过优化的系统也应该是对称的，即出射光纤端面和接收光纤端面到对应透镜的距离应该相等。这样可以只将出射光纤端面到第一个耦合透镜的距离作为变量，而第

二个透镜到接收光纤端面的距离跟随其变化。

Lens Data 编辑器设置如图 9-2 所示，其说明如下。在第 2 面（STOP 面）的下面插入 3 个面。将第 2 面和第 4 面的 Material 设置为 N-SF11。单击第 5 面的 Thickness 右侧空格，弹出 Thickness solve on surface 5 对话框，设置 Solve Type 为 Pick up，其他为默认值，即 From Surface 为 1，Scale Factor 为 1，Offset 为 0，From Column 为 Current。此时，Thickness 后缀显示数据类型为 P。该设置表示选择第 1 面的厚度值作为其跟随的目标，即第 5 面的厚度与第 1 面保持相同。

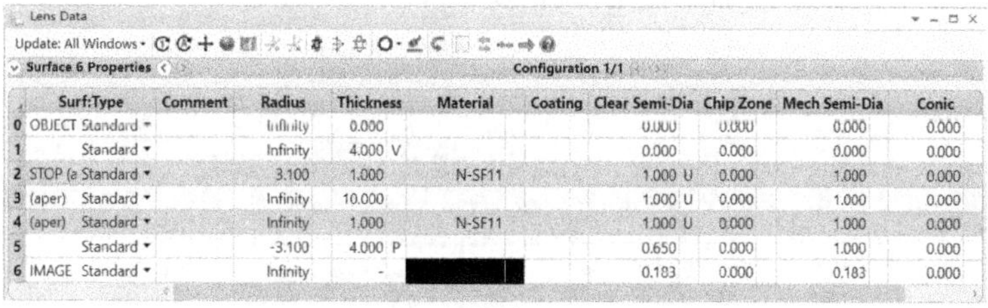

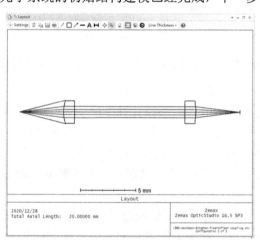

图 9-2　Lens Data 编辑器设置 1

此时单击工具栏中的 Analyze 选项，并单击 Cross-Section 图标，可以看到光路结构图，如图 9-3 所示。至此，对该光学系统的初始结构建模已经完成，下一步开始进行优化计算。

图 9-3　Cross-Section 光路结构图

Zemax 对高斯光束传播计算提供了两种计算模块。其一是傍轴高斯光束简化模型；其二是物理光学传播法。这样有了相应两种计算光纤耦合的方法，具体如下。

（1）使用傍轴高斯光束简化模型对光纤耦合系统进行一阶快速优化。

傍轴高斯光束简化模型基于几何光学近似计算高斯基模在傍轴情况下的传播过程，该方法计算效率高，但是光束局限在傍轴，且只能计算基模。感兴趣的读者可以进一步查阅固态激光工程相关资料。

接下来将建立模型，通过傍轴高斯光传输特性计算，对耦合系统进行一阶快速优化。设置傍轴高斯光束参数，单击工具栏中的 Analyze 选项，并单击 Gaussian Beams 图标，在弹出的下拉菜单中选择 Paraxial Gaussian Beam 命令，如图 9-4 所示，打开 Paraxial Gaussian Beam Data 对话框，单击左上角 Settings 按钮，进行参数设置，如图 9-5 所示。

图 9-5 中，M2 Factor 设置为 1，表明传输光为完美的 0 阶基横模，即光强分布为严格的高

斯分布，束腰半径为 0.0046mm，对应数据表中基模场直径为 9.2μm。单击 OK 按钮，Zemax 将自动计算高斯光束在系统各个面上的参数，傍轴高斯光束在各个面上的参数如图 9-6 所示。

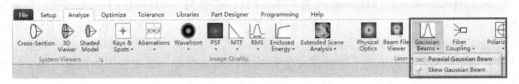

图 9-4　Paraxial Gaussian Beam 命令

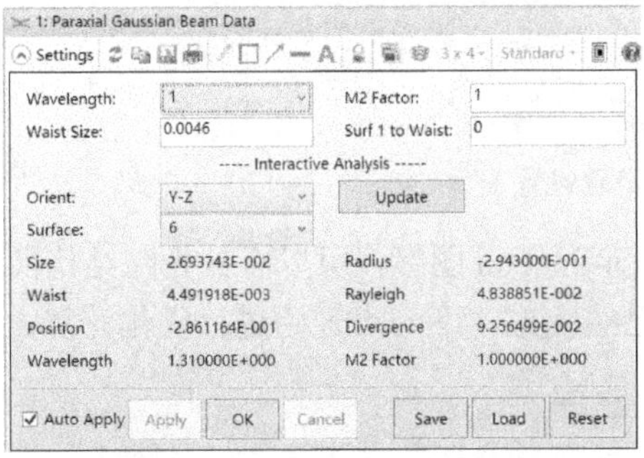

图 9-5　Paraxial Gaussian Beam Data 对话框参数设置 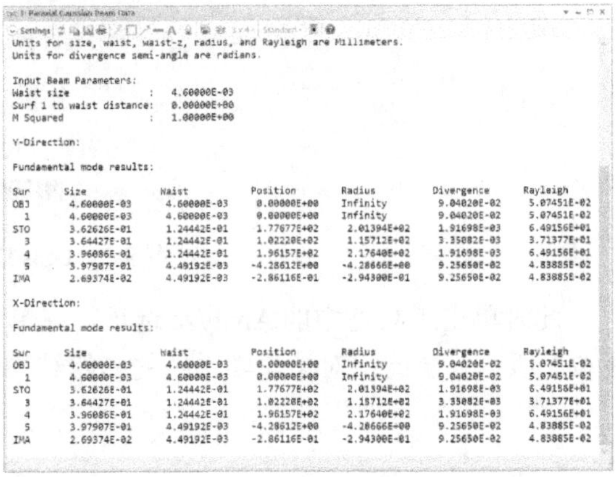　　　图 9-6　傍轴高斯光束在各个面上的参数

物理光学中，光在光纤这类波导内以基横模（TEM00）传播时，其等相面就是波导的横截面。当其从光纤中出射后，传播遵循高斯光在空间中的传输规律。因此，光纤出光端面就是该高斯光在空间中的束腰位置，其对应的模场尺寸即束腰光斑的尺寸。Zemax 中，入射光束腰永远在第 1 面的位置（注意：物面为第 0 面），为了让其位于物面（输出光纤的出光端面），可将物面的厚度设置为 0，如此即可设置高斯光束腰位于输出光纤的出光端面，然后光束传过整个耦合系统。

对耦合系统的一阶快速优化通过在评价函数中使用 GBPS 操作符实现。GBPS 是傍轴高斯光束在指定平面上的光束半径。对于本例考察的系统，理想的耦合应该使经过透镜后的高斯光束腰在接收光纤入口，且高斯光束腰半径等于 4.6μm。在评价函数表中，只使用 GBPS，将第 6 面的 Target 设置为 0.0046，Weight 设置为 1，如图 9-7 所示。单击工具栏中的 Optimize 选项，并单击 Optimize! 图标进行优化。

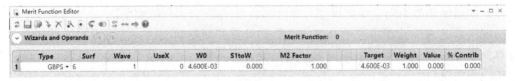

图 9-7　GBPS 操作符设置

在 Paraxial Gaussian Beam Data 对话框中单击 Update 按钮更新数据，优化后的结果报告显示在对话框中，如图 9-8 所示，可以看到优化后傍轴高斯光束在各个面上的参数。在接收光纤端面上，光斑尺寸已接近模式半径，且大小就是高斯光束腰大小。此时，最优的光纤端面与透镜的距离是 4.145mm，即第 1 面和第 5 面的 Thickness 为 4.145。

```
:oc 1: Paraxial Gaussian Beam Data
⊙ Settings ⭍ 🗘 ◫ ∕ □ ∕ ─ 🖳 🔲 🗐 🗏 1 x 4 ▾ Standard ▾ 🔳 ⚙

X-Direction:

Fundamental mode results:

Sur     Size          Waist         Position        Radius          Divergence      Rayleigh
OBJ     4.60000E-03   4.60000E-03   0.00000E+00     Infinity        9.04020E-02     5.07451E-02
1       4.60000E-03   4.60000E-03   0.00000E+00     Infinity        9.04020E-02     5.07451E-02
STO     3.75728E-01   3.75700E-01   -7.243494E+00   -4.83372E+04    6.34960E-04     5.91692E+00
3       3.75721E-01   3.75700E-01   -3.57211E+00    -3.20809E+04    1.10989E-03     3.38502E+02
4       3.75768E-01   3.75700E-01   1.12358E+01     3.11706E+04     6.34960E-04     5.91692E+00
5       3.75781E-01   4.59984E-03   -4.14498E+00    -4.14560E+00    9.04052E-02     5.07415E-02
IMA     4.60000E-03   4.59984E-03   -4.28082E-04    -6.01493E+00    9.04052E-02     5.07451E-02
```

图 9-8　优化后傍轴高斯光束在各个面上的参数

下一步计算光纤耦合效率。首先介绍一下光纤耦合效率的模拟和利用 FICL 参数优化光纤耦合效率。

光纤耦合效率是评价光纤耦合系统好坏的最主要指标。光纤耦合效率是通过重叠积分计算的，假设接收光纤的传输模式在出纤时的分布为 $W(x,y)$，而入射光的光场分布为 $E_r(x,y)$，在两者都是归一化的情况下，接收光纤对高斯光束的接收效率由以下重叠积分给出：

$$\eta_{\text{receiver}} = \frac{\left| \iint E_r(x,y) \times W^*(x,y)\mathrm{d}x\mathrm{d}y \right|^2}{\iint |E_r(x,y)|^2\,\mathrm{d}x\mathrm{d}y \times \iint |W(x,y)|^2\,\mathrm{d}x\mathrm{d}y} \tag{9-1}$$

而在光纤耦合系统中光从入瞳到出瞳的系统能量传输效率定义为

$$\eta_{\text{system}} = \left| \frac{\iint t(x,y) \times E_s(x,y)\mathrm{d}x\mathrm{d}y}{\iint E_s(x,y)\mathrm{d}x\mathrm{d}y} \right|^2 \tag{9-2}$$

式中，$t(x,y)$ 是系统对光场的传输函数；$E_s(x,y)$ 是入射光场分布。系统整体耦合效率由两函数的重合积分计算。在 Zemax 中，单模光纤耦合计算功能将利用以上方式对傍轴高斯光耦合效率进行计算。在经过一阶快速优化的系统基础上，单击工具栏中的 Analyze 选项，并单击 Fiber Coupling 图标，如图 9-9 所示。

图 9-9　Fiber Coupling 图标

在弹出的下拉菜单中选择 Single Mode Coupling 命令，在弹出的对话框左上角 Settings 中设置光源和接收光纤的数值孔径（NAx、NAy）都为 0.09，并将采样点数增大到 128×128。确定后可以看到一阶快速优化后的光纤耦合效率，如图 9-10 所示。

耦合中光能的损失包含两部分：一部分是耦合光路中元件尺寸形成的光阑效应导致的能量损失；另一部分是光束在接收光纤处的模式失配导致的。双光纤耦合系统整体效率受到这两个因素的共同影响。经过傍轴高斯光束方法优化后给出了 System（系统）、Receiver（接收器）和 Coupling（系统整体耦合）三个效率。可以看到系统整体耦合效率是 50.4482%（-2.9715dB），如图 9-11 所示。

在此基础上可以以光纤耦合效率为评价标准进一步优化参数。这里采用的是专门对光纤耦合效率进行优化的操作符 FICL。重新打开 Merit Function Editor 对话框，去掉原来的优化操作符，只设置 FICL。将采样平面设置为第 3 面，并设置光纤耦合效率目标值为 1，相关设置如图 9-12 所示。变量依然是光纤到透镜的距离，即第 1 面的 Thickness 依旧为变量，后缀为 V。单击工具栏中的 Optimize 选项，并单击 Optimize！图标进行优化，效果如图 9-13 所示。

经过一次优化后，光纤到透镜的距离被修正为 4.073mm，系统整体耦合效率提高到了 77.2233%，如图 9-14 所示。

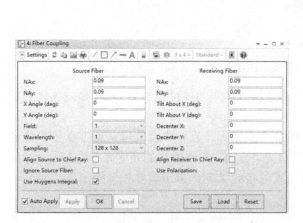

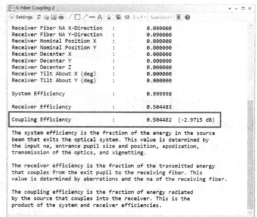

图 9-10　Fiber Coupling 对话框设置　　　图 9-11　Fiber Coupling 对话框中光纤耦合效率计算结果

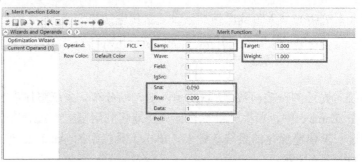

图 9-12　FICL 操作符设置

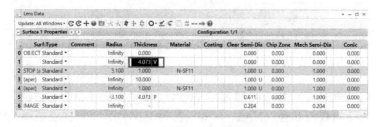

图 9-13　Lens Data 编辑器设置 2

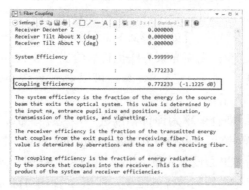

图 9-14　优化后 Fiber Coupling 对话框中光纤耦合效率计算结果

（2）物理光学传播（Physical Optics Propagation，POP）模型下的光纤耦合优化。

POP 在描述激光在两根光纤中的耦合时是一个更加准确的方式，虽然光纤耦合效率的计算与傍轴高斯光近似中一样，也是通过重叠积分获得的，但 POP 具有更多的优点。

① 传输激光不再局限于高斯模，高阶横模场也可以被定义和计算。

② 在接收光纤的模式已知的情况下，光纤耦合系统的重叠积分可以在任意表面计算，而不局限于接收光纤端面。

③ 由于元件尺寸效应引起的光衍射效应将能被更准确地建模和计算。

下面将使用 POP 对上面讨论的光纤耦合系统进行优化计算。

单击工具栏中的 Analyze 选项，并单击 Physical Optics 图标，打开 Physical Optics Propagation 对话框，单击对话框中 Settings 按钮，在 General 选项卡中确认传播的起始面、终止面和波长等信息。这些信息一般在系统中已经自动确定了，这里使用默认设置。图 9-15 中的设置表示软件计算光束从初始面（第 1 面）传播到最后一面（像面）。注意，这里不用勾选 Use Polarization 复选框，即不考虑折射率界面的光反射。若有需要，则可进行修改。

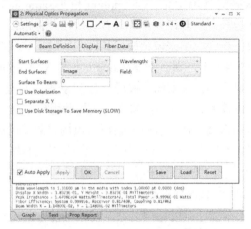

图 9-15　General 选项卡设置

在 Beam Definition 选项卡中，首先修改 X-Sampling 与 Y-Sampling，即采样率，采样率越大，计算越精确，但计算量也越大，耗时也越长。如图 9-16 所示，本例中 X-Sampling 与 Y-Sampling 均设置为 256，然后输入起始点的束腰半径（Waist X 与 Waist Y），本例中为 0.0046，输入后单击 Automatic 按钮，系统将自动优化生成 X-Width 和 Y-Width 的数值。该值表示设置的光束初始面，即 General 选项卡中 Start Surface 下拉列表中选择的面（这里默认为第 1 面）上用于计算的采样阵列所覆盖的几何范围。

图 9-17 展示了 X-Width、Y-Width、X-Sampling、Y-Sampling 和离散间距 Δx 及 Δy 的关系，阴影区域表示光模场。对于计算机数值计算，我们都需要对物理量进行离散化处理，即数值采样。图 9-17 中，x 轴和 y 轴方向都具有 7 个采样点，即 X-Sampling 和 Y-Sampling 都为 7。需要注意的是，这里设置针对的是光束传播初始面，即 Physical Optics Propagation 对话框的 General 选项卡中 Start Surface 下拉列表中所选择的面。但是这里显示的模场是系统默认的像面，所以模场图中显示的坐标值、模场离散都是在计算了光束经过透镜传播后在像面上的结果。当然可以在 General 选项卡的 End Surface 下拉列表中选择其他待考察面查看模斑。如果不能清晰理解其中关系，那么读者在参数设置中容易混淆计算数据，尤其是相关设置对计算耦合效率的影响很大，容易得到不准确的值。

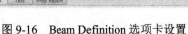
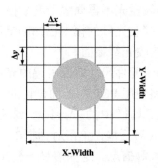

图 9-16　Beam Definition 选项卡设置　　　　图 9-17　Beam Definition 参数中采样示意图

　　另外，对于确定的 X-Width、Y-Width、X-Sampling 和 Y-Sampling，其值越大，计算的耦合效率精度越高，但是计算时间越长，所以需要合理设置该值。此外，需要注意的是，软件会自动根据计算耦合效率那个面的束腰半径大小来调整模场计算的区域。如果在束腰半径很小，软件确保离散间距 Δx 和 Δy 足够小的情况下，那么以 X-Sampling 和 Y-Sampling 设置的值优先。Physical Optics Propagation 对话框中显示的待考察面上模场 x 轴和 y 轴方向宽度为采样点数目和该面离散间距的乘积。如果在束腰半径较大的情况下，软件直接显示用户设置的 X-Width 和 Y-Width 值对应的待考察面上的模场图，那么读者在设置中需要根据模场离散情况进行优化设置。刚入门的读者可以利用简单的办法，即直接单击 Automatic 按钮，采用软件自动生成的参数。

　　设置好以后，系统生成了第 1 面上的束腰半径为 0.0046mm 的一个高斯光斑，它将在系统中传播，并在需要的位置进行重叠积分计算。

　　在 Fiber Data 选项卡中勾选 Compute Fiber Coupling Integral（计算光纤耦合积分）复选框，并设置相关参数，如图 9-18 所示。

　　POP 将计算出传播到像面的光场的分布，并显示光纤耦合效率。在 Display 选项卡的 Show As 下拉列表中选择 False Color，在 Data 下拉列表中选择 Irradiance，得到的结果如图 9-19 所示。图 9-19 中给出了系统、接收器、系统整体耦合的效率分别是 99.9956%、81.7498%、81.7462%。注意，POP 计算得到的耦合效率与图 9-14 中得到的结果略有差别。

　　读者可选取感兴趣的物理量进行显示，如显示接收端面位置的光场强度或相位分布，参数设置如图 9-20 所示，在 Show As 下拉列表中选择 Cross X，即选取显示 x 轴方向截面，在 Data 下拉列表中选择 Phase，即显示的物理量是相位。相位对于考察模式匹配是一个非常有参考意义的指标，特别是在光场不是完美的高斯分布（如设置 M2 因子参数为 1.1）时。由于单模光纤端面的模式相位截面图应该处处相等，因此相位截面图可直观地反映出不匹配点的位置。注意，图 9-21 中相位分布的中心附近，曲线形状是抛物线或四阶函数图像，与聚焦球差一致，且在光束的边缘部分，即离光轴距离较远的位置，相位偏差增大。这说明球面耦合镜的成像球差引起的模式失配是影响耦合效率的一个主要原因。

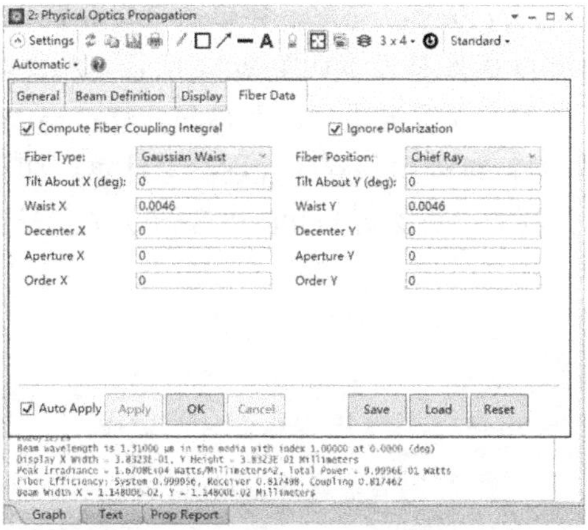

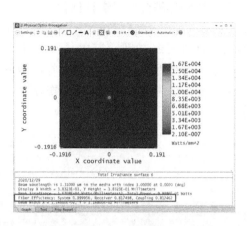

图 9-18　Fiber Data 选项卡设置

图 9-19　Physical Optics Propagation 对话框中光纤
耦合效率计算结果

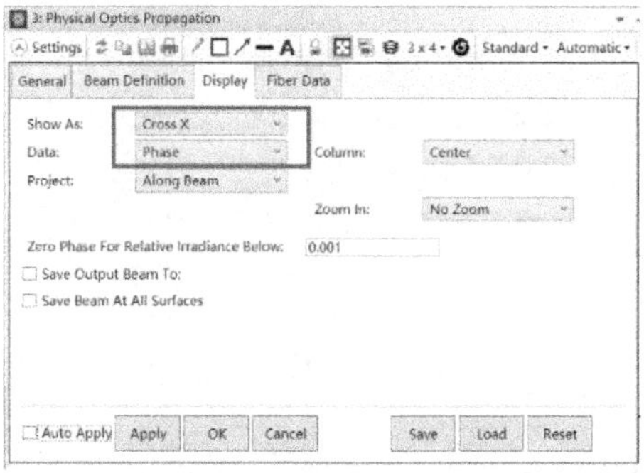

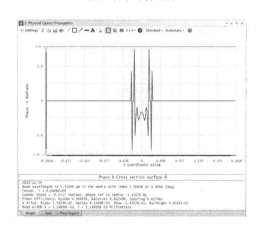

图 9-20　设置显示相位沿 x 轴截面的变化情况

图 9-21　第 6 面上 x 轴方向相位分布曲线

　　下面使用 POPD 操作符在 POP 情况下优化耦合光路，并分析系统自动优化的结果。POP 情况下的光路优化操作符是 POPD，可以用来优化光纤耦合效率、系统耦合效率、接收效率、理想光束的束腰尺寸、实际光束的尺寸、最后的 M2 参数和其他更多参数。图 9-22 所示为 Zemax 的 Help 文件中对 POPD 操作符的介绍。

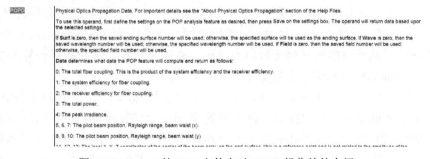

图 9-22　Zemax 的 Help 文件中对 POPD 操作符的介绍

　　首先重新将两个透镜间的距离设置为变量，即将第 3 面的 Thickness 设置为变量，如图 9-23 所示。而将光纤与透镜的距离固定，后缀改成 Fixed（该值之前已经完成优化）。利用 POPD 操作符对系统整体耦合效率进行优化。单击工具栏中的 Optimize 选项，并单击 Merit Function Editor 图标，打开 Merit Function Editor 对话框，POPD 操作符设置如图 9-24 所示。相关参数设置可以查阅 Help 文件。其中，当 Surf 为 0 时，软件中保存的最后一面参与计算；当 Wave 为 0 时，软件中保存的波长参与计算；当 Field 为 0 时，软件中保存的视场参与计算。如果是非 0 数，那么软件中该序号对应的物理量参与计算。例如，第 2 行 POPD 中 Surf 为 6，表示第 6 面参与计算。

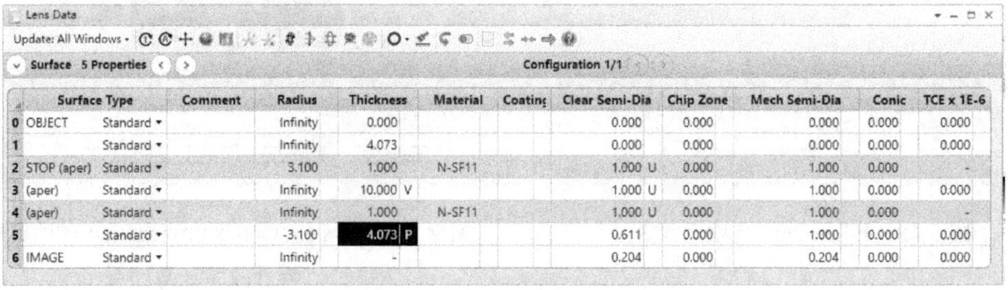

	Surface Type		Comment	Radius	Thickness	Material	Coating	Clear Semi-Dia	Chip Zone	Mech Semi-Dia	Conic	TCE x 1E-6
0	OBJECT	Standard		Infinity	0.000			0.000	0.000	0.000	0.000	0.000
1		Standard		Infinity	4.073			0.000	0.000	0.000	0.000	0.000
2	STOP (aper)	Standard		3.100	1.000	N-SF11		1.000 U	0.000	1.000	0.000	-
3	(aper)	Standard		Infinity	10.000 V			1.000 U	0.000	1.000	0.000	0.000
4	(aper)	Standard		Infinity	1.000	N-SF11		1.000 U	0.000	1.000	0.000	-
5		Standard		-3.100	4.073 P			0.611	0.000	1.000	0.000	0.000
6	IMAGE	Standard		Infinity	-			0.204	0.000	0.204	0.000	0.000

图 9-23　Lens Data 编辑器设置 3

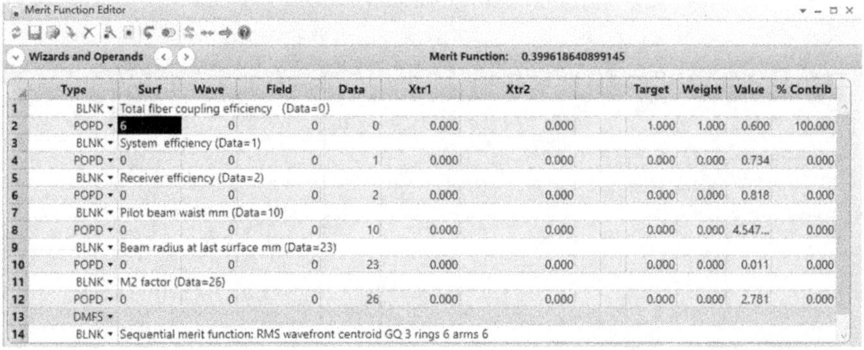

	Type	Surf	Wave	Field	Data	Xtr1	Xtr2	Target	Weight	Value	% Contrib
1	BLNK	Total fiber coupling efficiency (Data=0)									
2	POPD	6	0	0	0	0.000	0.000	1.000	1.000	0.600	100.000
3	BLNK	System efficiency (Data=1)									
4	POPD	0	0	0	1	0.000	0.000	0.000	0.000	0.734	0.000
5	BLNK	Receiver efficiency (Data=2)									
6	POPD	0	0	0	2	0.000	0.000	0.000	0.000	0.818	0.000
7	BLNK	Pilot beam waist mm (Data=10)									
8	POPD	0	0	0	10	0.000	0.000	0.000	0.000	4.547...	0.000
9	BLNK	Beam radius at last surface mm (Data=23)									
10	POPD	0	0	0	23	0.000	0.000	0.000	0.000	0.011	0.000
11	BLNK	M2 factor (Data=26)									
12	POPD	0	0	0	26	0.000	0.000	0.000	0.000	2.781	0.000
13	DMFS										
14	BLNK	Sequential merit function: RMS wavefront centroid GQ 3 rings 6 arms 6									

图 9-24　POPD 操作符设置

单击工具栏中的 Optimize 选项，并单击 Optimize!图标进行优化。这里优化时间略长，需要 3～4min。一次优化后得到的最佳透镜间距离是 128.713mm，系统整体耦合效率是 92.2033%，如图 9-25 所示，在对话框中单击 Settings 按钮，在 Display 选项卡中设置 Show As 为 Corss X，Data 为 Phase，即生成 x 轴方向截面的相位变化图，如图 9-26 所示。可以看出系统这样调整的原因：通过增大透镜间距，减小了在接收面上的相位偏差，提高了接收效率。虽然系统效率会因为光束发散而损失一部分，但最终的光纤耦合效率还是会得到提高的。

在 Zemax 中可以通过 Universal Plot（通用绘图）功能计算光纤耦合效率随某个具体结构参数的变化曲线，从而考察光纤耦合效率对于该变量的灵敏度。该功能所计算的参数设置需要和 Merit Function Editor 对话框中的操作符对应起来。

单击工具栏中的 Analyze 按钮，并单击 Universal Plot 图标，在弹出的下拉菜单中选择 1-D→New 命令，弹出 Universal Plot 1D 对话框，设置 Surface 为 Thickness（两透镜间距），Surface 为 3，Start Value 为 125，Stop Value 为 135，Operand 为 POPD，Data 为 0 对应系统整体耦合效率。Data 不同的值计算的物理量可以在 Merit Function Editor 对话框中查阅，其他设置如图 9-27 所示。

图 9-28 给出了系统整体耦合效率随透镜间距离变化的关系曲线。由此可研究总的光纤耦合效率随透镜间距离变化的灵敏度情况。

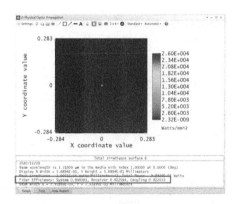

图 9-25　基于 POP 模型光纤耦合计算结果

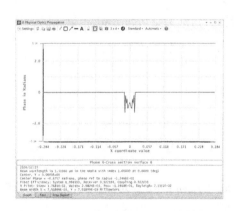

图 9-26　第 6 面上 x 轴方向截面的相位变化图

图 9-27　Universal Plot 1D 对话框设置

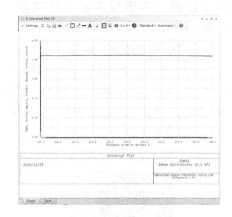

图 9-28　系统整体耦合效率随透镜间距离变化的
关系曲线

此外，我们还可以得到 M2 因子随透镜间距离的变化曲线。注意，在 Universal Plot 1D 对话框中将 POPD 的 Data（M2 因子的编号）改为 26，其他参数保留原来值。可以看到此时光束的 M2 因子已达到了 2.8，如图 9-29 所示。这已经不再是好的基模了，因此使用 FICL 难以准确地得到更贴近实际结果的光纤耦合效率值。

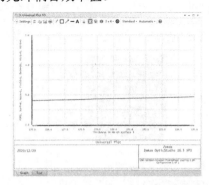

图 9-29　到达像面的光束的 M2 因子随透镜间距离变化的关系曲线

上述计算中并没有考虑不同折射率界面上的反射和材料吸收情况。但是在真实情况中，如果折射率界面存在反射，这些在 Zemax 中也可以实现。如图 9-30 所示，在 System Explorer 对话框中设置 Polarization 选项，不要勾选 Unpolarized 复选框，而在 Physical Optics Propagation

对话框中勾选 Use Polarization 复选框（使用偏振），如图 9-31 所示。

 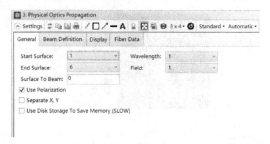

图 9-30　System Explorer 对话框中关于偏振的设置　图 9-31　Physical Optics Propagation 对话框中关于偏振的
设置

可以看到，使用偏振后由于考虑光在界面处的反射，系统整体耦合效率降低到 67.7171%，如图 9-32 所示。

可以采用镀膜来增加光纤耦合效率。在 Lens Data 编辑器中，双击第 2 面～第 5 面折射率界面，弹出 Surface # Properties 对话框，单击 Coating 选项，在 Coating 下拉列表中选择 AR，即 Anti-Reflection（抗反射或增透膜）的缩写，如图 9-33 所示。也可以在 Lens Data 编辑器的 Coating 中输入 AR，Zemax 将自动调用内部镀膜参数信息。设置后系统整体耦合效率提高到 91.7936%，如图 9-34 所示。

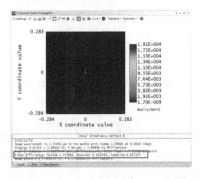 

图 9-32　Physical Optics Propagation 对话框中　　　图 9-33　Lens Data 编辑器中关于镀膜的设置
光纤耦合效率计算结果

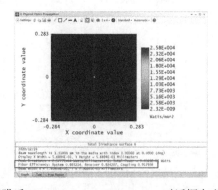

图 9-34　设置 AR 镀膜后 Physical Optics Propagation 对话框中光纤耦合效率计算结果

4．本例总结

本节介绍了一个双透镜耦合系统耦合两根单模光纤的示例，主要知识点如下。

（1）建立和设置耦合系统光路。

（2）使用傍轴高斯光束模型了解和优化光学系统的 1 阶参数，这是一个基于光线光学的方法，这在系统中传播的光在高斯基模且衍射效应可以忽略时是有效的。

（3）利用 POP 方法在 1 阶参数优化的基础上进一步优化了系统参数，使用 POPD 操作符优化了耦合透镜间的距离，并考察了系统特定性能对特定参数的灵敏度。

（4）简单介绍其他参数的影响，如表面反射和材料吸收，在仿真中对增透镀膜和吸收的效应都能进行模拟。

9.2　半导体激光器与单模光纤耦合设计

1. 设计要求

使用一个非球面透镜将具有非轴对称椭圆光斑输出的 1.550μm 半导体激光器（Laser Diode，LD）芯片的发射光耦合进单模光纤中，获得最大的光纤耦合效率，并进一步考察透镜界面反射对优化结果的影响。具体内容如下。

（1）建立耦合系统的光路模型。

（2）使用 POP 和手动参数调整优化耦合效率。

（3）使用耦合效率和接收端模式匹配的相关操作符优化耦合效率。

（4）使用偏振设置模拟和优化存在界面反射情况下的耦合效率。

2. 知识补充

互联网、移动通信及数据中心等信息技术的底层通信网络都是光纤网络。而光纤通信的光源绝大部分都是半导体激光器，其也是光电子器件中最为关键的器件之一。半导体激光器芯片由于其波导结构形状，光斑不是轴对称的圆斑，而是在 x 轴、y 轴方向有不同发散角的椭圆形光斑。在使用中通常需要将激光器输出光耦合进单模光纤（圆形模斑），因此半导体激光器与单模光纤的耦合是半导体激光器光学设计的核心。对于这种情况，使用简单的球面镜耦合往往效率不高。若需要高耦合效率，则会较多地采用非球面透镜，对光斑进行整形和聚焦。接下来将演示这种情况下 Zemax 的模拟与优化过程。

3. 仿真分析

已知某一款 1.550μm 半导体激光器芯片，其光斑参数为 x 轴方向发散角 25°，y 轴方向发散角 35°，如图 9-35 所示。注意，此处的角度为半角。非球面透镜外形尺寸参数如图 9-36 所示。

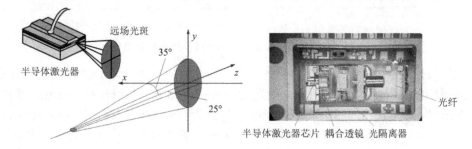

图 9-35　半导体激光器光斑示意图及激光器蝶形封装内部结构实物图
（由南京大学现代工程与应用科学学院集成微波光子学实验室提供）

激光器发光后经过透镜耦合到光纤，可以近似认为激光器端面发光点是点物，经过透镜后成像在光纤端面，然后耦合到光纤。其中半导体激光器侧的通光孔径为 0.48mm，光纤侧的通光孔径为 0.76mm，厚度为 0.8mm。图 9-36 提供了参考的透镜参数：半导体激光器到透镜的距离为 0.25mm，光纤到透镜的距离为 2.92mm。这些参数可以作为建立模型时的初始物距值、初始像距值。

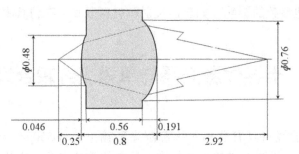

图 9-36　非球面透镜外形尺寸参数（单位：mm）

此外，模型参数中需要填上前后镜面的曲率半径、透镜厚度，并选择正确的非球面类型（Odd Asphere 或 Even Asphere），填上非球面相关的参数：Conic 和高阶非球面系数。由于不是对透镜本身进行设计的，上述参数一般通过向非球面透镜供应商索取获得。由咨询到的在 1.550μm 波长透镜玻璃折射率为 1.5673，这里与 1.310μm 波长一样，1.550μm 波长也是光通信常用波长。在该面 Material 后缀对话框 Glass solve on Surface 2 中，设置 Solve Type 为 Model，Index Nd 为 1.5673，其余为 0。需要注意的是，Lens Data 编辑器中显示折射率为近似值 1.570，后缀显示 M。Lens Data 编辑器中非球面透镜参数设置如图 9-37 所示，其中给出了透镜两个面的非球面系数。

	Surface Type		Con	Radius	Thickness	Material	Coating	Clear Semi-Dia	Chip Zon	Mech Semi-	Conic	TCE x 1E-6	Par 1(unus
0	OBJI	Standard ▾		Infinity	0.000			0.000	0.000	0.000	0.000	0.000	
1		Standard ▾		Infinity	0.250 V			0.000	0.000	0.000	0.000	0.000	
2	STO	Even Asphere ▾		0.419	0.800	1.57,0.0 M		0.240 U	0.000	0.380	-10.150	0.000	0.000
3	(ape	Even Asphere ▾		-0.389	2.920 V			0.380 U	0.000	0.380	-0.848	0.000	0.000
4	IMA	Standard ▾		Infinity	-			0.026	0.000	0.026	0.000	0.000	

	Surface Type		TCE x 1E-6	Par 1(unusec	Par 2(unuse	Par 3(unus	Par 4(unuse	Par 5(unused	Par 6(unused)	Par 7(unused)	Par 8(unused)
0	OBJI	Standard ▾	0.000								
1		Standard ▾	0.000								
2	STO	Even Asphere ▾	0.000	0.000	-0.208	2.759	-6.896	0.000	0.000	0.000	0.000
3	(ape	Even Asphere ▾	0.000	0.000	-0.087	1.180	-0.513	7.261	0.000	0.000	0.000
4	IMA	Standard ▾	0.000								

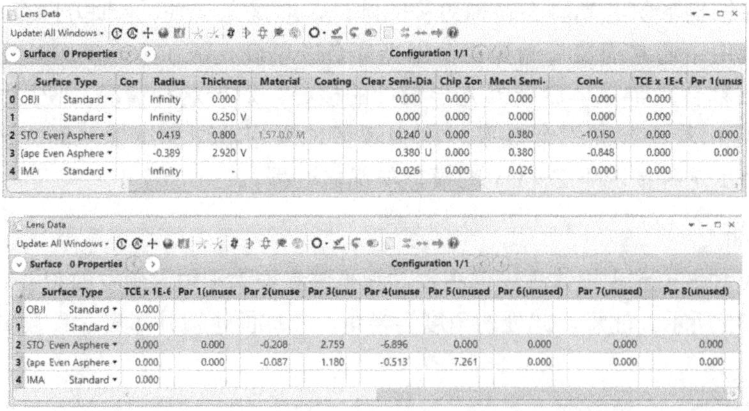

图 9-37　Lens Data 编辑器中非球面透镜参数设置

透镜前后通光孔径按图 9-36 提供的外形尺寸，设置第 2 面和第 3 面的 Clear Semi-Dia 分别为 0.24 和 0.38。按照之前的流程，设置 System Explorer 对话框中 Aperture 选项下面的 Aperture Type 为 Float By Stop Size，Apodization Type 为 Gaussian（高斯型），Apodization Factor（切趾因子）为 1。在 Wavelengths 中输入 1.55。耦合光路本身是一个简单的单透镜成像光路，其中第 0 面与第 1 面重合，主要是为了方便在傍轴高斯近似功能下把束腰设置在物面的位置，这个设置在之前双透镜光纤耦合例子中也使用过。完成透镜编辑后得到的 Cross-Section 光路结构图如图 9-38 所示，可以看到像面和像点位置略有偏离，这对耦合效率有负面影响。

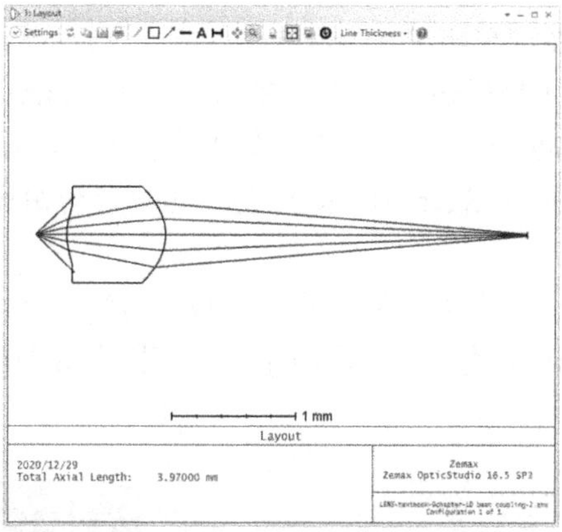

图 9-38　完成透镜编辑后得到的 Cross-Section 光路结构图

由于要考察非轴对称的系统，因此这里直接使用 POP 功能。单击工具栏中的 Analyze 选项，并单击 Physical Optics 图标，弹出 Physical Optics Propagation 对话框，在 Beam Definition 选项卡中设置光束参数。为了得到较为准确的耦合效率同时又节约计算时间，将 X-Sampling 和 Y-Sampling（x 轴、y 轴方向的采样点）都设置为 1024。读者可以尝试更多的采样点，查看计算的耦合效率是否稳定，如果基本变化不大，则说明 1024 已经满足要求。

单击 Automatic 按钮，得到 X-Width 和 Y-Width 分别为 0.06 和 0.04。这两个参数用于软件自动生成初始平面上的光强分布点列图。在 Beam Type 下拉列表中选择 Gaussian Angle，并在 Angle X 文本框中输入 25，在 Angle Y 文本框中输入 35。注意，这里没有对角度进行调整，直接认为是 1/e 边界定义下的发散角。实际根据对光束边界定义的不同，相同光束会有不同的发散角。很多产品参数中的发散角是以半高全宽（FWHM）边界定义的，使用时需要先转换为 1/e 边界定义下的发散角。在 Total Power 文本框中输入 1，即归一化处理，具体设置如图 9-39 所示。

Physical Optics Propagation 对话框中 General 选项卡设置如图 9-40 所示。注意暂时不要勾选 Use Polarization 复选框，即一开始不考虑折射率界面的反射。读者可以查阅菲涅耳公式了解光在界面反射与透射的相关数学描述。这里我们勾选 Separate X,Y 复选框。最后单击 Save 按钮可以保存参数设置。

图 9-39　Physical Optics Propagation 对话框中
Beam Definition 选项卡设置

图 9-40　Physical Optics Propagation 对话框中
General 选项卡设置

接收光纤端面默认在像面。单击 Physical Optics Propagation 对话框中 Fiber Data 选项卡。根据 SMF-28e 光纤参数，对 1.550μm 波长光的模场半径是 5.2μm，因此将 x 轴、y 轴方向的半径设置为 5.2μm，先选择忽略偏振，计算光纤耦合重叠积分，原理同式（9-1），具体设置如图 9-41 所示。完成设置后，单击 Save 和 OK 按钮，此时（初始设置情况下）系统整体耦合效率是 73.7667%。

软件直接显示的模场很小，为了方便查看，可以在 Physical Optics Propagation 对话框的 Display 选项卡中，设置 Zoom In 为 8×，具体光斑形貌图和计算的耦合效率如图 9-42 所示。

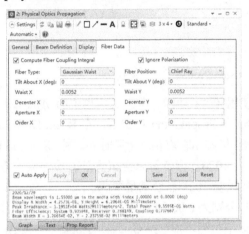 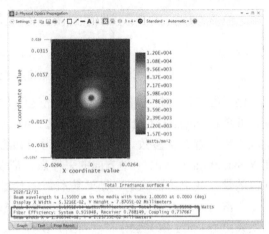

图 9-41　Physical Optics Propagation 对话框中　　　图 9-42　完成初始设置后像面上的光斑形貌图和
　　　　　Fiber Data 选项卡设置　　　　　　　　　　　　　　　计算的耦合效率

进一步对这个系统的耦合效率进行优化。这里有两个参数需要优化：激光器到耦合透镜的距离（物距）S1 和透镜到光纤的距离（像距）S2。首先采用一种手动调整参数的方法研究耦合效率大小与光束本身参数的关系。

（1）使用 POP 和手动参数调整优化耦合效率。

在光纤耦合例子中已经介绍过，在 POP 功能中对耦合效率的优化使用的是 POPD 操作符。但只设置一个优化参数很难同时优化两个变量，因此可以先将物距 S1 设置为确定值，将 S2 设置为变量，即第 3 面的 Thickness 为变量。Lens Data 编辑器中物距、像距参数设置如图 9-43 所示。

	Surface Type	Con	Radius	Thickness	Material	Coating	Clear Semi-Dia	Chip Zon	Mech Semi-	Conic	TCE x 1E-€	Par 1(unuse
0	OBJI Standard ▾		Infinity	0.000			0.000	0.000	0.000	0.000	0.000	
1	Standard ▾		Infinity	0.250			0.000	0.000	0.000	0.000	0.000	
2	STO Even Asphere ▾		0.419	0.800	1.57.0.0 M		0.240 U	0.000	0.380	-10.150	0.000	0.000
3	(ape Even Asphere ▾		-0.389	2.920 V			0.380 U	0.000	0.380	-0.848	0.000	0.000
4	IMA Standard ▾		Infinity	-			0.026	0.000	0.026	0.000	0.000	

图 9-43　Lens Data 编辑器中物距、像距参数设置

设置评价函数，选择操作符为 POPD，并进行如下设置，如图 9-44 所示。

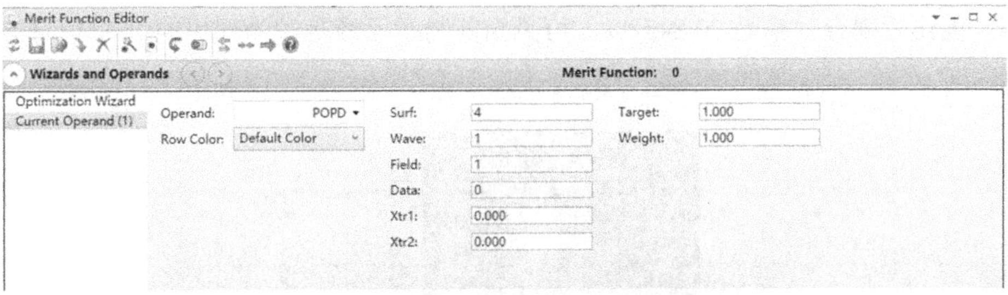

图 9-44　使用 POPD 优化耦合效率的操作符设置

相关参数的说明可以从 Help 文件中查到，其中关键参数是 Surf：4、Wave：1、Field：1、Data：0。Xtr1 与 Xtr2 在 Data 为 0 时并无详细要求，可都设置为 0。Target 是耦合效率，此处设置为 1（100%），Weight 为 1。在此参数下进行局部优化计算。单击工具栏中的 Optimize 选项，并单击 Optimize！图标，弹出 Local Optimization 对话框，如图 9-45 所示，单击 Start 按钮进行优化。此处要注意，在优化前一定要先在 Physical Optics Propagation 对话框中单击 Save 按钮以确保优化是针对当前设置的光场参数进行的，否则会出错。

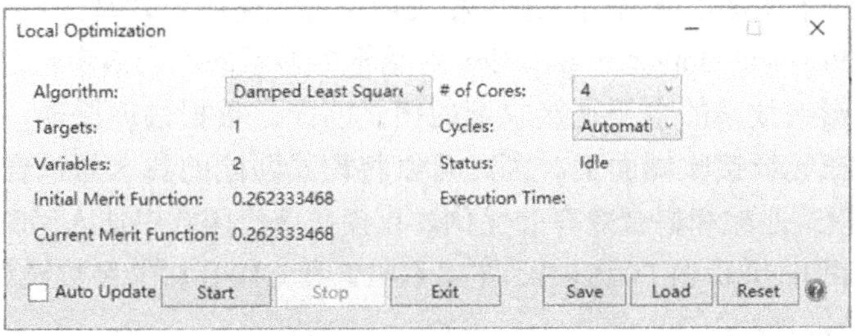

图 9-45　Local Optimization 对话框

因为采样点较多，所以优化计算需要一些时间。如果 Current Merit Function 值长时间没有减小，则单击 Stop 按钮，此时的 Current Merit Function 值为 0.205548929。退出优化，完成后像距 S2 被优化到 2.965mm（见图 9-46），系统整体耦合效率为 79.4451%（见图 9-47）。读者操作时，因为优化停止的时间不同，优化值并不相同。但是没有关系，可以继续进行下面的操作。

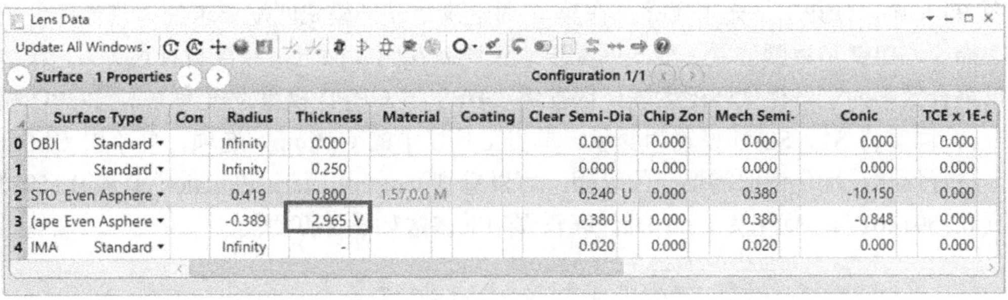

图 9-46　优化后 Lens Data 编辑器中的参数

下面手动调整参数优化结合自动优化提高耦合效率。记录当前优化后的最大耦合效率，然后将另一个变量手动地增大或减小一点，并再次执行优化。如果新得到的最优耦合效率比原先的效率大，则继续向相同的方向手动改变变量值，并继续计算最优耦合效率，直到最优耦合效率不再增大。此时最优耦合效率最大值对应的 S1、S2 值就是我们需要的优化结果。对于当前的例子，将物距 S1 增大到 0.252mm，优化后耦合效率是 72.1762%；将物距 S1 减小到

0.248mm，优化后耦合效率是 70.8438%。可见当前物距已经是较为理想的值了。

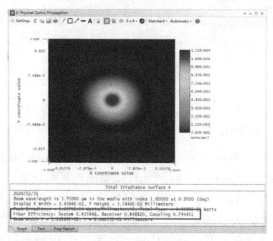

图 9-47 在物距 0.25mm 下优化像距后的结果（Zoom In: 8×）

（2）通过耦合效率和接收端模式匹配的相关操作符优化耦合效率。

如果仔细查看 Physical Optics Propagation 对话框中显示的耦合效率计算结果，则会发现接收效率较低，说明影响效率的主要是接收端的模式匹配。根据物理原理，理想模式匹配时高斯光束腰应该正好在光纤接收端面上。因此可以将模式匹配的要求与耦合效率一起放入评价函数中，进行兼顾模式匹配和耦合效率的优化。直接在评价函数中加入傍轴高斯光近似优化的操作符 GBPP 和 GBPS，并保留 POPD 操作符，GBPP 和 GBPS 相关参数设置如图 9-48 所示。

Merit Function Editor

Wizards and Operands　　Merit Function: 0.291562363380637

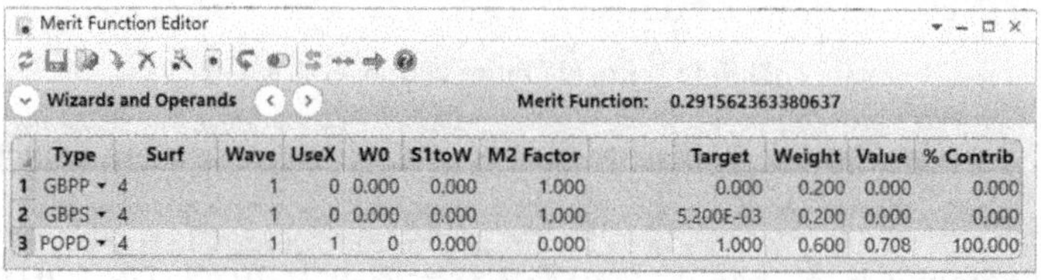

	Type	Surf	Wave	UseX	W0	S1toW	M2 Factor	Target	Weight	Value	% Contrib
1	GBPP	4	1	0	0.000	0.000	1.000	0.000	0.200	0.000	0.000
2	GBPS	4	1	0	0.000	0.000	1.000	5.200E-03	0.200	0.000	0.000
3	POPD	4	1	1	0	0.000	0.000	1.000	0.600	0.708	100.000

图 9-48 GBPP 和 GBPS 相关参数设置

图 9-48 中，GBPS 是光束尺寸，在第 4 面上满足光纤模式匹配要求的值是光纤纤芯半径 0.0052mm；GBPP 是束腰位置，模式匹配要求束腰就在第 4 面上，距离目标值为 0。权重设置需要以耦合效率为主，模式匹配为辅，因此将 GBPS 与 GBPP 权重设置为 0.2，POPD 权重设置为 0.6，同时将 S1、S2 都设置为变量。单击工具栏中的 Optimize 选项，并单击 Optimize！图标，进行优化，优化依旧需要一些时间。可以看到 Current Merit Function 值从 0.159234498 减小到 0.159146174。优化后 Lens Data 编辑器中的参数如图 9-49 所示。

Lens Data

Update: All Windows

Surface 3 Properties　　Configuration 1/1

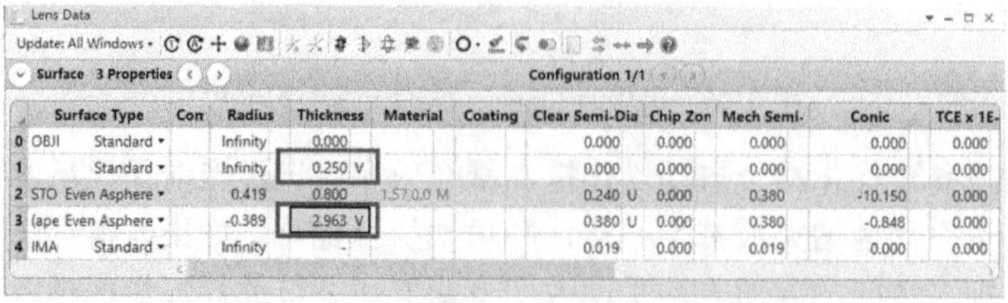

		Surface Type	Con	Radius	Thickness	Material	Coating	Clear Semi-Dia	Chip Zon	Mech Semi-	Conic	TCE x 1E-
0	OBJI	Standard		Infinity	0.000			0.000	0.000	0.000	0.000	0.000
1		Standard		Infinity	0.250 V			0.000	0.000	0.000	0.000	0.000
2	STO	Even Asphere		0.419	0.800	1.57,0.0 M		0.240 U	0.000	0.380	-10.150	0.000
3	(ape	Even Asphere		-0.389	2.963 V			0.380 U	0.000	0.380	-0.848	0.000
4	IMA	Standard		Infinity	-			0.019	0.000	0.019	0.000	0.000

图 9-49 优化后 Lens Data 编辑器中的参数

优化后接收器的耦合效率为 84.8931%，比优化前略有提高。系统整体耦合效率为

79.4565%，如图 9-50 所示。优化后的物距和像距分别为 0.25mm 和 2.963mm。可以看到 Thickness 变化非常小，已经很难继续优化了。我们尝试在其他参数方面再优化一次。

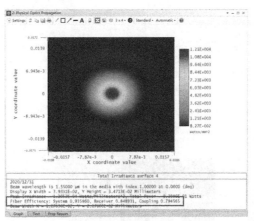

图 9-50　结合傍轴高斯光操作符和 POP 耦合效率操作符同时优化物距、像距的结果（Zoom In: 8×）

除使用傍轴高斯光近似中的操作符进行优化外，通过查阅 Help 文件，可以知道 POPD 操作符本身也包含了针对光束尺寸和束腰位置的优化选项，且可以分别针对 x 轴和 y 轴方向，如图 9-51 所示。

POPD	Physical Optics Propagation Data. For important details see the "About Physical Optics Propagation" section of the Help Files.
	To use this operand, first define the settings on the POP analysis feature as desired, then press Save on the settings box. The operand will return data based upon the selected settings.
	If **Surf** is zero, then the saved ending surface number will be used; otherwise, the specified surface will be used as the ending surface. If **Wave** is zero, then the saved wavelength number will be used; otherwise, the specified wavelength number will be used. If **Field** is zero, then the saved field number will be used; otherwise, the specified field number will be used.
	Data determines what data the POP feature will compute and return as follows:
	0: The total fiber coupling. This is the product of the system efficiency and the receiver efficiency.
	1: The system efficiency for fiber coupling.
	2: The receiver efficiency for fiber coupling.
	3: The total power.
	4: The peak irradiance.
	5, 6, 7: The pilot beam position, Rayleigh range, beam waist (x).
	8, 9, 10: The pilot beam position, Rayleigh range, beam waist (y).
	11, 12, 13: The local X, Y, Z coordinates of the center of the beam array on the end surface (this is a reference point and is not related to the amplitude of the beam).
	21, 22: The X, Y coordinates of the centroid of the intensity distribution in local coordinates relative to the center of the beam.

图 9-51　POPD 说明文档

因此，也可以直接将 GBPS 和 GBPP 操作符都换成 POPD，如图 9-52 所示。

Merit Function Editor

Merit Function: 0.389351059020611

	Type	Surf	Wave	Field	Data	Xtr1	Xtr2	Target	Weight	Value	% Contrib
1	POPD ▾	4		1	1	5	0.000	0.000	0.000	0.200	0.795	83.293
2	POPD ▾	4		1	1	7	0.000	0.000	5.200E-03	0.200	0.000	3.567E-03
3	POPD ▾	4		1	1	0	0.000	0.000	1.000	0.600	0.795	16.704

图 9-52　使用 POPD 中的耦合效率和光束参数进行优化的评价函数设置

单击工具栏中的 Optimize 选项，并单击 Optimize！图标进行优化，Current Merit Function 值从 0.159969672 减小到 0.151368377。优化后物距为 0.260mm，像距为 2.726mm，优化后 Lens Data 编辑器参数如图 9-53 所示。系统整体耦合效率是 80.6533%，如图 9-54 所示。

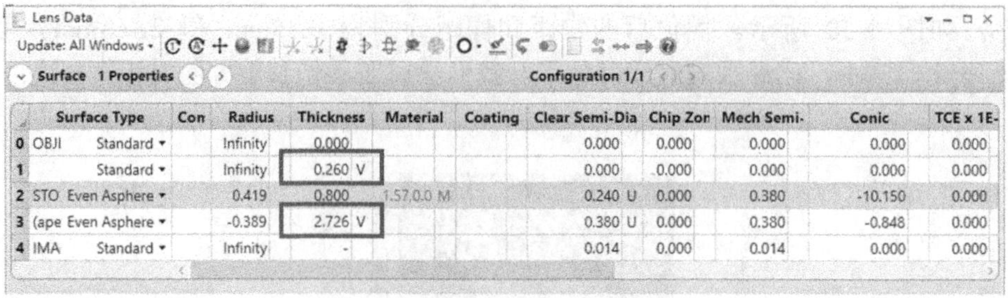

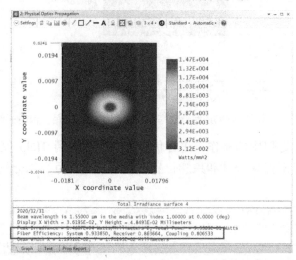

图 9-53　优化后 Lens Data 编辑器参数

图 9-54　使用 POPD 中的耦合效率和光束参数进行优化的结果（Zoom In: 8×）

（3）使用偏振设置模拟和优化存在界面反射情况下的耦合效率。

为了让模拟更接近真实情况，进一步考虑系统中存在界面反射时的耦合效率。在已优化的系统中，在 Physical Optics Propagation 对话框和 System Explorer 对话框中对偏振进行设置。如图 9-55 所示，在 General 选项卡中勾选 Use Polarization 复选框，在 Fiber Data 选项卡中保持不勾选 Ignore Polarization 复选框，在 System Explorer 对话框中保持不勾选 Unpolarized 复选框。

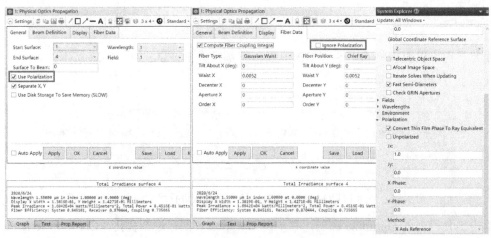

图 9-55　考察系统中存在界面反射时对偏振的设置

此时由于折射率界面光反射作用，系统整体耦合效率下降到 73.0861%，如图 9-56 所示。

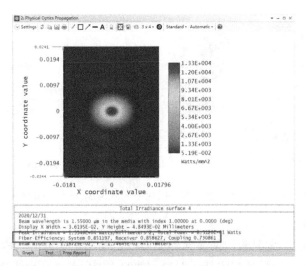

图 9-56　考虑界面反射后耦合效率的仿真结果（Zoom In: 8×）

我们考虑消除界面反射，在第 2 面和第 3 面上设置镀膜为 AR 膜，即增透膜。可以看到系统整体耦合效率重新提高到 77.9984%。读者可以在考虑偏振和增透镀膜后继续使用如图 9-51 所示的 POPD 操作符，单击工具栏中的 Optimize 选项，并单击 Optimize!图标进行优化，考察耦合效率的变化。

4．本例总结

本例介绍了优化使用一个非球面透镜对具有椭圆光斑的半导体激光器和单模光纤进行耦合的过程，主要知识点如下。

（1）对具有非轴对称椭圆光斑的光源在 POP 菜单下的设置。

（2）使用 POPD 操作符对耦合效率进行优化，并研究系统物距变化对优化后效率的影响。

（3）设置光束形貌操作符和耦合效率操作符结合的评价函数，同时优化具有两个变量的系统。

（4）使用偏振设置研究存在折射率界面反射的系统优化。

9.3　基于偏振元件的光环形器设计

1．背景概述

光环形器在光纤技术中被广泛使用，它是一种多端口输入/输出的非互易性器件，让光信号只按照规定的端口顺序传输。如图 9-57 所示，若光从端口 1（Port1）入射，则光从端口 2（Port2）出射；若光从端口 2 入射，则光从端口 3（Port3）出射。该性能实现了光纤系统中入射光和反射光的分离。光环形器在光纤光栅传感系统中的应用如图 9-58 所示。光纤布拉格光栅受到应变后会发生形变，导致反射波长发生变化。反射光通过光环形器传输到信号解调仪，最后通过分析反射谱的变化判断被测物体桥梁等的应变情况。

图 9-57　光环形器光路示意图与实物图

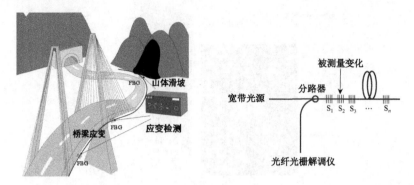

图 9-58 光环形器在光纤光栅传感系统中的应用（$S_1, S_2, S_3, \cdots, S_n$ 为 n 个光纤光栅传感头）

2. 知识补充

偏振是光波信息的一大要素，偏振元件已被广泛地用于光通信、成像、量子通信等光学系统中。图 9-59 所示为一种典型的基于偏振元件的偏振无关光环形器结构，其主要由偏振分束器（PBS）、45°法拉第旋转器和 45°石英波片组成。

偏振分光棱镜是一种常用的光学元件，其光路示意图如图 9-60 所示。它可以实现两个正交偏振光的分束。直角棱镜的反射面镀制了多层膜结构，光线以布儒斯特角入射时，P 偏振光透射率为 1，而 S 偏振光透射率小于 1。因多层膜结构，P 偏振分量完全透过，而绝大部分 S 偏振分量被反射（至少 90%）。

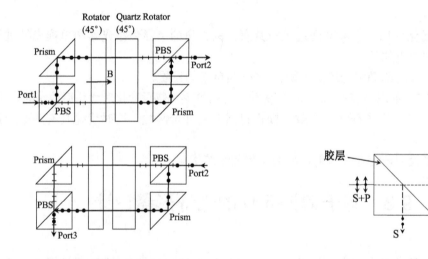

图 9-59　一种典型的基于偏振元件的偏振无关光环形器结构

图 9-60　偏振分光棱镜光路示意图

如图 9-59 所示，自然光从 Port1 入射时，经过偏振分光棱镜后，P 偏振光透射并经过 45°法拉第旋转器和 45°石英波片后变为 S 偏振光在 Port2 出射。而经过偏振分光棱镜后被反射的 S 偏振光，经过 45°法拉第旋转器和 45°石英波片后变为 P 偏振光，然后在 Port2 出射。而当自然光从 Port2 入射时，P 偏振光经过 45°石英波片与 45°法拉第旋转器。因为 45°石英波片与 45°法拉第旋转器对于光偏振旋转角度相反，所以从 Port3 透射的依旧是 P 偏振光。类似地，S 偏振光在 Port3 出射也是 S 偏振光。

3．设计分析

接下来用 Zemax 建模仿真光环形器。运行 Zemax，单击工具栏中的 Setup 选项，并单击 Non-Sequential 图标，即非序列模型，如图 9-61 所示。与混合模型情况不同，这是纯非序列模型。当我们选择非序列模型后，软件会提示序列模型的数据都会被删除。同时，Lens Data 编辑器改变为非序列元件编辑器（Non-Sequential Component Editor）。因为在纯非序列模型中光线追迹没有定义必须按照面的顺序进行，而是根据光线的实际方向及面的物理特性和位置来决定的。因此对于偏振分束器等具有分束、反射和折射的复杂系统，纯非序列建模相对简单一些。

图 9-61　Non-Sequential 图标

首先在 Non-Sequential Component Editor 对话框中插入 10 行备用。

第 1 物体类型选择 Source Gaussian，模拟实际使用中的光束，Layout Rays 设置为 10，Analysis Rays 设置为 100000，Power(Watts)设置为 1，Beam Size 设置为 0.5，此项设置为光束的光斑半径（$1/e^2$），Gaussian 光源设置还有一个比较重要的参数"Position"，其意义为点光源到光斑平面的距离，或者说当前物体发光表面上光束相对于束腰的位置，表面在束腰左边时为负，在右边时为正。如果其为 0，则表示平行光。此处假设为平行光，因此采用默认值 0 即可，其余参数也为默认值。光源的参数设置如图 9-62 所示。

	Object Type	Y F	Z Position	Tilt About X	Tilt About Y	Tilt About Z	Material	# Layout Rays	# Analysis Rays	Power(Watts)	Wavenumb	Color #	Beam Size	Position
1	Source Gaussian ▾	0.0.	0.000	0.000	0.000	0.000		10	1E+05	1.000	0	0	0.500	0.000
2	Null Object ▾	0.0.	0.000	0.000	0.000	0.000								
3	Null Object ▾	0.0.	0.000	0.000	0.000	0.000								

图 9-62　光源的参数设置

第 2 物体类型选择 Polygon Object。Zemax 中自带了很多种常用的多边形结构，这里选择 Prism45.POB，意思为 45°等腰直角棱镜。如果需要的复杂结构 Zemax 中没有，设计者也可以通过 SolidWorks 等机械画图软件建模后导入，具体操作可以参考 Help 文件。

选择 Prism45.POB 后，参数设置如下：Z Position 设置为 1，Material 设置为 BK7，其余参数默认设置即可。相关参数说明：X Position、Y Position、Z Position 分别为物体的三个绝对位置坐标；Tilt About X、Tilt About Y、Tilt About Z 分别为绕 x 轴、y 轴、z 轴的倾斜角；Scale 为物体放大比例；Is Volume？设置为 0 时，第 2 物体为非实体，设置为 1 时，第 2 物体为实体。

第 3 物体同样选择 Polygon Object 下的 Prism45.POB，Z Position 设置为 3，Tilt About X 设置为 180，Material 设置为 BK7，其余参数为默认设置，如图 9-63 所示。

	Object Type	Comment	Ref Object	Inside Of	X Position	Y Position	Z Position	Tilt About X	Tilt About Y	Tilt About Z	Material	Par 1(unuse	Par 2(unused)	Par 3(unused)
1	Source Gaussian ▾		0	0	0.000	0.000	0.000	0.000	0.000	0.000		10	1E+05	1.000
2	Polygon Object ▾	Prism45.POB	0	0	0.000	0.000	1.000	0.000	0.000	0.000	BK7	1.000		1
3	Polygon Object ▾	Prism45.POB	0	0	0.000	0.000	3.000	180.000	0.000	0.000	BK7	1.000		1
4	Null Object ▾		0	0	0.000	0.000	0.000	0.000	0.000	0.000				
5	Null Object ▾		0	0	0.000	0.000	0.000	0.000	0.000	0.000				

图 9-63　偏振分束棱镜参数设置

设置好后单击工具栏中的 Setup 选项下的 NSC 3D Layout 图标，观察光路结构图，如图 9-64 所示，单击 Settings 按钮，勾选 Use Polarization、Split NSC Rays 和 Fletch Rays 复选框。为了便于观察，以下 NSC 3D Layout 设置中都勾选这三个复选框。这里可以单击 Save 按钮保存该设置。因为两个棱镜材料相同，并且中间没有空隙，所以 Zemax 默认其为一个物体。光线直接通过这两个棱镜，但是在第 1 个棱镜的入射面和第 2 个棱镜的出射面均有反射现象。而真实的情况是在第 1 个棱镜入射面镀增透膜，在反射面镀多层膜用于布儒斯特角偏振分束。第 2 个棱镜出射面也镀增透膜，从而实现两种偏振光的分离。为此，我们需要进一步进行专门设置。

双击第 2 物体一行，弹出 Object 2 Properties 对话框，单击 Coat/Scatter 按钮，Face 选项中有两个面，即：0,Face 0 与 1,Splitter surface。当 Face 选择 0,Face 0 时，Coating 选择 I.99999999，意思是在晶体外表面镀透过率为 99.999999% 的增透膜；当 Face 选择 1,Splitter surface 时，Coating 选择 PASS_P，意思是在 45° 的界面处，让 P 偏振光通过，而让 S 偏振光反射。在第 3 物体的 Object 3 Properties 对话框中进行同样的设置。设置完成后，单击工具栏中的 Setup 选项下的 NSC 3D Layout 图标，如图 9-65 所示，可以看到光线在 45° 的界面处发生了分束。

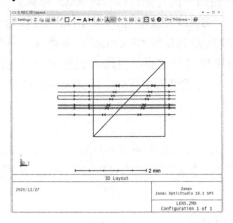

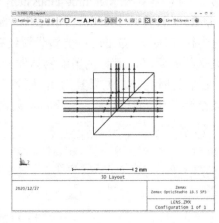

图 9-64　棱镜反射面未设置镀膜时的光路结构图　　　图 9-65　棱镜反射面设置镀膜后的光路结构图

第 4 物体选择 Polygon Object 下的 Prism45.POB。Y Position 设置为 3，Z Position 设置为 3，Tilt About X 设置为 180，Material 设置为 BK7，其余参数为默认设置。

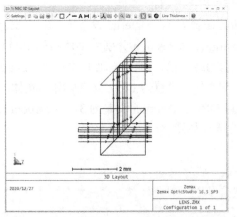

此棱镜的作用是实现光线的全反射，即在斜面需要镀全反膜，但膜层文件中没有全反膜，可以自行修改膜层文件来增加全反膜参数，此处不进行详细介绍，读者可参考 Help 文件。这里采用另一种简单的方法，双击第 4 物体一行，弹出 Object 4 Properties 对话框，单击 Coat/Scatter 按钮，当 Face 选择 1,Splitter surface 时，Face Is 选择 Reflective。而当 Face 选择 0,Face 0 时，Coating 选择 I.9999999。此时的光路结构图如图 9-66 所示。

图 9-66　偏折分束棱镜与反射棱镜时的光路结构图

下面需要建立法拉第旋转器模型。法拉第旋转器所用晶体属于磁光晶体，在磁场作用下具有非互易性，Zemax 不能直接建模。由于法拉第旋转器的作用是将入射光偏振态旋转 45°，因此在这里采用 Jones 矩阵的方式，实现 45°的偏振态旋转。Jones 旋转矩阵表达式为

$$\begin{bmatrix} A & B \\ C & D \end{bmatrix} = \begin{bmatrix} \cos\theta & -\sin\theta \\ \sin\theta & \cos\theta \end{bmatrix} \tag{9-3}$$

式中，θ 为旋转角度，如果旋转 45°，即 θ=45°，代入式（9-3）中，则得到旋转 45°的 Jones 矩阵为

$$\begin{bmatrix} 0.707 & -0.707 \\ 0.707 & 0.707 \end{bmatrix} \tag{9-4}$$

第 5 物体类型选择 Jones Matrix，Y Position 设置为 1.5，Z Position 设置为 3.5，X Half Width 设置为 3，Y Half Width 设置为 3，A Real 设置为 0.707，B Real 设置为-0.707，C Real 设置为 0.707，D Real 设置为 0.707，其余参数为默认设置。

第 6 物体为 45°石英波片也即 $\lambda/2$ 波片，可以选择 Quartz 晶体进行实际建模。但在非序列模式下，很难进行双折射分析，也很难直接观测偏振态的改变。为了方便，此处我们仍使用 Jones 矩阵来实现 $\lambda/2$ 波片的功能。$\lambda/2$ 波片的 Jones 矩阵为

$$\begin{bmatrix} \cos^2\theta - \sin^2\theta & 2\sin\theta\cos\theta \\ 2\sin\theta\cos\theta & \sin^2\theta - \cos^2\theta \end{bmatrix} \tag{9-5}$$

式中，θ 为波片光轴与偏振光方向的夹角。此处，夹角应为 22.5°，代入式（9-5）中，得到 $\lambda/2$ 波片的 Jones 矩阵为

$$\begin{bmatrix} -0.707 & 0.707 \\ 0.707 & 0.707 \end{bmatrix} \tag{9-6}$$

因此具体设置如下：类型选择 Jones Matrix，Y Posistion 设置为 1.5，Z Position 设置为 4，X Half Width 设置为 3，Y Half Width 设置为 3，A Real 设置为-0.707，B Real 设置为 0.707，C Real 设置为 0.707，D Real 设置为 0.707，其余参数为默认设置。

第 7 物体与第 4 物体都为反射棱镜，其设置基本相同，但是需要将位置坐标进行相应的调整。选择 Polygon Object 下的 Prism45.POB。Z Position 设置为 5，Material 设置为 BK7。在 Object 7 Properties 对话框中，当 Face 选择 1,Splitter surface 时，Face Is 选择 Reflective；而当 Face 选择 0,Face 0 时，Coating 选择 I.9999999，其余参数为默认设置。

第 8、9 物体与第 2、3 物体都为偏振分束器，其设置基本相同，但是需要将位置坐标进行相应的调整。第 8 物体相关设置为选择 Polygon Object 下的 Prism45.POB。Y Position 设置为 3，Z Position 设置为 7，Tilted About X 设置为 180，Material 设置为 BK7。

第 9 物体相关设置为选择 Polygon Object 下的 Prism45.POB。Y Position 设置为 3，Z Position 设置为 5，Material 设置为 BK7。在 Object 8（和 9）Properties 中，Face 的设置与第 2、3 物体相同。当 Face 选择 0,Face 0 时，Coating 选择 I.99999999；当 Face 选择 1,Splitter surface 时，Coating 选择 PASS_P。此时的光路结构图如图 9-67 所示。

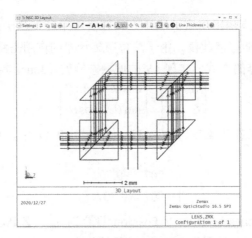

图 9-67　光路结构图

第 10 物体为探测面，类型选择 Detector Rectangle。Y Position 设置为 1.5，Z Position 设置为 9，X Half Width 设置为 3，Y Half Width 设置为 3，X Pixels 设置为 500，Y Pixels 设置为 500，Smoothing 设置为 50，其余参数为默认设置。

其中相关参数说明如下：X Half Width、Y Half Width 为探测面 x 轴、y 轴方向的尺寸；X Pixels、Y Pixels 为在 x 轴、y 轴方向上的像素；Smoothing 参数意义在于对探测面像素进行光滑处理，数值越大，探测器成像越平滑。

至此，整个光环形器模型建立完毕。Non-Sequential Component Editor 对话框设置如图 9-68 所示。Port1 入射光路结构图如图 9-69 所示。

Non-Sequential Component Editor
Object 10 Properties　　Configuration 1/1

	Object Type	Comment	Ref Object	Inside Of	X Position	Y Position	Z Position	Tilt About X	Tilt About Y	Tilt About Z	Material	X Half Width	Y Half Width	# X Pixels
1	Source Gaussian		0	0	0.000	0.000	0.000	0.000	0.000	0.000	-	10	1E+05	1.000
2	Polygon Object	Prism45.POB	0	0	0.000	0.000	1.000	0.000	0.000	0.000	BK7	1.000	1	
3	Polygon Object	Prism45.POB	0	0	0.000	0.000	3.000	180.000	0.000	0.000	BK7	1.000	1	
4	Polygon Object	Prism45.POB	0	0	0.000	3.000	3.000	180.000	0.000	0.000	BK7	1.000	1	
5	Jones Matrix		0	0	0.000	1.500	3.500	0.000	0.000	0.000		3.000	3.000	0.707
6	Jones Matrix		0	0	0.000	1.500	4.000	0.000	0.000	0.000		3.000	3.000	-0.707
7	Polygon Object	Prism45.POB	0	0	0.000	0.000	5.000	0.000	0.000	0.000	BK7	1.000	1	
8	Polygon Object	Prism45.POB	0	0	0.000	3.000	7.000	180.000	0.000	0.000	BK7	1.000	1	
9	Polygon Object	Prism45.POB	0	0	0.000	3.000	5.000	0.000	0.000	0.000	BK7	1.000	1	
10	Detector Rectangle		0	0	0.000	1.500	9.000	0.000	0.000	0.000		3.000	3.000	500

Non-Sequential Component Editor
Object 1 Properties　　Configuration 1/1

	Object Type	Analysis Rays	Power(Wa	Wavenumb	Color #	Beam Size	Position	Par 8(unu	Par 9(unu	Par 10(ur	Par 11(u	Par 12(un	Par 13(u	Par 14(unu	Par 15(un	Par 1(
1	Source Gaussian	1E+05	1.000	0	0	0.500	0.000									
2	Polygon Object	1														
3	Polygon Object	1														
4	Polygon Object	1														
5	Jones Matrix	3.000	0.707	0.000	-0.707	0.000	0.707	0.000	0.707	0.000						
6	Jones Matrix	3.000	-0.707	0.000	0.707	0.000	0.707	0.000	0.707	0.000						
7	Polygon Object	1														
8	Polygon Object	1														
9	Polygon Object	1														
10	Detector Rectangle	3.000	500	500	0	0	50	0	0.000	0	0	-90.000	90.000	-90.000	90.000	0

图 9-68　Non-Sequential Component Editor 对话框设置

我们再增加 Port2 到 Port3 的光线分析。在第 1 物体下插入新的光源物体，即类型选择 Source Gaussian，Y Position 设置为 3，Z Position 设置为 8，Layout Rays 设置为 10，Analysis Rays 设置为 100000，Power(Watts)设置为 1，Beam Size 设置为 0.5，其余参数为默认设置。双击第 2 物体一行，弹出 Object 2 Properties 对话框，单击 Sources 按钮，勾选 Raytrace 选项中的 Reverse Rays 复选框，让光线反向传输。此项设置是在 Port2 处设置一个光源。从图 9-70 中可以看到，Port1 输入的光，经过光环形器后由 Port2 输出，而 Port2 输入的光，经过光环形器后由 Port3 输出。

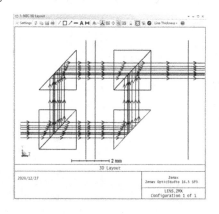

图 9-69　Port1 入射光路结构图

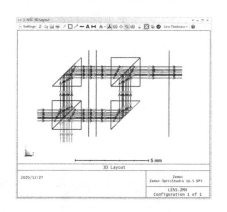

图 9-70　Port1 和 Port2 同时入射光路结构图

这里我们也可以再增加一个探测器检测 Port3 的出光功率。在此前设置的探测器的下面添加探测面，即第 12 物体，类型选择 Detector Rectangle。Y Position 设置为-2，Z Position 设置为 1.5，Tilt About X 设置为 90，X Half Width 设置为 3，Y Half Width 设置为 3，X Pixels 设置为 500，Y Pixels 设置为 500，Smoothing 设置为 50，其余参数为默认设置。

在非序列模式下，对偏振态的直观分析比较难进行。不过我们可以通过修改 Jones Matrix 的参数，来模拟 45°法拉第旋转器或 λ/2 波片的参数误差对系统的影响。

下面对我们所建模的光环形器进行分析。

单击工具栏中的 Analyze 选项，并单击 Ray Trace 图标，如图 9-71 所示，弹出 Ray Trace Control 对话框，如图 9-72 所示，勾选 Use Polarization 和 Split NSC Rays 复选框，单击 Clear &Trace 按钮，进行光线追迹计算。

图 9-71　Ray Trace 与 Detector Viewer 图标

图 9-72　Ray Trace Control 对话框

计算完成后，单击工具栏中的 Analyze 选项，并单击 Detector Viewer 图标，弹出 Detector Viewer 对话框，探测器显示的光强分布图如图 9-73 所示。可以看到探测器（默认为第 1 个探测器，即第 11 物体，也可以在设置中选择第 2 个探测器）能探测到的总能量为 0.94271W，而光源总能量为 1W。因此可计算插入损耗约为 0.37dB。这里值得注意的是，如果在 Ray Trace Control 对话框中只单击 Trace 按钮，则探测器会累积记录每次计算的能量，如两次单击 Trace 按钮，探测器的能量是 1.88542W。

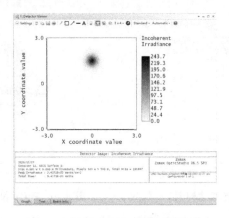

图 9-73　探测器显示的光强分布图

对于偏振相关的分析，可以通过改变 Jones 矩阵的参数来实现，如式（9-3）所示。Jones 矩阵中有 4 个参数，且相互关联，在此处比较难以自动优化，需要其他工具的辅助。

但仍然可以以此为例介绍非序列模式下的优化过程，将 Jones 矩阵的第一个参数作为变量，分析其对系统的影响，Jones 矩阵的第一个参数在 Non-Sequential Component Editor 对话框中对应 A Real 参数。

打开 Merit Function Editor 对话框。

第 1 行选择 NSDD 操作符，Surf 设置为 1，其余参数为默认值 0，用于清除前一次的计算结果。

第 2 行选择 NSTR 操作符，Surf 设置为 1，Src#设置为 1，Splt? 设置为 1，Scat? 设置为 1，Pol? 设置为 1（Pol? 参数的意义为追迹时会考虑光线的偏振。若考虑光线的反射，则需要设置偏振这一项）。IgEr? 为是否忽略错误，光线追迹时，有些光线路径会因为结构或者其他原因导致计算错误。这里 IgEr? 设置为 1，即可以忽略错误继续计算下去，不会影响结果。其余参数为默认值 0。

第 3 行选择 NSDD 操作符，Surf 设置为 1，Src#设置为 11，Target 设置为 1，Weight 设置为 1，其余参数为默认值 0。Merit Function Editor 对话框设置如图 9-74 所示。

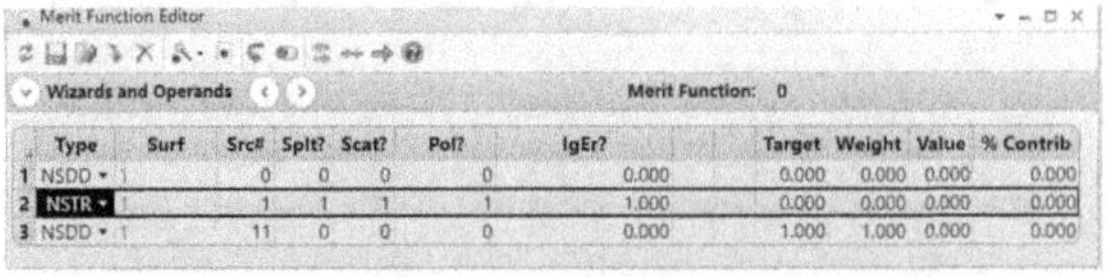

Type	Surf	Src#	Splt?	Scat?	Pol?	IgEr?		Target	Weight	Value	% Contrib
1 NSDD ▾		0	0	0	0	0.000		0.000	0.000	0.000	0.000
2 NSTR ▾		1	1	1	1	1.000		0.000	0.000	0.000	0.000
3 NSDD ▾	1	11	0	0	0	0.000		1.000	1.000	0.000	0.000

图 9-74　Merit Function Editor 对话框设置

NSDD 和 NSTR 操作符在 Help 文件中有详细介绍，可阅读参考。

这里对 NSDD 和 NSTR 操作符简单说明如下。

NSDD 为非序列探测器操作符，Surf 定义非序列组，在纯非序列模式下，默认为 1；Det# 为探测器编号；Pix#一般设置为 0，意思是从探测面像素返回数据；Data 设置不同数值代表返回不同数据，设置为 0 时，返回功率数值；Target 是想要达到的目标值；Weight 为权重，通俗理解为在优化过程中此项变量所占据的比例。

NSTR 为非序列追迹操作符，Surf 定义非序列组，在纯非序列模式下，默认为 1；Src#是目标光源的物体序号，如果 Src#为 0，则将对所有的光源进行追迹。如果 Splt? 不为 0，则分光是开启的。如果 Scat? 不为 0，则开启散射。如果 Pol? 不为 0，则使用偏振。如果使用分光，则偏振自动选中。如果 IgEr? 不为 0，则将忽略误差。

接下来分析某个结构参数的改变对光学性能指标的影响。如图 9-75 所示，单击工具栏中的 Analyze 选项，并单击 Universal Plot 图标，在弹出的下拉菜单中选择 1-D→New 命令，弹出 Universal Plot 1D 对话框，单击 Settings 按钮，进入设置对话框。按照图 9-76 进行设置，设置完成后，单击 OK 按钮，系统自动进行计算。如图 9-77 所示，设计者可以看到 A Real 值（Parameter 3）的变化对探测功率的影响，以此为基础就可以分析波片角度、厚度等参数的误差对系统性能的影响。

图 9-75　Universal Plot 图标

图 9-76　Universal Plot 1D 设置对话框

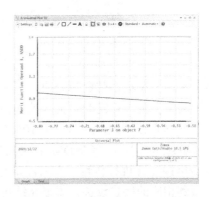

图 9-77　Universal Plot 1D 计算曲线

4．本例总结

本例基于非序列模型设计了一种偏振无关的光环形器，主要知识点如下。

（1）反射棱镜、45°法拉第旋转器、45°石英波片和端面镀膜的建模与参数设置。

（2）非序列模型中光源、探测器等参数的相关设置。

（3）非序列模型中仿真数据分析相关操作符的设置。读者也可以在序列/非序列混合模型中尝试建模该器件，Zemax 提供了偏振状态分析等工具。

9.4　基于滤波片的 Z-BLOCK 波分复用器设计

1．设计要求

Z-BLOCK 是一种可以实现 4 路波长的合波和分波的微光学精密组件。本例是通过 Zemax 设计一个可以实现波长分别为 1270nm、1290nm、1310nm 和 1330nm，结构角度为 8°的 Z-BLOCK 合波的结构。进一步分析合波后耦合到光纤的耦合效率，优化准直透镜的 y 轴方向容差对 Z-BLOCK 到光纤的耦合效率的影响。具体内容如下。

（1）使用纯非序列模式（Non-Sequential Mode）建立 Z-BLOCK 的光路模型。

（2）各路波长的滤波片的镀膜设计。

（3）创建优化函数（NSDD、NSTR）对准直透镜 y 轴方向的耦合容差进行分析。

2．知识补充

在光通信领域中，为了提高带宽以达到提高传输容量，我们进行多路光信号的复用和解复用，其中波分复用（Wavelength Division Multiplexing，WDM）是我们较为常用的一种方式。波分复用是在发送端将不同波长的光合成一束光（复用），并耦合到同一根光纤中进行传输，在接收端又将组合波长的光信号分开（解复用），进一步处理后，恢复出原信号并送入不同终端，如图 9-78 所示。

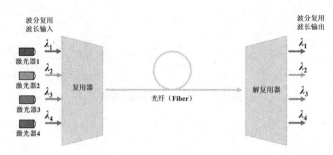

图 9-78　波分复用原理图

波分复用系统根据带宽等分成以下 3 个类别。

（1）波分复用（WDM）：为早期的波分复用技术。每根光纤传输 2～4 个不同波长的光信号，初期的 WDM 系统是双信道 1310/l550nm 系统。

（2）稀疏波分复用（CWDM）：当前的研究热点之一。利用复用器将不同波长承载的光信号复用至单根光纤进行传输，在链路的接收端，借助解复用器将分解后的波长送给不同的光纤，连接到相应的接收设备。每根光纤传输 4～8 个不同波长的光信号，有时候更多。稀疏波分复用广泛应用于中短程网络。

（3）密集波分复用（DWDM）：具有更高的带宽和带宽密度。通常可以在单根光纤上传输 150 多个不同波长的光信号。

在波分复用系统中，复用技术占据着重要作用。复用技术是将多个波长的光合成一个光束，然后耦合到光纤中进行传输。目前常用的波分方案有：Z-BLOCK 方案、偏振合波方案、PLC 方案等。Z-BLOCK 设计核心是将多束光波进行合波和提高空间光到光纤的耦合效率。本例是通过 Zemax 设计一个 Z-BLOCK 方案，分别设计各个元件的尺寸大小和镀膜端面，并举例分析优化了准直透镜的 y 轴方向容差对 Z-BLOCK 到光纤的耦合效率的影响。接下来将演示 Zemax 的模拟和优化过程。

3．仿真分析

本例建立 Z-BLOCK 的光路模型采用的是纯非序列模式。因为在纯非序列模式中光线追迹没有定义必须按照面的顺序进行，而是根据光线的实际方向，以及面的物理特性和位置来决定的。因此，对于偏振分束器等具有分束、反射和折射的复杂系统，纯非序列建模相对简单一些。并且在 Z-BLOCK 结构中，设计的器件涉及 4 路不同波长的光线的多次反射。在纯序列模式中，一个光源可以有 4 个波长，但是无法直接实现并行的 4 路光源输入。因此本例采用非序列模式进行模型创建及分析。

运行 Zemax，单击工具栏中的 Setup 选项，并单击 Non-Sequential 图标，进入非序列模式，如图 9-79 所示。同时，Lens Data 编辑器改变为非序列元件编辑器（Non-Sequential Component Editor），Non-Sequential Component Editor 对话框如图 9-80 所示。

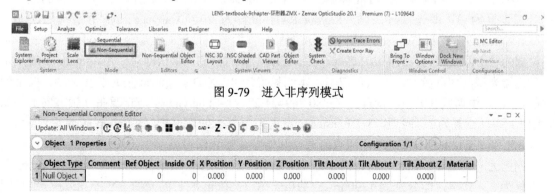

图 9-79　进入非序列模式

图 9-80　Non-Sequential Component Editor 对话框

Z-BLOCK 的建模有两种方式，一种是在 Zemax 的编辑器中直接建模，一种是在 CAD 软件中完成 Z-BLOCK 的三维建模，再导入 Zemax 中。本例介绍在 Zemax 的编辑器中直接建模。

首先在 Non-Sequential Component Editor 对话框中插入 20 行备用。在 System Explorer 对话框的菜单下选择 Wavelengths，单击 Add Wavelength 按钮，分别添加 1.27μm、1.29μm、1.31μm 和 1.33μm 的波长，以备后面不同波长光源的选择，如图 9-81 所示。

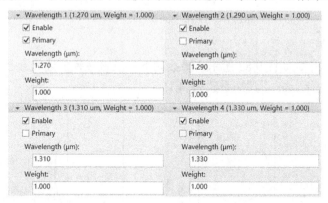

图 9-81　添加 1.27μm、1.29μm、1.31μm 和 1.33μm 的波长

1）光源设置

选择 Source Diode 来模拟实际使用中的光束。Source Diode 可以定义单个光源，也可以定义阵列光源。单个光源分布公式为

$$I(\theta_x,\theta_y)=I_0\times e^{-2\left[\left(\frac{\theta_x}{\alpha_x}\right)^{2G_x}+\left(\frac{\theta_y}{\alpha_y}\right)^{2G_y}\right]} \tag{9-7}$$

式中，α_x 是 x 轴方向发散角；G_x 是 x 轴方向的超高斯因子。y 轴的定义与 x 轴相同，需要注意的是，G_x 和 G_y 必须大于或等于 0.01。如果 $G=1$，那么光源是一个典型的高斯光束。半高全宽发散角 $\theta_{FWHM}=2\theta_x$。大多数的激光器芯片供应商会给出 θ_{FWHM}。若只考虑 x 轴方向，式（9-7）

的左边等于 $I_0/2$，则可以得到：

$$\alpha_x = \frac{\theta_{\text{FWHM}}}{\sqrt{2\ln(2)}} \approx 0.849\theta_{\text{FWHM}} \tag{9-8}$$

第 1 物体类型选择 Source Diode。X Position、Y Position、Z Position 都设置为 0，即光源位于坐标原点。Tilt About X、Tilt About Y、Tilt About Z 分别是光源沿着 x、y、z 轴的倾斜角度且都设置为 0，即光垂直入射。Layout Rays 设置为 10，Analysis Rays 设置为 10000，Power(Watts)设置为 1。Wavenumber 为波长编号，根据前面设置时的编号选择需要的波长，本例设置为 1，即波长为 1270nm。Color 表示显示光线的颜色，默认即可。Astigmatism 用来定义激光器光源的像散特性，一般可忽略，本例设置为 0。X-Divergence 是光源在 x 轴方向上的发散角(α_x)，根据式（9-8），设置为 25°×0.849≈21.2°。X-SuperGauss 是光源在 x 轴方向上的高斯因子(G_x)，设置为 1。同理，Y-Divergence 设置为 35°×0.849≈29.7°。Y-SuperGauss 设置为 1。X-Width 和 Y-Width 都设置为 0，即点光源。其他参数默认即可。

本例为 4 路 Z-BLOCK，因此第 2、3、4 物体类型均选择 Source Diode。Wavenumber 分别设置为 2、3、4，即分别为 1290nm、1310nm 和 1330nm 波长的光源。Y Position 分别设置为-1、-2、-3，即光源间隔 1mm。其他设置与 1 号光源一致。为了便于描述和记录，按照波长分别在 Comment 中输入 1270、1290、1310 和 1330。4 路不同波长的光源参数如图 9-82 所示。

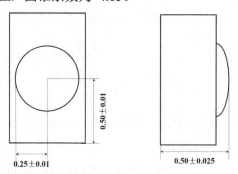

	Object Type	Comment	Ref Object	Inside Of	X Position	Y Position	Z Position	Tilt About X	Tilt About Y	Tilt About Z	Material	# Layout Rays	# Analysis Rays	Power(Watts)	Wavenumber	Color #
1	Source Diode ▾	1270	0	0	0.000	0.000	0.000	0.000	0.000	0.000		20	1E+04	1.000	1	0
2	Source Diode ▾	1290	0	0	0.000	-1.000	0.000	0.000	0.000	0.000		20	0	1.000	2	0
3	Source Diode ▾	1310	0	0	0.000	-2.000	0.000	0.000	0.000	0.000		20	0	1.000	3	0
4	Source Diode ▾	1330	0	0	0.000	-3.000	0.000	0.000	0.000	0.000		20	0	1.000	4	0

	Object Type	Wavenumber	Color #	Astigmatism	X-Divergence	X-SuperGauss	Y-Divergence	Y-SuperGauss	Nu	Nu	Delta X	Delta Y	X-Width	X-Sigma	X-Width Hx	Y-Width	Y-\	Par 21(unused)
1	Source Diode ▾	1	0	0.000	21.200	1.000	29.700	1.000			0.000	0.000	0.000	0.000	1.000E-02	0.000	0.0.	1.0.
2	Source Diode ▾	2	0	0.000	21.200	1.000	29.700	1.000			0.000	0.000	0.000	0.000	1.000E-02	0.000	0.0.	1.0.
3	Source Diode ▾	3	0	0.000	21.200	1.000	29.700	1.000			0.000	0.000	0.000	0.000	1.000E-02	0.000	0.0.	1.0.
4	Source Diode ▾	4	0	0.000	21.200	1.000	29.700	1.000			0.000	0.000	0.000	0.000	1.000E-02	0.000	0.0.	1.0.

图 9-82　4 路不同波长的光源参数

2）准直透镜设置

准直透镜的具体参数如图 9-83 所示。参数如下：准直透镜的通光孔径为 0.25mm，厚度为 0.50mm，曲率半径为 1.1mm，圆锥系数为-4.15。

图 9-83　准直透镜的具体参数（单位：mm）

第 5 物体类型选择 Even Asphere Lens（非球面透镜）。X Position、Y Position、Z Position 为物体的绝对位置坐标。X Position 和 Y Position 都设置为 0，Z Position 设置为 0.3。Tilt About X、Tilt About Y、Tilt About Z 分别为绕 x、y、z 轴的倾斜角，都设置为 0。Material 为透镜的材料，设置为 SILICON 1，即硅透镜。需要注意的是，因为 Zemax 材料库的 SILICON 材料的波长范围是 1.36～11μm（见图 9-84），不在我们所需要的波长范围内，所以单击 Save Catalog

As 按钮将材料另存为 SILICON1270，材料名称改为 SILICON1，并且修改 Minimum Wavelength 为 1.27μm，如图 9-85 所示。

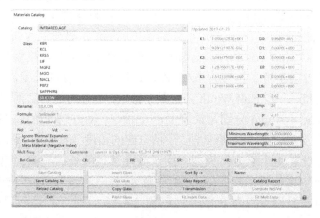

图 9-84　Zemax 材料库的 SILICON 材料的波长范围

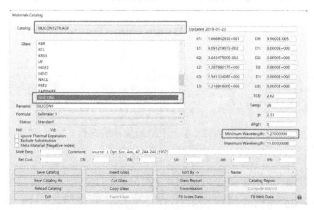

图 9-85　修改后的 SILICON1 材料的波长范围

根据准直透镜的参数，第 5 物体的 Clear 1 设置为 0.25，Thickness 设置为 0.5，Radius 1 和 Conic 1 都设置为 0，Radius 2 和 Conic 2 分别设置为 -1.1 和 -4.15。准直透镜的前表面为平面镜，后表面为凸面镜。凸面镜的曲率半径为 1.1mm，圆锥系数为 -4.15。Coeff 1 r^2、r^4、…、r^16 是透镜的各阶非球系数，一般由透镜供应商提供，本例均设置为 0。

因为有 4 路光源，需要 4 个准直透镜。第 6、7、8 物体类型均选择 Even Asphere Lens。Y Position 分别设置为 -1、-2、-3。其他参数与第 5 物体相同。为了便于描述和记录，按照顺序分别在 Comment 中输入 lens1、lens2、lens3 和 lens4。4 个不同准直透镜的参数如图 9-86 所示。

	Object Type	Comment	Ref Object	Inside Of	X Position	Y Position	Z Position	Tilt About X	Tilt About Y	Tilt About Z	Material	Clear 1
5	Even Asphere Lens ▾	lens1	0	0	0.000	0.000	0.300	0.000	0.000	0.000	SILICON1	0.250
6	Even Asphere Lens ▾	lens2	0	0	0.000	-1.000	0.300	0.000	0.000	0.000	SILICON1	0.250
7	Even Asphere Lens ▾	lens3	0	0	0.000	-2.000	0.300	0.000	0.000	0.000	SILICON1	0.250
8	Even Asphere Lens ▾	lens4	0	0	0.000	-3.000	0.300	0.000	0.000	0.000	SILICON1	0.250

	Object Type	Thickness	Par 3(unused)	Par 4(unused)	Radius	Conic 1	Coeff 1 r^2	Coeff 1 r^4	Coeff 1 r^6	Co	Co	Co	Co	Co	Radius 2	Conic 2
5	Even Asphere Lens ▾)	0.500			0.0...	0.0...	0.000	0.000	0.000	0.0.	0.0.	0.0.	0.0.	0.0.	-1.100	-4.150
6	Even Asphere Lens ▾)	0.500			0.0...	0.0...	0.000	0.000	0.000	0.0.	0.0.	0.0.	0.0.	0.0.	-1.100	-4.150
7	Even Asphere Lens ▾)	0.500			0.0...	0.0...	0.000	0.000	0.000	0.0.	0.0.	0.0.	0.0.	0.0.	-1.100	-4.150
8	Even Asphere Lens ▾)	0.500			0.0...	0.0...	0.000	0.000	0.000	0.0.	0.0.	0.0.	0.0.	0.0.	-1.100	-4.150

图 9-86　4 个不同准直透镜的参数

3）Z-BLOCK 滤波片设置

第 9 物体类型选择 Rectangular Volume（立方体），作为滤波片，用于滤除 1270nm 以外波长的光源。X Position 和 Y Position 都设置为 0，Z Position 设置为 2.97。Tilt About X 设置为-8，即物体沿着 x 轴逆时针旋转 8°。Tilt About Y 和 Tilt About Z 都设置为 0。Material 为立方体的材料，设置为 BK7。X1 Half Width 是立方体前表面 x 轴方向半宽，设置为 0.4。Y1 Half Width 是立方体前表面 y 轴方向半宽，设置为 0.5。Z Length 是立方体的长度，即立方体的厚度，设置为 0.8。X2 Half Width 和 Y2 Half Width 分别是 x 轴、y 轴方向的后表面半宽，都设置为 0.5。Front X Angle 和 Front Y Angle 分别是前表面沿 x 轴、y 轴方向的角度，都设置为 0。Rear X Angle 和 Rear Y Angle 分别是后表面沿 x 轴、y 轴方向的角度，都设置为 0。与前面相同，由于具有 4 条光路，需要设置 4 个立方体模型，用于滤除其他波长的光源。第 10、11、12 物体类型都选择 Rectangular Volume。Y Position 分别设置为-1、-2、-3。由于立方体沿 x 轴逆时针旋转 8°，因此 Z Position 分别设置为 3.12、3.26 和 3.4。为了便于描述和记录，按照顺序分别在 Comment 中输入 1270 filter、1290 filter、1310 filter 和 1330 filter。4 个不同滤波片的参数如图 9-87 所示。

图 9-87　4 个不同滤波片的参数

4）镀膜设置

根据 Z-BLOCK 原理，1270 filter 需要镀 1270nm 波长光透射、其他波长光反射的膜层；1290 filter 需要镀 1290nm 波长光透射、其他波长光反射的膜层；1310 filter 需要镀 1310nm 波长光透射、其他波长光反射的膜层；1330 filter 需要镀 1330nm 波长光透射、其他波长光反射的膜层。但是 Zemax 中没有自带这些膜层，需要自行定义，下面是膜层定义的内容。

在 Zemax 安装文件夹的目录下，打开 Coatings 文件夹，找到 COATING.DAT 文件。这个文件就是 Zemax 的镀膜编辑文件，打开文件进行编辑，编辑内容如图 9-88 所示。

```
TABLE 1270                              TABLE 1290
ANGL 8.0                                ANGL 8.0
WAVE 1.27 0.0 0.0 1.0 1.0 0.0 0.0 1.0 1.0   WAVE 1.27 1.0 1.0 0.0 0.0 1.0 1.0 0.0 0.0
WAVE 1.29 1.0 1.0 0.0 0.0 1.0 1.0 0.0 0.0   WAVE 1.29 0.0 0.0 1.0 1.0 0.0 0.0 1.0 1.0
WAVE 1.31 1.0 1.0 0.0 0.0 1.0 1.0 0.0 0.0   WAVE 1.31 1.0 1.0 0.0 0.0 1.0 1.0 0.0 0.0
WAVE 1.33 1.0 1.0 0.0 0.0 1.0 1.0 0.0 0.0   WAVE 1.33 1.0 1.0 0.0 0.0 1.0 1.0 0.0 0.0

TABLE 1310                              TABLE 1330
ANGL 8.0                                ANGL 8.0
WAVE 1.27 1.0 1.0 0.0 0.0 1.0 1.0 0.0 0.0   WAVE 1.27 1.0 1.0 0.0 0.0 1.0 1.0 0.0 0.0
WAVE 1.29 1.0 1.0 0.0 0.0 1.0 1.0 0.0 0.0   WAVE 1.29 1.0 1.0 0.0 0.0 1.0 1.0 0.0 0.0
WAVE 1.31 0.0 0.0 1.0 1.0 0.0 0.0 1.0 1.0   WAVE 1.31 1.0 1.0 0.0 0.0 1.0 1.0 0.0 0.0
WAVE 1.33 1.0 1.0 0.0 0.0 1.0 1.0 0.0 0.0   WAVE 1.33 0.0 0.0 1.0 1.0 0.0 0.0 1.0 1.0
```

图 9-88　1270 filter、1290 filter、1310 filter、1330 filter 的膜层定义

我们以 1270 filter 的膜层定义为例来进行说明：TABLE 是膜层的名字，设置为 1270。ANGL 是膜层角度，因为过滤器倾斜了 8°，因此设置为 8°。膜层定义的格式为

IDEAL2 <name> s_rr s_ri s_tr s_ti p_rr p_ri p_tr p_ti no_pi_flag

其中，IDEAL2 是理想膜系 2，是 Zemax 中对于膜系的分类；<name> 是膜层的名字；s_rr

是 S 偏振光的反射系数实部；s_ri 是 S 偏振光的反射系数虚部；s_tr 是 S 偏振光的透射系数实部；s_ti 是 S 偏振光的透射系数虚部；p_rr 是 P 偏振光的反射系数实部；p_ri 是 P 偏振光的反射系数虚部；p_tr 是 P 偏振光的透射系数实部；p_ti 是 P 偏振光的透射系数虚部；no_pi_flag 是相位变化设置，这里反射面不考虑相位变化。

保存并关闭膜层文件，单击工具栏中的 Libraries 选项，并单击 Coatings Catalog 图标，弹出 Coating/Material Listing 对话框，单击左上角的 Refresh 按钮，则可以更新我们输入的膜层信息，如图 9-89 所示。保存后关闭，膜层信息将保存到 Zemax 数据库。

```
Coating Name:   EO_YAGBBAR_785 (ENCRYPTED)

Coating Name:   1270 (TABLE)
       Angle:        8.00000000
             :  Wavelength        Rs         Rp         Ts         Tp        ARs        ARp        ATs
             :  1.270000    0.000000   0.000000   1.000000   1.000000   0.000000   0.000000   1.0000
             :  1.290000    1.000000   1.000000   0.000000   0.000000   1.000000   1.000000   0.0000
             :  1.310000    1.000000   1.000000   0.000000   0.000000   1.000000   1.000000   0.0000
             :  1.330000    1.000000   1.000000   0.000000   0.000000   1.000000   1.000000   0.0000
This coating adds a pi phase shift upon reflection from low to high index.

Coating Name:   1290 (TABLE)
       Angle:        8.00000000
             :  Wavelength        Rs         Rp         Ts         Tp        ARs        ARp        ATs
             :  1.270000    1.000000   1.000000   0.000000   0.000000   1.000000   1.000000   0.0000
             :  1.290000    0.000000   0.000000   1.000000   1.000000   0.000000   0.000000   1.0000
             :  1.310000    1.000000   1.000000   0.000000   0.000000   1.000000   1.000000   0.0000
             :  1.330000    1.000000   1.000000   0.000000   0.000000   1.000000   1.000000   0.0000
This coating adds a pi phase shift upon reflection from low to high index.

Coating Name:   1310 (TABLE)
       Angle:        8.00000000
             :  Wavelength        Rs         Rp         Ts         Tp        ARs        ARp        ATs
             :  1.270000    1.000000   1.000000   0.000000   0.000000   1.000000   1.000000   0.0000
             :  1.290000    1.000000   1.000000   0.000000   0.000000   1.000000   1.000000   0.0000
             :  1.310000    0.000000   0.000000   1.000000   1.000000   0.000000   0.000000   1.0000
             :  1.330000    1.000000   1.000000   0.000000   0.000000   1.000000   1.000000   0.0000
This coating adds a pi phase shift upon reflection from low to high index.
```

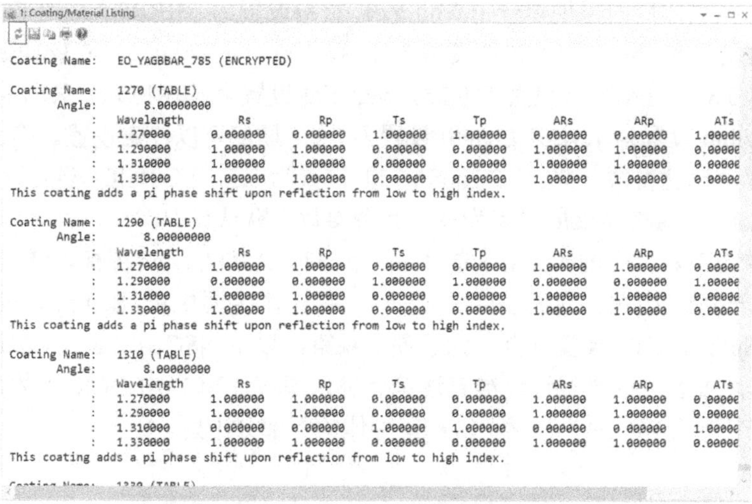

图 9-89　更新后的膜层信息

膜层信息保存到 Zemax 数据库后，我们可以对立方体进行镀膜设置。以 1270 filter 为例，双击第 9 物体的 Rectangular Volume，弹出 Object 9 Properties 对话框，单击 Coat/Scatter 选项，如图 9-90 所示，当 Face 选择 1,Front Face 时，Coating 选择 I.99999999，意思是在立方体前表面（靠近光源）镀透过率为 99.999999%的增透膜。当 Face 选择 2,Back Face 时，Coating 选择 1270，意思是在立方体后表面，只让 1270nm 波长的光通过。对第 10、11、12 物体进行相同的设置，只需把立方体后表面的膜层分别设置为 1290、1310 和 1330。

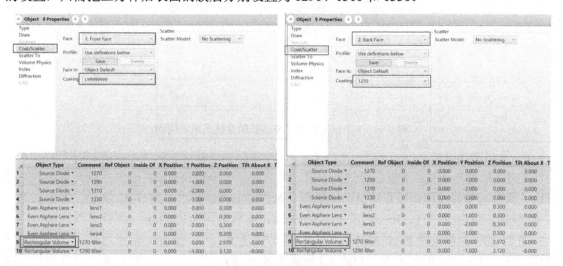

图 9-90　1270 filter 镀膜设置

5）Z-BLOCK 主体设置

第 13 物体类型同样选择 Rectangular Volume，其参数含义和滤波片的定义相同。X Position 设置为 0，Y Position 设置为-1.5，Z Position 设置为 4，Material 设置为 BK7，X1 Half Width 设置为 0.5，Y1 Half Width 设置为 2.2，Z Length 设置为 5.44，X2 Half Width 设置为 0.5，Y2 Half Width 设置为 2.2，Front Y Angle 和 Rear Y Angle 都设置为-8，其余参数为默认设置。对所有界面设置增透膜，即对 Face 下所有面设置 Coating 为 I.9999999。在实际结构中，Z-BLOCK 主体的后界面上，上部分要镀全反膜，下部分要镀增透膜，即一个界面上要镀两种膜系。为了模拟实际情况，在主体后面再创建一个 Volume，材料设置为 MIRROR，用来实现光路的全反射，放置在主体的上部分。第 14 物体类型选择 Rectangular Volume。X Position 设置为 0，Y Position 设置为-0.8，Z Position 设置为 9.38，Material 设置为 MIRROR，X1 Half Width 设置为 0.5，Y1 Half Width 设置为 1.5，Z Length 设置为 0.1，厚度可以任意设置。因为只是创建一个反射面，所以厚度设置得薄一些。X2 Half Width 设置为 0.5，Y2 Half Width 设置为 1.5，Front Y Angle 设置为-8，Rear Y Angle 设置为-8，其余参数为默认设置。

设置好后单击工具栏中的 Analyze 选项，并单击 NSC 3D Layout 图标，弹出 NSC 3D Layout 对话框，观察光路结构图，如图 9-91 所示，单击对话框中的 Settings 按钮，勾选 Use Polarization 和 Split NSC Rays 复选框。为了便于观察，以下 NSC 3D Layout 对话框中都勾选这两个复选框。4 路波长光的光线通过准直透镜后进入滤波片和 Z-BLOCK 主体，受到反射面的全反射，4 路波长光合成一束光在 Z-BLOCK 主体的下部分出射。

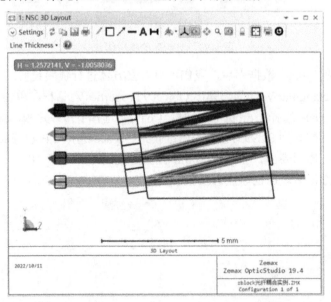

图 9-91　Z-BLOCK 对 4 路波长的合波光路结构图

6）聚焦透镜设置

4 路波长的光合波后需要耦合到光纤内，因此需要一个聚焦透镜将合波后的光聚焦到光纤端面。聚焦透镜的过程是准直透镜的逆过程，聚焦透镜具体参数如图 9-92 所示。参数如下：聚焦透镜的通光孔径为 0.55mm，厚度为 0.85mm，曲率半径为 2.22mm，圆锥系数为 0。

第 15 物体类型选择 Even Asphere Lens（非球面透镜）。X Position 设置为 0，Y Position 设置为-2.7，Z Position 设置为 10，Material 设置为 K-VC89，但是 Zemax 材料库中没有此材料参

数，需要输入材料参数。如图 9-93 所示，Solve Type 设置为 Model，Index Nd（折射率）设置为 1.81，Abbe Vd（阿贝系数）设置为 41，dPgF（局部色散）设置为-0.0084。Clear 1 设置为 0.55，Thickness 设置为 0.85，Radius 1 设置为 2.22，Conic 1 设置为 0，Radius 2 和 Conic 2 都设置为 0。聚焦透镜的前表面为凸面镜，后表面为平面镜。凸面镜的曲率半径为 2.22mm，圆锥系数为 0，具有聚焦的功能。其余参数为默认设置。单击工具栏中的 Analyze 选项，并单击 NSC 3D Layout 图标，弹出 NSC 3D Layout 对话框，观察光路结构图，如图 9-94 所示。

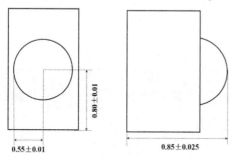

图 9-92　聚焦透镜具体参数（单位：mm）

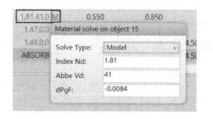

图 9-93　K-VC89 材料参数

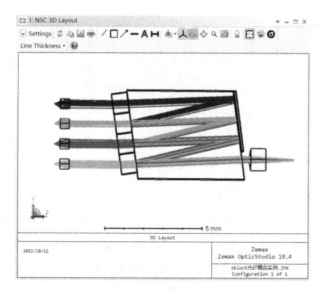

图 9-94　加入聚焦透镜后的 Z-BLOCK 光路结构图

7）光纤设置

设置光纤对合波后的光束进行接收和传输。光纤包括光纤外包层和纤芯。第 16 物体为光纤的外包层，折射率为 1.45，半径为 62.5μm，长度为 1mm。第 16 物体类型选择 Cylinder Volume，即圆柱体。Y Position 设置为-2.7，Z Position 设置为 13.15，Material 直接选用 Model，Index Nd 设置为 1.45，Front R 和 Back R 都设置为 0.063，Z Length 设置为 1，其余参数为默认设置。光纤外包层编辑器设置如图 9-95 所示。

第 17 物体为光纤的纤芯，折射率为 1.4528，半径为 4.5μm，长度为 1mm。Object Type、Y Position、Z Position 和 Z Length 的设置与第 16 物体相同，Material 选用 Model，Index Nd 设置为 1.4528，Front R 和 Back R 都设置为 0.0045，其余参数为默认设置。光纤芯层编辑器设置如图 9-96 所示。

由于经过长距离传输，光纤包层中的光会泄漏造成损耗。本例设置一个吸收环以吸收包层中的光，模拟光损耗。因此第 18 物体类型选择 Annulus。Y Position 设置为-2.7，Z Position 设置为 14，Material 设置为 ABSORB，为吸收面。Maximum X Half Width 和 Maximum Y Half Width 分别是吸收环沿 x 轴和 y 轴的外径，可以设置得大一些，都设置为 1，将所有非芯层中的光都吸收掉。Minimum X Half Width 和 Minimum Y Half Width 分别是吸收环沿 x 轴和 y 轴的内径，按照光纤芯层尺寸设定，都设置为 0.0045，其余参数为默认设置。吸收面编辑器设置如图 9-97 所示。

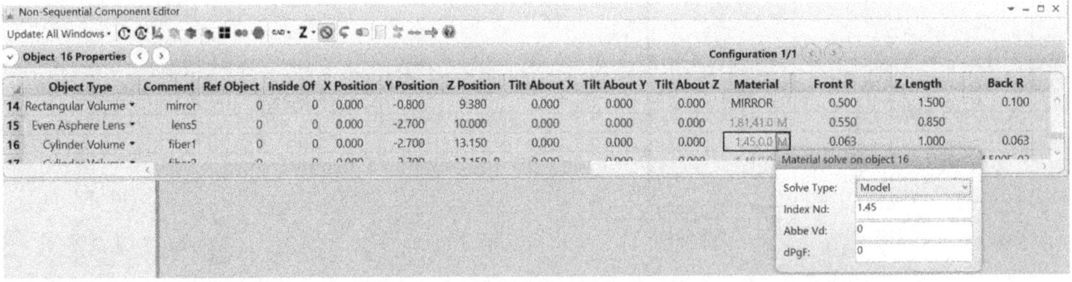

图 9-95 光纤外包层编辑器设置

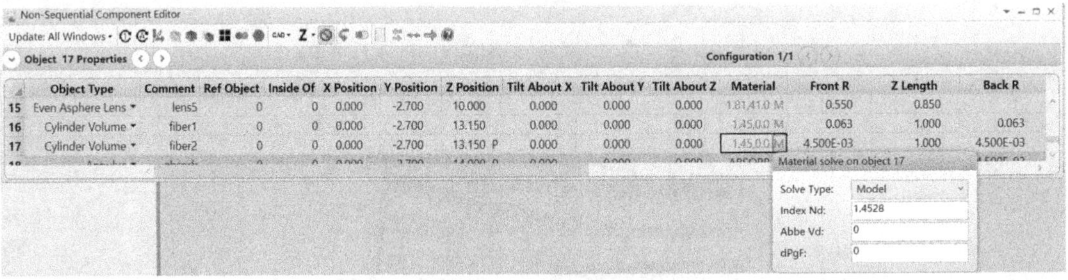

图 9-96 光纤芯层编辑器设置

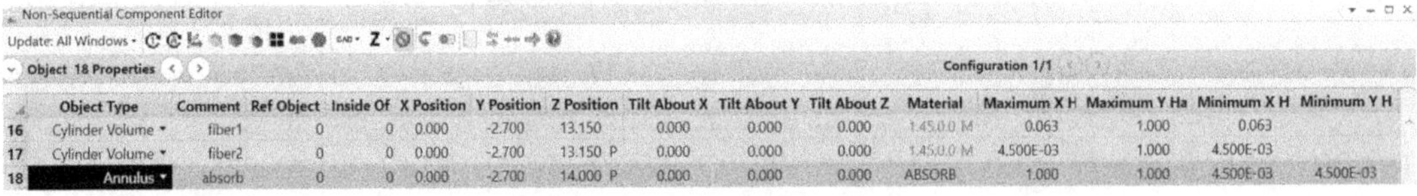

图 9-97 吸收面编辑器设置

8) 探测器设置

第 19 物体为探测面，类型选择 Detector Rectangle。Y Position 设置为-2.7，Z Position 设置为 14.5，X Half Width 设置为 0.1，Y Half Width 设置为 0.1，X Pixels 设置为 500，Y Pixels 设置为 500，Smoothing 设置为 50，其余参数为默认设置。其中相关参数说明如下：X Half Width、Y Half Width 为探测面 x 轴、y 轴方向的尺寸；X Pixels、Y Pixels 为在 x 轴、y 轴方向上的像素；Smoothing 参数意义在于对探测面像素进行光滑处理，其数值越大，探测器成像越平滑。

至此，整个 Z-BLOCK 的模型建立完成。通过 NSC 3D Layout 对话框，观察 Z-BLOCK 的整体光路结构图，如图 9-98 所示。

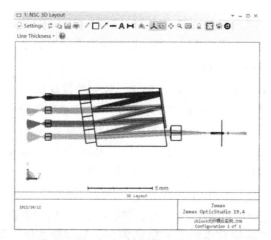

图 9-98 Z-BLOCK 的整体光路结构图

4．分析

我们以波长为 1270nm 的光路为例对 Z-BLOCK 的耦合效率进行分析，其他光路与此一样。为了避免其他 3 路光的影响，把 1290、1310 和 1330 的 Analysis Rays 设置为 0。接下来对 Z-BLOCK 进行分析：单击工具栏中的 Analyze 选项下的 Ray Trace 图标，如图 9-99 所示，弹出 Ray Trace Control 对话框，如图 9-100 所示，勾选 Use Polarization 和 Split NSC Rays 复选框，单击 Clear & Trace 按钮，进行光线追迹计算。需要注意的是，进行光线追迹计算时，会由于少量的光线反射到物体表面不连续处，以至于 Zemax 无法计算下一步追迹的方向而报错。在确认是正确的模型情况下，错误的能量损失相较于光源的总光强非常小，一般为光源能量的 10^{-4}。这些错误光线可以忽略，因此可以把 Ignore Errors 复选框勾选上。

图 9-99 工具栏中的 Analyze 选项下的 Ray Trace 与 Detector Viewer 图标

计算完成后，单击工具栏中的 Analyze 选项下的 Detector Viewer 图标，弹出 Detector Viewer 对话框，探测器显示的光强分布图如图 9-101 所示，可以看到探测器能探测到的总能量为 0.281W，而光源总能量为 1W，计算出的耦合效率为 28.1%。

图 9-100 Ray Trace Control 对话框

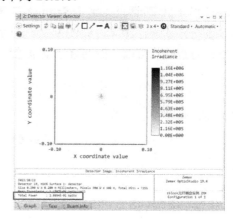

图 9-101 探测器显示的光强分布图

对于耦合效率的大小相关分析，可以通过多个参数来实现，如准直透镜和聚焦透镜的位置、光纤所在的位置、聚焦透镜的曲率半径等。下面以分析准直透镜的 Y Position 为例进行优化。

打开 Merit Function Editor 对话框。

第 1 行选择 NSDD 操作符。Surf 设置为 1，其余参数默认为 0，用于清除前一次计算结果。NSDD 操作符的参数说明：Surf 定义非序列组，在纯非序列模式下，默认为 1；Det#为探测器编号；Pix#一般设置为 0，意思是探测器接收的数据是从探测面像素返回的数据；Data 设置不同数值代表返回不同数据，设置为 0 时，返回功率数值；Target 是想要达到的目标值；Weight 为权重，是在优化过程中此项变量所占据的比例。

第 2 行选择 NSTR 操作符，Surf 设置为 1，Src#设置为 1，Splt? 设置为 1，Scat? 设置为 1，Pol? 设置为 1，IgEr? 设置为 1，其余参数默认为 0。NSTR 为非序列追迹操作符，Surf 定义非序列组，在纯非序列模式下，默认为 1。Src#是目标光源的物体序号，Src#为 0 时，将对所有的光源进行追迹。Splt? 设置分光，当其不为 0 时，开启分光。Scat?设置散光，当其不为 0 时，开启散光。Pol? 为追迹时会考虑光线的偏振，当其为 1 时，开启光线偏振。若考虑光线的反射，则需要设置偏振这一项。IgEr? 为是否忽略错误，光线追迹时，有些光线路径会因为结构或者其他原因导致计算错误。当 IgEr? 为 1，忽略错误继续计算下去时，不会影响结果。

第 3 行选择 NSDD 操作符，Surf 设置为 1，Det#设置为 19，Target 设置为 1，Weight 设置为 1，其余参数值 Zemax 根据设定的值计算后自动生成。Merit Function Editor 对话框设置如图 9-102 所示。

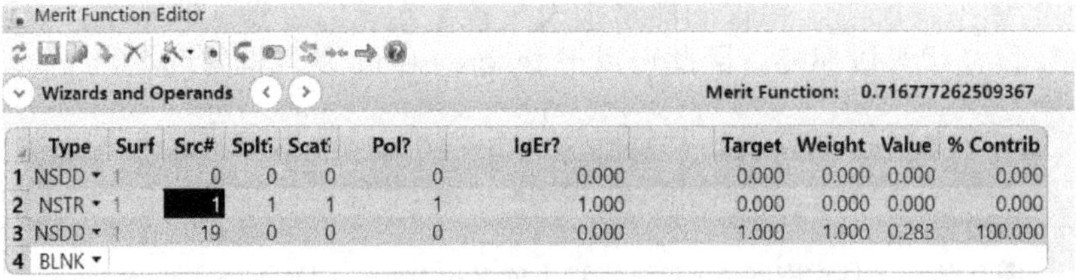

图 9-102　Merit Function Editor 对话框设置

Zemax 可以分析某个结构参数的改变对光学性能指标的影响。如图 9-103 所示，单击工具栏 Analyze 选项下的 Universal Plot 图标，选择弹出的下拉菜单中的 1-D→New 命令，弹出 Universal Plot 1D 对话框，单击 Settings 按钮，按照图 9-104 进行设置，设置完成后，单击 OK 按钮，系统自动进行计算。如图 9-105 所示，可以看到 Y Position 值的变化对耦合功率的影响，以此为基础就可以分析准直透镜位置对系统性能的影响。

图 9-103　Universal Plot 图标

图 9-104　Universal Plot 1D 对话框

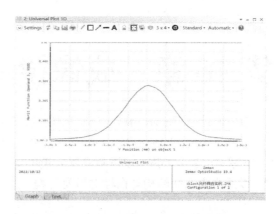

图 9-105　Universal Plot 1D 计算曲线

5．本例总结

本例是基于波分复用的 Z-BLOCK 合波光纤耦合设计，主要知识点包括：

（1）Z-BLOCK 主体和端面镀膜的建模与参数设置；

（2）非序列模型中光源、探测器等参数的相关设置；

（3）非序列模型中仿真数据分析相关操作符的设置。读者也可以在序列/非序列混合模型中尝试建模该器件，Zemax 提供了偏振状态分析等工具。

第 10 章 成像镜头 Zemax 设计初步

成像设计是 Zemax 最为主要的应用场景之一。本章首先介绍经典的库克三片式成像镜头设计，了解镜头设计的基本概念与要求。此外，随着智能手机的快速发展，照相成为广大消费者重要的需求之一。我们进一步以苹果公司 iPhone 手机镜头设计作为案例来剖析实用化手机镜头的性能，以及光学系统结构与指标的演变过程。

10.1 库克三片式成像镜头设计

1．设计要求

基于库克三片式的初始镜头参数按照以下的参数要求进行优化设计。

EFFL（有效焦距）：10mm。

$F/\#$（相对孔径）：2.8。

视场角：$2\theta=30°$。

MTF@100mm/lp 大于 0.4。

2．知识补充

1）镜头的初始结构选型方式

（1）P、W 计算法。

透镜组的自由度主要是每片镜片的光焦度和每片镜片所处的相对位置，当这些自由度确定时，近轴光线在每片镜片上的入射高度也就确定了，此时每片镜片的初级像差可由 P、W 两个参量决定。P、W 参量表征的是光学系统内部结构的参数，如折射率 n、光线入射角 i 和光学孔径角 u。利用 P、W 计算法求解透镜系统的初始解（光角度与距离位置）的过程：首先确定整个光学系统的外形尺寸，求解各镜片的光线入射高度、光焦度分配和拉赫不变量，再根据系统的 7 种初级像差公式求解出各镜片的像差参量 P、W，最后由 P、W 公式确定各镜片的结构参数(r,d,n)，具体的 P、W 公式及像差公式参见王之江的《光学设计理论基础》。此外，也可以基于数值算法利用 Zemax Macro 宏代码产生初始结构，参看 Milton Laikin 写的 *Lens Design (Fourth Edition)*，这里不再赘述。

（2）查资料法。

通过查找现有公开的透镜组结构参数（如专利），搜索到与自己目标设计接近的结构参数作为初始结构。其一般设计思路：根据所需的相对孔径、视场查找相匹配的结构，而焦距并非一定要接近，因为后续可对系统结构进行整体缩放得到所需的焦距值，最后根据目标设计的要求更换玻璃、建立优化函数反复优化结构参数以达到目标设计要求。

2）库克三片式光学系统简介

首先了解什么是库克三片式光学系统，库克三片式结构示意图如图 10-1 所示。它是由 1893 年英国一家望远镜厂库克父子公司的光学设计师哈咯得·丹尼斯·泰勒（见图 10-2）设计的。泰勒为了消除在镜头边缘的光学畸变等轴外像差，提出了著名的三片式设计方案（British Patent No. 1991）。该结构简单地解决了那个时代镜片设计的像差问题。在这之前一般使用一正一负光焦度的双透镜系统来有效解决色差和球差问题。但是无法有效解决轴外像差问题，如慧差、场曲、像散和畸变。而这个三片式透镜是把双透镜系统中的双凸透镜分为两个凸透镜，分别放置在凹透镜的两侧，并把光阑放置在凹透镜上，这样就可以使透镜系统对称，以便更好地解决轴外像差问题。整个光学系统具有 3 个光焦度、2 个镜片间距和 3 个形状指数（镜片表面曲率），总共 8 个自由度，恰好能够决定物镜的焦距，以及具有 7 个赛德尔像差（轴向/纵向色差、匹兹伐场曲、球差、慧差、像散、畸变）。因此它对于一般相对孔径与视场的系统能够较好地解决初级像差问题。而如果需要进一步校正高级像差（大孔径大视场的大像差系统），则需要更多的镜片组合，即需要更多的自由度才可以校正或平衡高级像差。

泰勒发明的库克三片式是比较基础的一款成像透镜模型。为了取得更好的像质，后来在此基础上发展出了更多的镜片组合的光学系统。例如，Tessar 透镜把后半部分的凸透镜剖开成为消色差双透镜，剖开后得到了一个额外的表面曲率，从而获得一个额外的自由度。对于给定的 Tessar 透镜和三透镜（具有相同的有效焦长 EFFL、F/#和视场角），变异的 Tessar 透镜具有更好的表现。还有双高斯透镜，其设计理念也是在库克三片式的基础上对此系统前后通过分离透镜或增加透镜等方法演变得到的。

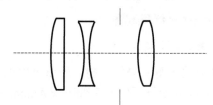 

图 10-1　库克三片式结构示意图　　　图 10-2　哈咯得·丹尼斯·泰勒（H. Dennis Taylor）设计的三片式文稿及其肖像

3．仿真分析

在此例中以 Zemax 自带的库克三片式例子作为初始结构阐述优化设计的过程。文件路径为 Zemax/Samples/Sequential/Objectives/Cooke 40 degree field。打开设计文件后可以看到初始结构及像差分析，如图 10-3 所示。可以看到现在的结构 EFFL 为 50mm，全视场角为 40°，F/#为 5。这些参数可以在 Zemax 界面最下面的边框或在 Merit Function Editor 对话框中设置。例如，查看有效焦距，可以添加操作符 EFFL，软件会在 Value 中自动算出来当前的数值，如图 10-4 所示。

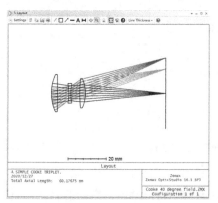 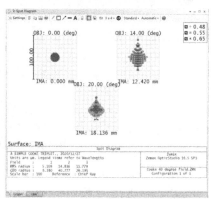

图 10-3　Zemax 自带库克三片式透镜的 Cross-Section 光路结构图、点列图、Ray Fan 图和 MTF 曲线

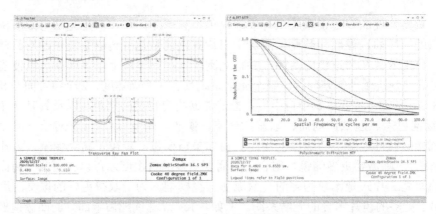

图 10-3　Zemax 自带库克三片式透镜的 Cross-Section 光路结构图、点列图、Ray Fan 图和 MTF 曲线（续）

图 10-4　Zemax 界面边框和评价函数 EFFL 数值

　　因为 Zemax 自带例子被改动参数且保存了之后就无法恢复原来的结构，所以可以先复制这个设计文件再打开。按设计目标，首先将 Clear Semi-Dia 列数据后缀 U 全部改成 Automatic，第 6 面的 Radius 后缀 M 改为变量 V。同时，在 System Explorer 对话框中 Aperture 选项下面的 Aperture Type 下拉列表中选择 Image Space F/#，并设置 Aperture Value 为 2.8，Field 2 和 Field 3 的半视场角分别改为 10°和 15°。

　　对光学系统进行整体缩放至目标焦距 10mm。Zemax 提供了两种方法。第一种方法是在工具栏中的 Setup 选项下，单击 Scale Lens 图标，如图 10-5 所示，弹出 Scale Lens 对话框，如图 10-6 所示。在 Scale Lens 对话框中可以对光学系统的焦距进行缩放，单击 Scale By Factor 单选按钮，并在文本框中输入 0.2。与焦距相关的结构参数、镜片曲率半径和镜片间距也会随之改变，但是系统参数视场角、F/#均不会变。

图 10-5　Scale Lens 图标

图 10-6　Scale Lens 对话框

　　第二种方法是在 Lens Data 编辑器中单击如图 10-7 所示的按钮，弹出 Make Focal Length 对话框，在 Focal Length 文本框中输入 10，达到缩放至 10mm 焦距的目的。此时可以看到 Zemax 界面下边框上 EFFL 显示为 10。

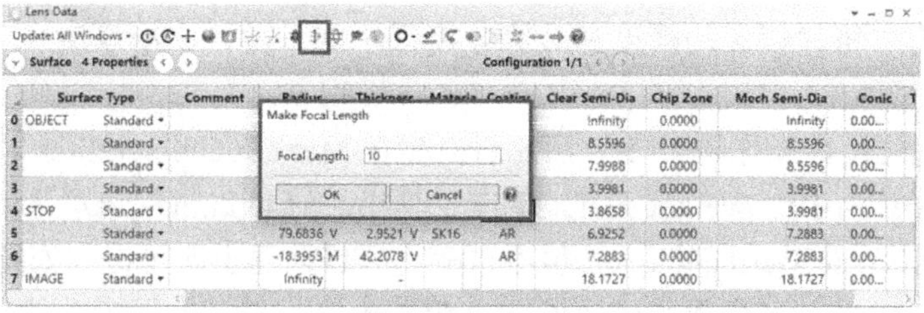

图 10-7 Make Focal Length 对话框

下一步根据设计要求重新设置视场角等参数。先将第 6 面 Radius 的后缀 M 改为可变量，即显示 V。在 System Explorer 对话框中 Aperture 选项下面的 Aperture Type 下拉列表中选择 Image Space F/#，设置 Aperture Value 为 2.8；Fields 选项的 Filed 3 中 Y 为 15。为了方便设计，Clear Semi-Dia 列原来后缀为 U，这里全部改成 Automatic，这样没有后缀字母显示。

观察修改后的光学系统与光路结构图和像差发生了变化，如图 10-8 所示。

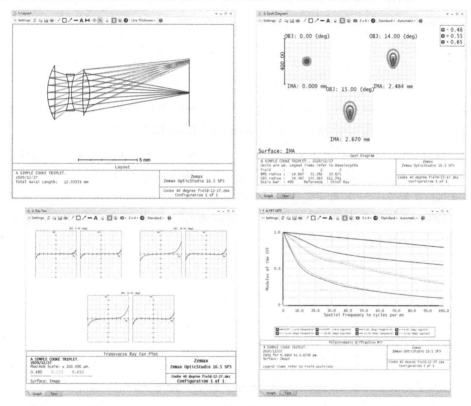

图 10-8 调整焦距后的 Cross-Section 光路结构图、点列图、Ray Fan 图和 MTF 曲线

缩放至所需要的目标设计参数后，接下来需要对初始结构进行像差优化。在工具栏中的 Optimize 选项下单击 Merit Function Editor 图标，弹出 Merit Function Editor 对话框，单击对话框左上角 Wizard and Operands 按钮，弹出 Optimization Wizard 对话框，设置 Image Quality 为 Spot，并在 Boundary Values 中勾选 Glass（镜片）复选框，设置 Min 为 0.2，Max 为 1.5，Edge Thickness 为 0.2。该设置表示玻璃镜片最小中心厚度为 0.2mm，最大中心厚度为 1.5mm，边缘最小厚度为 0.2mm。单击 Apply 按钮，此时，在 Merit Function Editor 对话框中可以看到，软件自动产生了对应的操作符 MNCG、MXCG 和 MNEG。设置玻璃厚度边界条件是因为基于玻

璃制造加工的考虑。每片镜片的厚度和边缘厚度都不能太薄，中心厚度也应适当，否则会影响质量的分布与均衡。

设置完默认优化函数操作符 DMFS 后，进一步在 Merit Function Editor 对话框中添加 EFFL 操作符，其中 Target 为 10，Weight 为 1。单击工具栏中的 Optimize 选项下的 Optimize!图标，进行优化，直至 Current Merit Function 值不再变小，自动退出即可得到如图 10-9 所示的光路结构图和点列图。可以看到像面光斑比此前有明显改善，玻璃的厚度和边缘厚度都达到了加工制造的要求。

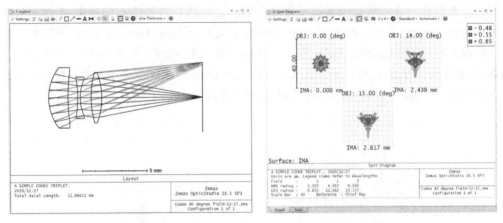

图 10-9　优化后的 Cross-Section 光路结构图和点列图

但是，从点列图仍能看出有较大的色差存在，弥散斑的大小和各波长的点列图重合得不太好。一般此时的球差称为色球差。在第 3 视场中有典型的带有慧差的弥散斑。这些像差的存在限制了 MTF 的进一步提高。在工具栏中的 Analyze 选项下单击 MTF 图标，计算 MTF。图 10-10 中 MTF 曲线和优化前相比也得到了极大改善，如 100lp/mm 的 MTF 值从 0.1 提高到了 0.2 以上，但仍未满足设计目标。

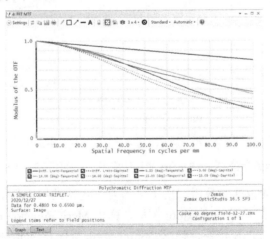

图 10-10　优化后的 MTF 曲线

如果要继续优化，则单击 Optimize! 图标，弹出 Local Optimization 对话框，在 Cycles 下拉列表中选择 Inf. Cycle，如图 10-11 所示。该选择表示如果没有人为选择退出，即使 Current Merit Function 值已经不再减小，则软件也会无限次循环下去。在这里执行该操作时，发现

Current Merit Function 值很快就不再收敛，这说明此时的光学结构已经达到局部的最佳值。

Local Optimization
Algorithm: Damped Least Squares
# of Cores: 4
Targets: 145
Cycles: Inf. Cycle
Variables: 12
Status: Idle
Initial Merit Function: 0.001213244
Execution Time: 7.391 sec
Current Merit Function: 0.001213170
Auto Update
Start
Stop
Exit
Save
Load
Reset

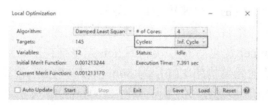

图 10-11　Inf.Cycle 无限次循环设置

通过对像质评价与分析，不难发现此系统色差比较大，而色差的校正与玻璃的阿贝系数（Abbe Vd）有关。一般正光焦度镜片需要相对比较大的阿贝系数，并且与阿贝系数较小的负光焦度镜片组合可以优化色差。在这个例子中再借助 Hammer Optimization 工具。前文已经介绍了 Zemax 优化方法的相关知识，这里进一步介绍三种常用的优化方法。

1）Local Optimization

Local Optimization 优化方法需要较好的初始结构，也是局部优化的起点。在这一起点依据软件设置的优化函数驱使评价函数值最小。这种方法极度依赖初始结构，是在初始结构中进行优化寻找最优点的。

2）Global Optimization

Global Optimization 是全域搜索，使用多个起点同时优化的算法，寻找现有镜片数量组合中最优的、能使评价函数最低的结构参数。

3）Hammer Optimization

Hammer Optimization 是锤子优化，也属于全局优化的类型。它会跳出局部最小值而去全局中寻找更好的优化结果。锤子优化可以按照有经验的设计师的设计处理方法处理系统结果。它的缺点是比较耗时间，当在设计过程中短时无法找到好的结果时，可以适当提高运行时间。

锤子优化还有一个比较实用的功能，即把玻璃后缀参数 Solve Type 设置为 Substitute，后缀显示为 S。这样锤子优化可以寻找替代玻璃，替代的玻璃在 Zemax 现有玻璃库中搜寻。

在本例中设置第 1 片玻璃与第 3 片玻璃为正光焦度镜片。为减少玻璃种类，对于第 3 片玻璃利用 Pick up（后缀变为 P）功能保持第 1 片玻璃材料与第 3 片玻璃材料一致。再对第 1 片玻璃和第 2 片玻璃选择 Substitute。在工具栏中的 Optimize 选项下单击 Hammer Current 图标，发现之前难以下降的 Current Merit Function 值很快下降，当其不再下降时，退出优化，可以看到 Lens Data 编辑器中第 1 面和第 5 面玻璃材料自动换成了 N-LASF44，第 3 面玻璃材料换成了 SF6G05，如图 10-12 所示。

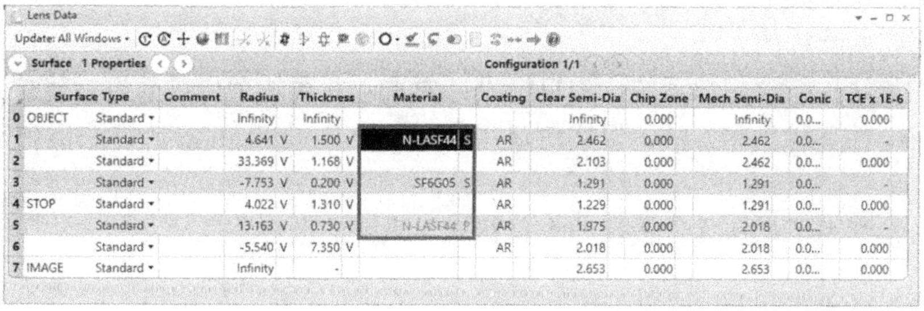

Lens Data
Update: All Windows
Surface 1 Properties
Configuration 1/1
Surface Type | Comment | Radius | Thickness | Material | Coating | Clear Semi-Dia | Chip Zone | Mech Semi-Dia | Conic | TCE x 1E-6
0 OBJECT Standard | Infinity | Infinity | | | Infinity | 0.000 | Infinity | 0.0... | 0.000
1 Standard | 4.641 V | 1.500 V | N-LASF44 S | AR | 2.462 | 0.000 | 2.462 | 0.0... | -
2 Standard | 33.369 V | 1.168 V | | AR | 2.103 | 0.000 | 2.462 | 0.0... | 0.000
3 Standard | -7.753 V | 0.200 V | SF6G05 S | AR | 1.291 | 0.000 | 1.291 | 0.0... | -
4 STOP Standard | 4.022 V | 1.310 V | | AR | 1.229 | 0.000 | 1.291 | 0.0... | 0.000
5 Standard | 13.163 V | 0.730 V | N-LASF44 P | AR | 1.975 | 0.000 | 2.018 | 0.0... | -
6 Standard | -5.540 V | 7.350 V | | AR | 2.018 | 0.000 | 2.018 | 0.0... | 0.000
7 IMAGE Standard | Infinity | - | | | 2.653 | 0.000 | 2.653 | 0.0... | 0.000

图 10-12　玻璃类型自身做了优化选择

这里需要注意的是，在替换玻璃材料时也一定要观察替换得到的玻璃材料在价格和制造工艺上是否匹配设计要求；否则，需要重新优化寻找，有时也会依据经验手动替换。

再看像质评价又上了一个台阶，其 MTF 已经满足设计要求。

图 10-13 所示为 Hammer 优化后的 Cross-Section 光路结构图、点列图、Ray Fan 图和 MTF 曲线。至此，该系统已从初始结构的 EFFL 为 50mm、*F*/# 为 5、视场角为 40° 的系统变为满足 EFFL 为 10mm、*F*/# 为 2.8、视场角 30° 并且 MTF@100mm/lp 大于 0.4 要求的系统。再看点列图的弥散斑最大 RMS 半径在 2.0μm 左右。另外，对于 Zemax 的相同初始结构，每次优化可能结果不同，但是差别不会很大。

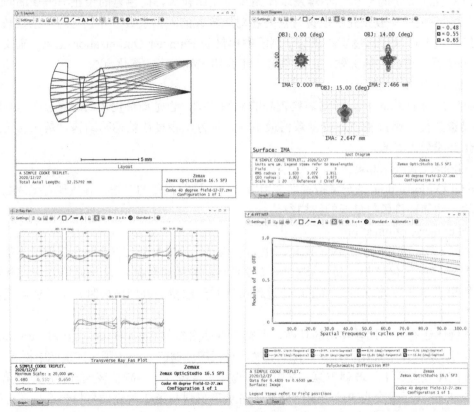

图 10-13　Hammer 优化后的 Cross-Section 光路结构图、点列图、Ray Fan 图和 MTF 曲线

4．本例总结

本例从如何选择初始结构开始，介绍了如何优化设计一个三片式成像系统，并达到良好的像质，主要知识点如下。

（1）选择初始结构的方法。

（2）从初始结构缩放光学系统达到目标设计要求，并添加评价函数进行优化。

（3）Zemax 的三种优化方法。以实例运用 Hammer Optimization 的方法得到了良好的优化结果。

（4）系统地学习了如何优化设计一个目标光学系统的全过程。

10.2　苹果手机镜头剖析

1. 背景概述

2012 年 1 月，始创于 1880 年的世界上最大的影像产品公司——美国柯达公司及其美国子公司提出了破产保护申请。这意味着拍照的"胶卷时代"落下帷幕，从此进入数码相机时代。昔日影像王国的辉煌也似乎随着胶卷的失宠而不复存在。电视屏幕上让大众记忆深刻的柯达温馨广告也随之成为记忆。

数码相机是集光学、机械、电子为一体化的产品。成像元件由胶片替换成电荷耦合器件（CCD）或者互补金属氧化物半导体（CMOS）。2009 年，CCD 的发明人美国科学家威拉德·S·博伊尔（Willard S. Boyle）和乔治·E·史密斯（George E. Smith）与低损耗光纤的功臣华裔科学家高锟共同获得了诺贝尔物理学奖。而具有戏剧性的是第一台数码相机最早是在 1975 年由柯达制造出来的。图 10-14 所示为被誉为数码相机之父的塞尚和他发明的第一台数码相机。此后的二十多年柯达与尼康合作，并一度是数码相机最主要的生产商。但是由于技术受限制，数码相机发展非常缓慢且并不赚钱。但是到了 2000 年以后，因柯达并不具备相机整机的技术和生产能力，日本公司尼康和佳能分别推出了自己的数码相

图 10-14　被誉为数码相机之父的
塞尚和他发明的第一台数码相机

机并开始占据市场的主导地位。随后电子信息技术快速发展，计算机得到了极大的普及。而数码相机切实的便利性使其快速替代了胶片相机。

就在数码相机走向颠覆式发展时，背后的新技术也在慢慢孕育与成长。早在 2000 年，夏普推出了世界上第一款具有摄像功能的手机（J-SH04）。当时因技术限制，摄像头只有 11 万像素，更没有其他功能，如人工智能（AI）美颜、自动对焦等，所以当时销量并不理想。随后在 2003 年，夏普进一步推出了百万级像素手机（J-SH53），并在 2004 年推出了支持光学变焦的手机（V602SH）。夏普以此在手机摄像发展史上留下了第一个印记。

此后，随着苹果、华为等智能手机、移动物联网和相关电子技术的快速发展，手机摄像得到了极大的发展，并发展出了手机摄像结合数字图像处理，以及多摄像头等多种技术相结合的技术路线，摄像质量得到了大幅提高，并且在普通场合的表现并不比单反相机差。华为利用图像算法甚至推出了能清晰拍摄月球表面的手机摄像技术。尤其是因为结合了 AI 美颜等更具娱乐性的功能，且能够便捷地结合互联网，手机摄像几乎走进了每个手机用户，为其带来了新的生活体验。而多种类型的数码相机也仅仅剩下单镜头反射式（单反）数码相机被爱好者继续使用。信息时代瞬息万变，每种产品与技术形式各领风骚，然后慢慢退出历史舞台，或许也只有紧跟技术的发展和满足市场需求才能维持生存。而未来，又会有什么摄像技术形式颠覆手机摄像呢？

到目前为止，任何相机的形式都需要光学系统。本节从苹果手机镜头的三个专利着手分析苹果手机镜头结构、像质，同时以专利作为初始结构进行优化，并进行一些设计理念的说明。

这里值得说明一点，对于初学者，模仿专利等文献中光学系统的初始结构是学习光学设计非常重要的环节。大量地学习别人设计的结构，积累丰富经验，这对提升初学者的光学设计能力有非常大的帮助，慢慢地模仿多了自己也就会设计了。所以本例以重复和分析苹果公

司申请的手机镜头专利来学习相关设计。

2. 仿真分析

1）苹果专利一（US 10,274,700 B2）2015 年 11 月 12 日申请

（1）初始结构仿真。

专利一中 TABLE 7A 与 7B 镜片参数如图 10-15 所示。其中 FLT 为平面，ASP 为非球面，INF 为无穷大，Plastic 为塑料，f_i 为焦距，IR filter 为红外滤波器。此外，该光学系统主要性能参数如下：有效焦距 f=4.10mm，相对孔径 Fno（F/#）＝1.80，半视场角 HFOV=37.0°，透镜组总体长度 TTL（Total Length）＝5.40mm。

TABLE 7A 中给出了各个面的曲率半径 R_i、各面间隔参数 D_i、镜片材料参数 N_d 和 V_d，以及每片镜片的焦距值 f_i。

TABLE 7B 中给出了各个面的曲率 c（曲率半径 R_i=1/c）、Conic 系数 K，以及非球面系数 A～G 分别对应的非球面 4～10 次项系数。

TABLE 7A

Optical data for embodiment 7 (Example-D) plots shown in FIGS. 17-18
f = 4.10 mm, Fno.=1.80, HFOV = 37.0 deg, TTL = 5.40 mm

S_i	Component		R_i	Shape	D_i	Material	N_d	V_d	f_i
0	Object plane		INF	FLT	INF				
1			INF	FLT	0.3700				
2	Aperture stop		INF	FLT	−0.3700				
3			INF	FLT	0.0000				
4	L_1	R_1	1.932	ASP	0.7605	Plastic	1.545	55.9	3.35
5		R_2	−30.408	ASP	0.0490				
6	L_2	R_3	8.873	ASP	0.2492	Plastic	1.645	22.5	−6.85
7		R_4	2.932	ASP	0.5836				
8	L_3	R_5	−10.319	ASP	0.3237	Plastic	1.645	22.5	−18.41
9		R_6	−76.014	ASP	0.2746				
10	L_4	R_7	−13.555	ASP	1.0637	Plastic	1.545	55.9	2.96
11		R_8	−1.485	ASP	0.1000				
12	L_5	R_9	1.558	ASP	0.2958	Plastic	1.545	55.9	−7.24
13		R_{10}	1.043	ASP	0.7000				
14	L_6	R_{11}	−20.945	ASP	0.3000	Plastic	1.645	22.5	−4.41
15		R_{12}	3.339	ASP	0.4501				
16	IR filter		INF	FLT	0.1500	Glass	1.563	51.3	
17			INF	FLT	0.1000				
18	Image plane		INF	FLT					

S_i: surface i

TABLE 7B

Aspheric coefficients for embodiment 7

S_i	c	K	A	B	C
4	0.51762104	−0.87743643	1.22521E−02	2.17403E−02	−3.25419E−02
5	−0.03288615	0.0	−4.27686E−02	1.18239E−01	−1.24407E−01
6	0.11269996	0.0	−1.14626E−01	1.91085E−01	−1.68703E−01
7	0.34106619	0.36111447	−1.07722E−01	1.26805E−01	−1.41484E−01
8	−0.09690530	0.0	−1.80596E−01	3.67533E−03	−3.43464E−02
9	−0.01315542	0.0	−1.46967E−01	1.26670E−02	1.98179E−02
10	−0.07377471	0.0	−8.28368E−03	−4.11375E−02	5.56183E−02
11	−0.67343381	−0.97356423	4.24073E−02	−2.62873E−02	1.52715E−02
12	0.64172858	−0.95767362	−1.95094E−01	5.45121E−02	−9.32631E−03
13	0.95867882	−2.60522549	−9.69612E−02	2.89940E−02	−6.14882E−03
14	−0.04774353	0.0	−5.44799E−02	1.54203E−02	−1.67241E−03
15	0.29946494	−0.41226988	−1.00604E−01	2.25254E−02	−2.36481E−03

TABLE 7B-continued

TABLE 7B-continued

Aspheric coefficients for embodiment 7

S_i	D	E	F	G
4	2.71999E−02	−9.58905E−03		
5	5.33917E−02	−9.37818E−03		
6	5.53293E−02	4.62964E−03	−4.12831E−03	
7	7.69070E−02	−2.32784E−02	−9.33235E−04	
8	1.43114E−02	−1.15152E−02	7.83577E−03	
9	−1.46197E−02	9.39449E−03	−5.52287E−04	
10	−2.61061E−02	5.44545E−03	−3.57671E−04	−2.25798E−05
11	−3.62970E−03	4.06063E−04	−1.19223E−05	−2.93637E−06
12	5.18131E−04	3.35516E−05	−2.63323E−06	
13	5.78054E−04	−2.62765E−06	−2.94279E−06	
14	5.05543E−05			
15	9.69128E−05	−7.18883E−07		

图 10-15　专利一中 TABLE 7A 与 7B 镜片参数

可以发现该专利中给出的数据保留了小数点后面最多有 8 位，而在 Zemax 中默认的小数点后面只有 3 位。为此可以做一些设置，单击工具栏中的 Setup 选项下的 Project Preferences 图标，如图 10-16 所示，弹出 Project Preferences 对话框，单击 Editors 选项，在 Decimals 下拉列表中选择 8，如图 10-17 所示。

图 10-16　Project Preferences 图标

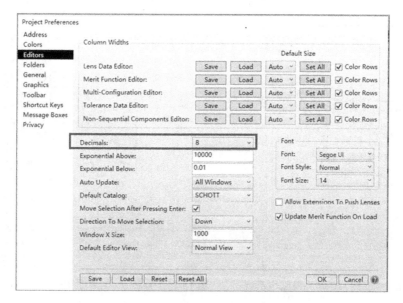

图 10-17　小数点后面显示位数设置

　　这里以该专利为例再说明下手机镜头的一般特征和设计的理念。手机镜头一般属于大孔径大视场的大像差光学系统，专利中的 $F/\#$ 为 1.8 是手机镜头在 2016 年比较普遍的大相对孔径，全视场达到了 74°。从手机镜头加工装调的方便性考虑，光阑一般放在第一个面。但是这样使得整个光学结构失去了对称性，系统会有很大的像散、慧差和畸变等这些需要对称系统才容易校正的像差，而高次非球面是改良这种系统的良好办法。从该专利的光路中可以看出，该类镜头的设计理念是把从光瞳入射的各个视场光线随着入射镜片的增加而逐渐独立的，然后分开入射在后面镜片的不同的、独立的位置，利用非球面的"自由弯曲"特性，就可以分别校正不同视场的光路像差。因此非球面是优化手机镜头非常有效的手段。非球面一般是塑料镜片，它是通过模具注塑成型、批量生产的，所以其工艺成本会非常低。虽然塑料的光学均匀性、物化性能目前与玻璃材料还有差距，但非球面玻璃镜片由于工艺加工，目前的成本相对于塑料较高。手机镜头的设计还是多采用塑料镜片，这也使得很多塑料镜片材料厂商一直执着于开发新光学塑料，希望有朝一日其性能可以与玻璃镜片相当。

　　图 10-18 所示为专利一中光路系统与光路结构示意图。它是把上述结构参数输入 Lens Data 编辑器中后得到的光学系统与光路结构图。此外，在 System Explorer 对话框中 Aperture 选项下 Aperture Type 下拉列表中选择 Image Space F/#，设置 Aperture Value 为 1.8；在 Fields 选项中设置 5 个视场角，Y 值分别为 0、8、17、27 和 37，Weight 都为 1；在 Wavelengths 选项中选择 F、d、C 光。图 10-19 中显示透镜组总长度为 5.40020mm。此外，查看 Zemax 界面边框左下角，EFFL 为 4.10252。这与前文性能要求基本吻合。

　　图 10-19 所示为专利一中结构的 Cross-Section 光路结构图。像面上散乱的光线可以看出成像质量非常差，确认多遍参数后，没有发现输入错误。经过反复确认并仔细观察该专利的示意图与 Zemax 仿真出来的结构图，终于发现第一片镜片的面型有明显差异。笔者怀疑是该专利上某个参数有误，但无法判断具体是哪一个。另外这里值得注意的是，有时候专利上的镜头数据由于某些原因可能不会那么准确，这就需要我们分析设计者的设计思路和在此基础上自己进行优化。

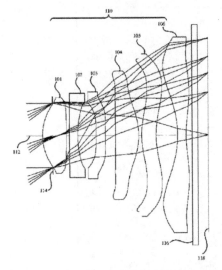

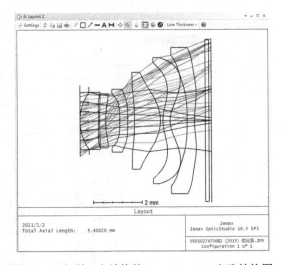

图 10-18　专利一中光路系统与光路结构示意图　　图 10-19　专利一中结构的 Cross-Section 光路结构图

将第一片玻璃的某些关键结构参数设置为变量。具体有第 3 面的 Radius、Thickness 和非球面参数中 Conic、4th Order Term、6th Order Term、8th Order Term、10th Order Term、12th Order Term；第 4 面的 Radius、Thickness 和非球面参数中 4th Order Term、6th Order Term、8th Order Term、10th Order Term、12th Order Term。另外，将第 16 面的 Thickness 也改成变量。其他镜片保持不变。

（2）优化与像质评价分析。

单击工具栏中的 Optimize 选项下的 Merit Function Editor 图标，弹出 Merit Function Editor 对话框，单击对话框左上角 Wizards and Operands 按钮，再单击 Optimization Wizard 选项，在 Image Quality 下拉列表中选择 Spot。此外，对于此类多镜片的大孔径大视场系统，Rings 和 Arms 设置数目越多，追迹计算的光线就越多，结果也就越精确，但是计算时间也就越长。有些情况会出现光线追迹到某个面上超出该面边缘而报错，这里 Rings 设置为 2，Arms 设置为 6。在 Boundary Values 选区中，勾选 Glass（镜片）复选框，设置 Min 为 0，Max 为 2，Edge Thickness 为 0。该设置表示镜片中心厚度为 0～2，边缘大于 0。勾选 Air（镜片间隔）复选框，设置 Min 为 0，Max 为 1.5，Edge Thickness 为 0。该设置表示空气层中心厚度为 0～1.5，边缘大于 0。图 10-20 所示为 Optimization Wizard 界面参数设置。

图 10-20　Optimization Wizard 界面参数设置

该专利对系统的畸变要求比较高，因此需要畸变的操作符（DISG）在优化中进行限制。

图 10-21 所示为评价函数中设置的操作符。DISG 优化系统的畸变值。ABSO 是运算操作符，对 DISG 的畸变值取绝对值。OPLT 也是运算操作符，限制需要优化的值不超过设置的 Target 值。此时 DISG、ABSO、OPLT 作为一组操作符对系统的畸变进行联合限制优化。

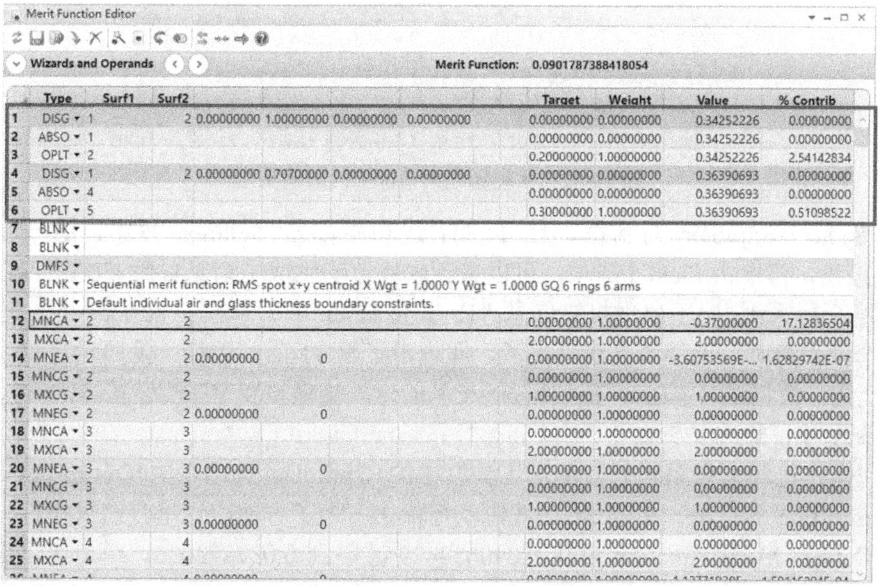

图 10-21　评价函数中设置的操作符

这里需要着重说明下，下述第 1～3 操作符是用 DISG、ABSO 与 OPLT 这个组合来控制系统畸变值的。可以看到 DISG 是计算在归一化视场 Hy=1 和 Hy=0.707 时（视场角为 37°×1 和 37°×0.707）的畸变值。根据图 10-21 查看初始结构时，DISG 计算值为 0.34252226。ABSO 是对第 1 操作符（DISG）取绝对值，所以其数值为 0.34252226。可以看到第 1、2 操作符权重都设置为 0，这说明这两个操作符只计算数值但不参与优化运算。而第 3 操作符 OPLT 也是运算操作符，其对第 2 操作符进行取值，所以该值也为 0.34252226。但是这里权重设置为 1，表明 OPLT 参与优化运算。Target 值为 0.2，表示要达到 DISG 畸变值小于 0.2 的目的。通过 OPLT 来控制 DISG 的好处是，对畸变的要求设置了小于 0.2 的范围，而不是一个确定的值。因为一般情况下整个系统的优化操作符非常多，多种像差之间相互关联。一种像差的彻底消除可能会造成另一种像差极大，所以设计者需要权衡各像差的分布，综合得到一个多种像差都能接受的水平。因此不方便把一个像差值设置成一个定值或者消除某个像差。

此外，这里进一步添加 DMFS 操作符。注意添加后需要在图 10-20 的 Optimization Wizard 界面中单击 Apply 按钮，这样软件在 DMFS 操作符下面自动生成一系列操作符。可以看到控制 Glass 和 Air 厚度的操作符 MNCG、MXCG、MNEG、MNCA、MXCA、MNEA 也添加在里面。

但是软件弹出报错对话框，如图 10-22 所示，"Error in target 635.TIR at surface 8"，这是在追迹光线时大视场的光线因入射角过大等问题导致的。对于大视场的光线仿真，有时也会因为出现追迹的光线在某个面超出边缘等问题而报错。解决这个问题需要设置渐晕，把质量不好的那部分光线挡住。Zcmax 中渐晕的设计已经在 4.4 节中进行了详细介绍。在展开下文设计前，读者可以先回顾相关内容。

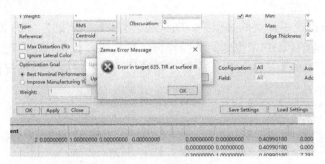

图 10-22　大视场光束情况下的报错信息

打开 System Explorer 对话框，在 Fields 选项中单击 Settings 按钮，进一步单击 Set Vignetting 按钮，再单击 Field 5 选项，可以看到软件自动生成了渐晕参数 VDY、VCX 和 VCY 的值。但是在该渐晕情况下出现报错信息"Error in target 477. Missed surface11"。这说明在计算第 447 个操作符时，追迹的光线丢失了，即超出了第 11 面的边缘，需要设置更大的渐晕来过滤部分光线。根据式（4-10），需要增加 VCY 的值。这里设置 VDY 为-0.25，VCY 为 0.25，即线渐晕系数为 1-VCY=75%。

设置完操作符和渐晕系数后，单击工具栏中的 Optimize 选项下的 Optimize!图标，弹出 Local Optimization 对话框，单击 Start 按钮执行优化。为了方便，这里我们只执行一次优化。可以看到 Current Merit Function 值从 0.090054429 减小到 0.037872035。退出优化后软件生成了 Cross-Section 光路结构图、点列图、场曲与畸变曲线和 MTF 曲线，如图 10-23 所示。

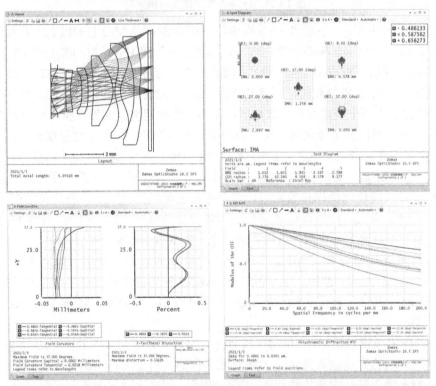

图 10-23　优化后的 Cross-Section 光路结构图、点列图、场曲与畸变曲线和 MTF 曲线

需要注意的是，优化要求设计者具有丰富经验。一般情况下，设计者会在执行优化的过程中，实时观察 Current Merit Function 值、镜片结构和对应的像差性能的变化。如果没有达到

设计预期要求或者结构参数、像差等反而远离设计要求，设计者可以使用“F3”快捷键撤销优化结果，重新设置操作符或者重新设置变量再执行优化。可以人为设置参数结合软件自动优化反复进行，逐步逼近所需要的设计目标。在此例子中，完成以上设置后，单击 Optmize!图标优化一次就得到了较好的效果。读者也可以根据以上思路自己尝试优化过程。

接下来分析该镜头的成像质量。像高 3.1mm@37deg HFOV，畸变小于 0.35%，场曲小于 0.03mm。计算 MTF 曲线，除了 37°HFOV 弧矢光束为 0.21@200lp/mm，其他视场的 MTF 值都大于 0.37。一般摄像镜头的 MTF 在 150lp/mm 满视场大于 0.3 就已经很不错了。Zemax 界面左下角边框显示 EFFL 为 4.06952。

总体来说，这么大的光圈和视场，像质良好。这款镜头是苹果在 2015 年 11 月提交，并在 2016 年发布的专利。用在当时的苹果手机上，成像质量已经可以满足使用要求。如果需要得到更好的性能指标，那么读者需要设置更多的变量，并进行反复优化。

2）苹果专利二（US 2017/0299845 A1）2016 年 4 月 15 日申请

（1）初始结构仿真。

苹果对摄像头的开发不会止步，它在 2016 年 4 月申请，并在 2017 年公布新一代镜头专利 US 2017/0299845 A1，其镜片参数如图 10-24 所示，有效焦距 *f* 为 4mm，相对孔径 Fno（*F/#*）为 1.8，半视场角 HFOV 为 38°（图中参数的含义可参考上述专利一的解释，但此例中的非球面系数用 A4～A20 表示，即非球面第 4 项～第 20 项）。

TABLE 1

Lens system 110
Fno = 1.8, HFOV = 38 deg

Element	Surface (S#)	Radius (mm)	Thickness or separation (mm)	Refractive Index N_d	Abbe Number V_d
Object	0	Inf	Inf		
	1	Inf	0.2967		
Apc. Stop	2	Inf	-0.2967		
Lens 1	*3	2.2001	0.5857	1.545	56.0
	*4	7.8533	0.3165		
Lens 2	*5	3.9452	0.2540	1.640	23.5
	*6	1.8392	0.1433		
Lens 3	*7	3.7628	0.6553	1.545	56.0
	*8	-9.1748	0.3100		
Lens 4	*9	-4.8096	0.5241	1.545	56.0
	*10	9.2340	0.1000		
Lens 5	*11	1.4328	0.5271	1.545	56.0
	*12	4.9841	0.4706		
Lens 6	*13	1.7349	0.4500	1.545	56.0
	*14	1.0513	0.3034		
Filter	15	Inf	0.2100	1.517	64.2
	16	Inf	0.6000		
Sensor	17	Inf	0.0000		

*Annotates aspheric surfaces (aspheric coefficient given in Tables 2A-2C)

TABLE 2A

ASPHERIC COEFFICIENTS (Lens System 110)

	Surface (S#)			
	S3	S4	S5	S6
K	0	0	0	0
A4	1.94742E-03	-3.06430E-02	-2.34868E-01	-2.42440E-01
A6	3.01649E-03	3.08167E-02	1.52848E-01	1.79201E-01
A8	7.79493E-03	-1.92082E-02	-5.71983E-02	-1.26144E-01
A10	-1.61730E-02	-2.31225E-03	-2.28201E-02	6.61102E-02
A12	1.51498E-02	1.13409E-02	3.23800E-02	-2.65255E-02
A14	-5.33754E-03	-7.34768E-03	-1.47561E-02	4.54964E-03
A16	0.00000E+00	0.00000E+00	0.00000E+00	0.00000E+00
A18	0.00000E+00	0.00000E+00	0.00000E+00	0.00000E+00
A20	0.00000E+00	0.00000E+00	0.00000E+00	0.00000E+00

TABLE 2B

ASPHERIC COEFFICIENTS (Lens System 110)

	Surface (S#)			
	S7	S8	S9	S10
K	0	0	0	0
A4	-6.40257E-03	-1.13243E-02	-6.24328E-02	-3.55800E-01
A6	-7.56965E-03	2.65339E-02	1.07479E-01	2.75575E-01
A8	-2.69463E-02	-4.56762E-02	-1.29872E-01	-1.54492E-01
A10	3.07352E-02	2.14388E-02	9.49171E-02	5.96377E-02
A12	-2.02858E-02	-8.08709E-03	-3.91544E-02	-1.43857E-02
A14	4.61602E-03	1.67454E-03	8.33900E-03	4.49095E-03
A16	0.00000E+00	0.00000E+00	-2.96682E-04	-1.59437E-03
A18	0.00000E+00	0.00000E+00	-1.64410E-04	2.27097E-04
A20	0.00000E+00	0.00000E+00	0.00000E+00	0.00000E+00

TABLE 2C

ASPHERIC COEFFICIENTS (Lens System 110)

	Surface (S#)			
	S11	S12	S13	S14
K	-1	0	-1	-1
A4	-1.33939E-01	1.76831E-01	-3.35772E-01	-4.10700E-01
A6	6.65563E-02	-1.48911E-01	9.43709E-02	2.52834E-01
A8	-4.72003E-02	2.53123E-02	5.16187E-02	-1.22801E-01
A10	-5.72527E-03	1.70834E-02	-7.01966E-02	4.26734E-02
A12	2.25401E-02	-1.15030E-02	3.50377E-02	-1.02969E-02
A14	-1.11988E-02	3.00751E-03	-9.52759E-03	1.69864E-03
A16	2.26626E-03	-3.78263E-04	1.47430E-03	-1.83493E-04
A18	-1.64895E-04	1.87296E-05	-1.21780E-04	1.16681E-05
A20	0.00000E+00	1.19759E-08	4.16141E-06	-3.29217E-07

图 10-24　专利二中光路结构参数

在 System Explorer 对话框中 Aperture 选项下面的 Aperture Type 下拉列表中选择 Image

Space F/#，并设置 Aperture Value 为 1.8。在 Fields 选项中设置 5 个视场角，Y 值分别为 0、9、19、28 和 38，Weight 都为 1，在 Wavelengths 选项中选择 F、d、C 三种波长的光。

在本例中，专利上面用到了球面的 18 和 20 次项的系数，如图 10-24 所示的 TABLE 2C 中 A18 和 A20 行，也可以在图 10-25 中看到每个非球面镜片形状示意图。但是在 Lens Data 编辑器中 Even Asphere 的最高非球面次项只有 16 次项，因此会用到扩展非球面的这个面型。在具体设置时，在 Lens Data 编辑器中，Surface Type 选择 Extended Asphere，在 Maximum Term# 中输入 20（因为用到了 10 个非球面系数），Norm Radius 设置为 1。

在 Zemax 中输入专利上的面型参数，但确认多遍后，仍然大失所望。在如图 10-26 所示的光路结构图中，各片镜片形状非常类似看不出差别，但是成像质量并没有达到专利的效果，需要进行优化。

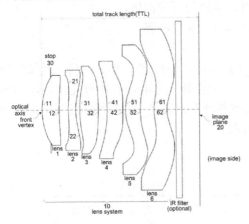

图 10-25　专利二中光路系统结构示意图　　　图 10-26　专利二中结构的 Cross-Section 光路结构图

（2）优化与像质评价分析。

首先设置以下参数为变量：第 2～7 面的 4th Order Term、6th Order Term、8th Order Term、10th Order Term、12th Order Term、14th Order Term；第 8～13 面的 Coeff.on P^4、Coeff.on P^6、Coeff.on P^8、Coeff.on P^10、Coeff.on P^12、Coeff.on P^14、Coeff.on P^16、Coeff.on P^18、Coeff.on P^20；第 15 面的 Thickness。然后以专利中的数据为初始结构开始对该镜头进行优化。优化的理念是在保持镜片的形状不变的同时，控制好各类像差、畸变、场曲、MTF 等。

在 Optimization Wizard 界面中设置 Image Quality 为 Spot，Rings 为 3，Arms 为 6，用于光线追迹计算。为了使镜片厚度在一个合理范围，这里设置 Glass 中心最小厚度为 0.1，最大厚度为 2；设置 Air（镜片间隔）中心最小距离为 0，最大距离为 2。

优化过程中用到的操作符，DISG 为控制系统的畸变，FCGT 为控制系统场曲，ASTI 为控制系统的像散。通过这些操作符，并执行优化操作寻找最优解。这里像差优化的依据是，当前初始结构的畸变、场曲和像散为主要像差，所以作为主要优化对象。如果这些像差得到比较好的校正，就可以得到性能较好的光学系统结构。因此，操作符的设置如图 10-27 所示。其中，操作符 DIFF 是运算操作符，其对两个操作符的数值做减法。例如，本例中 FCGT 是子午方向的场曲，FCGS 是弧矢方向的场曲。想要控制这两者之间差值时，可以用 DIFF。这里操作符的设置思路和专利一相同，像差如 DISG、FCGS、FCGT 和 ASTI，都是通过运算操作符 DIFF、ABSO、OPLT 给具体的像差值设定一个范围后参与优化的。

还要添加默认的评价函数操作符 DMFS，在 Optimization Wizard 界面中，单击 Apply 按钮，软件自动产生一系列操作符。另外，因为第 1 面是光阑，从第 2 面开始是镜片，所以 Glass 和 Air 的厚度操作符需要从第 2 面开始计算。需要把 Merit Function Editor 对话框中第 1 面约束厚度的相关操作符删除，最后得到如图 10-27 所示的操作符。

	Type	Field	Wave	Hx	Hy	Px	Py		Target	Weight	Value	% Contrib
1	DISG ▾	1		2	0.00000000	1.00000000	0.00000000	0.00000000	0.00000000	0.00000000	2.45830779	0.00000000
2	ABSO ▾	1							0.00000000	0.00000000	2.45830779	0.00000000
3	OPLT ▾	2							1.50000000	1.00000000	2.45830779	98.09185218
4	DISG ▾	1		2	0.00000000	0.50000000	0.00000000	0.00000000	0.00000000	0.00000000	1.62074150	0.00000000
5	OPLT ▾	4							1.50000000	1.00000000	1.62074150	1.55716996
6	FCGT ▾		1	0.00000000	0.92000000				0.00000000	0.00000000	0.03802801	0.00000000
7	ABSO ▾	6							0.00000000	0.00000000	0.03802801	0.00000000
8	OPLT ▾	7							1.00000000E-02	1.00000000	0.03802801	0.08390881
9	ABSO ▾	6							0.00000000	0.00000000	0.03802801	0.00000000
10	OPLT ▾	9							1.00000000E-02	1.00000000	0.03802801	0.08390881
11	FCGS ▾		1	0.00000000	0.85000000				0.00000000	0.00000000	-0.01123233	0.00000000
12	DIFF ▾	6	11						0.00000000	0.00000000	0.04926034	0.00000000
13	ABSO ▾	12							0.00000000	0.00000000	0.04926034	0.00000000
14	OPLT ▾	13							1.00000000E-02	1.00000000	0.04926034	0.16463837
15	ASTI ▾	0	2						0.00000000	0.00000000	-51.29129701	0.00000000
16	ABSO ▾	15							0.00000000	0.00000000	51.29129701	0.00000000
17	OPLT ▾	16							20.00000000	0.00000000	51.29129701	0.00000000
18	DMFS ▾											
19	BLNK ▾	Sequential merit function: RMS spot x+y centroid X Wgt = 1.0000 Y Wgt = 1.0000 GQ 3 rings 6 arms										
20	BLNK ▾	Default individual air and glass thickness boundary constraints.										
21	MNCA ▾	2	2						0.00000000	1.00000000	0.00000000	0.00000000
22	MXCA ▾	2	2						2.00000000	1.00000000	2.00000000	0.00000000
23	MNEA ▾	2	2	0.00000000		0			0.00000000	1.00000000	0.00000000	0.00000000
24	MNCG ▾	2	2						0.10000000	1.00000000	0.10000000	0.00000000
25	MXCG ▾	2	2						2.00000000	1.00000000	2.00000000	0.00000000
26	MNEG ▾	2	2	0.00000000		0			0.00000000	1.00000000	0.00000000	0.00000000
27	MNCA ▾	3	3						0.00000000	1.00000000	0.00000000	0.00000000
28	MXCA ▾	3	3						2.00000000	1.00000000	2.00000000	0.00000000

图 10-27　操作符的设置

设置完以上操作符后，单击 Optimize！图标执行优化，Current Merit Function 值从 0.099124356 快速减小。此时为了更精细地优化，中途也可以停止运算。这里选择在 0.000555688 停止优化，读者也可以选择其他数值。再追加 Rings 和 Arms 都为 12，在 Optimization Wizard 界面中，单击 Apply 按钮，生成新的 DMFS 操作符，然后进行较多的光线追迹计算，Current Merit Function 值会继续变小。在软件停止优化后查看优化后的性能结果，如图 10-28 所示。

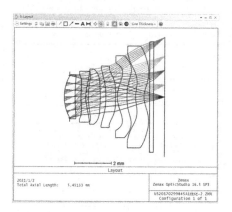
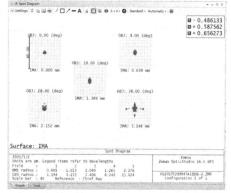

图 10-28　优化后的 Cross-Section 光路结构图、点列图、场曲与畸变曲线和 MTF 曲线

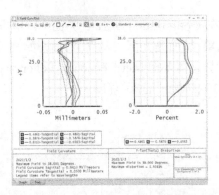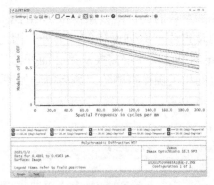

图 10-28　优化后的 Cross-Section 光路结构图、点列图、场曲与畸变曲线和 MTF 曲线（续）

从图 10-28 与专利中的成像质量可以看出，这次苹果发布的专利与专利一比较如下：焦距、镜片结构、透镜组的总长度（Total Length，TTL）基本一致，只是全视场增加了 2°。MTF 有一定的提升，200lp/mm 可以达到 0.4。畸变和场曲稍有增大，但各片镜片相对容易加工，厚度相对之前没有厚薄不一的现象。

3）苹果专利三（US 2018/0364457 A1）2018 年 5 月 15 日申请

（1）初始结构仿真。

随后苹果在 2018 年 5 月申请，12 月公布一款专利：US 2018/0364457 A1，具体结构参数如图 10-29 所示。该镜头的有效焦距 f=4.966mm，相对孔径 Fno（F/#）进一步减小为 1.7，全视场角 FFOV 增加到 76.7°，其采用了 7 片非球面。

TABLE 1A

(Lens system 110)
Lens system 110
Fno = 1.7, FFOV = 76.7 deg

Element	Surface #	Radius (mm)	Thickness or separation (mm)	Refractive Index N_d	Abbe Number V_d
Object	0	Inf	Inf		
Stop	1	Inf	-0.445		
L1	*2	2.304	0.783	1.545	56.0
	*3	88.900	0.040		
L2	*4	3.841	0.230	1.608	26.9
(ape)	*5	2.195	0.466		
L3	*6	18.743	0.231	1.671	19.5
	*7	8.509	0.238		
L4	*8	16.112	0.608	1.545	56.0
(ape)	*9	-4.953	0.404		
L5	*10	-1.217	0.370	1.608	26.9
	*11	-1.845	0.040		
L6	*12	1.562	0.498	1.545	56.0
	*13	3.300	0.243		
L7	*14	-4.722	0.380	1.509	56.5
	*15	6.051	0.300		
IRCF	16	Inf	0.210	1.517	64.2
	17	Inf	0.448		
Sensor	18	0	0		

*Annotates aspheric surfaces (aspheric coefficients given in Tables 1B-1E)

TABLE 1B

Aspheric Coefficients (Lens System 110)

	Surface (S#)			
	S2	S3	S4	S5
K	-3.05320E-01	5.81709E+01	-5.91105E+00	-5.82023E+00
A4	6.03196E-04	-4.25193E-02	-1.00340E-01	-1.86991E-02
A6	6.34230E-03	6.59107E-02	1.19187E-01	3.47875E-02
A8	-9.72174E-03	-5.91249E-02	-9.27288E-02	-3.37461E-02
A10	6.11484E-03	2.82565E-02	5.10058E-02	2.50671E-02
A12	-2.26515E-03	-7.21506E-03	-1.59579E-02	-1.12741E-02
A14	2.21091E-04	7.15565E-04	2.43034E-03	2.02348E-03
A16	0.00000E+00	0.00000E+00	0.00000E+00	0.00000E+00
A18	0.00000E+00	0.00000E+00	0.00000E+00	0.00000E+00
A20	0.00000E+00	0.00000E+00	0.00000E+00	0.00000E+00

TABLE 1C

Aspheric Coefficients (Lens System 110)

	Surface (S#)			
	S6	S7	S8	S9
K	-9.90000E+01	-6.73585E+01	-3.42785E+01	-8.83380E-01
A4	-4.31764E-02	-3.39999E-02	-5.79503E-02	-5.18251E-02
A6	2.02107E-02	2.82806E-02	5.21786E-02	3.59111E-02
A8	-7.78648E-03	-6.25213E-02	-6.55491E-02	-5.04804E-02
A10	7.66115E-03	5.70290E-02	5.21580E-02	4.32790E-02
A12	-3.84784E-03	-2.33303E-02	-1.86763E-02	-1.50636E-02
A14	7.77245E-03	3.93678E-03	2.41644E-03	1.81523E-03
A16	0.00000E+00	0.00000E+00	0.00000E+00	0.00000E+00
A18	0.00000E+00	0.00000E+00	0.00000E+00	0.00000E+00
A20	0.00000E+00	0.00000E+00	0.00000E+00	0.00000E+00

TABLE 1D

Aspheric Coefficients (Lens System 110)

	Surface (S#)			
	S10	S11	S12	S13
K	-5.26250E+00	-8.26180E-01	-7.07080E+00	-6.65914E+00
A4	-2.09645E-02	4.59461E-02	2.55357E-02	2.76443E-02
A6	-3.17745E-02	-6.11074E-02	-3.47440E-02	-3.96580E-02
A8	2.74893E-02	5.30175E-02	1.40896E-02	1.6625E-02
A10	3.91643E-03	-2.35045E-02	-3.25680E-03	-3.96122E-03
A12	-7.61082E-03	6.028088-03	3.70484E-04	5.50000E-04
A14	2.07046E-03	-8.14689E-04	-1.55394E-05	-4.11444E-05
A16	-1.84476E-04	4.37640E-05	-2.74692E-08	1.27412E-06
A18	0.00000E+00	0.00000E+00	0.00000E+00	0.00000E+00
A20	0.00000E+00	0.00000E+00	0.00000E+00	0.00000E+00

图 10-29　专利三中光路结构参数

TABLE 1E

Aspheric Coefficients (Lens System 116)

	Surface (S#)	
	S14	S15
K	−1.25036E+01	2.04150E−01
A4	−7.53149E−02	−6.62641E−02
A6	7.20264E−03	9.96535E−03
A8	4.36238E−03	7.56385E−04
A10	−1.24385E−03	−4.48416E−04
A12	1.39735E−04	5.79979E−05
A14	−7.44489E−06	−3.22535E−06
A16	1.54848E−07	6.69547E−08
A18	0.00000E+00	0.00000E+00
A20	0.00000E+00	0.00000E+00

图 10-29　专利三中光路结构参数（续）

　　根据图 10-29 中的结构参数输入镜片参数。在 System Explorer 对话框中的 Aperture 选项下面 Aperture Type 下拉列表中选择 Image Space F/#，设置 Aperture Value 为 1.7。在 Fields 选项中设置 5 个视场角，Y 值分别为 0、10、20、28 和 38.35，Weight 都为 1。在 Wavelengths 选项中选择 F、d、C 三种波长的光。

　　图 10-30 所示为专利三中光路系统结构示意图，专利三中结构的 Cross-Section 光路结构图如图 10-31 所示。轴上光线成像质量良好，但最大半视场角（38.35°）下的成像质量比较差，所以优化大视场角成像特性是关键。

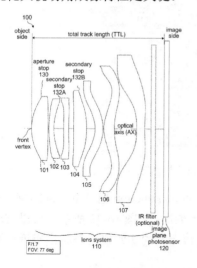

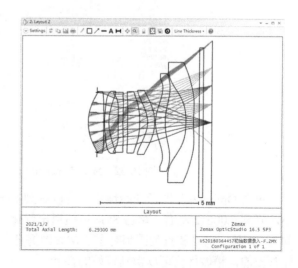

图 10-30　专利三中光路系统结构示意图　　　　图 10-31　专利三中结构的 Cross-Section 光路结构图

（2）优化与像质评价分析。

　　继续以专利中给出的参数作为初始结构进行优化。设置各片镜片空气间距及非球面系数为变量，镜片厚度因符合工艺要求先不设置为变量，曲率半径也暂不设置为变量以方便观察非球面系数的优化效果。另外，从初始结构可以看到第 2 片和第 3 片镜片边缘已经交叠，所以这里也需要设置镜片和镜片间隔的厚度约束。

　　因为在大视场角情况下成像质量较差，所以引入一定的渐晕，挡住部分质量不好的光束以提高成像质量。

　　首先设置渐晕系数。在 System Explorer 对话框中，单击 Fields 选项，设置 Y=38.35，可以看到 VDX、VDY、VCX、VCY 等渐晕相关参数。单击 Settings 下拉菜单，进一步单击 Set Vignetting 按钮，可以看到 VDY 为−0.00922038，VCX 为 0.00001049，VCY 为 0.00922200，

这些值是在目前初始结构时对应的渐晕参数。为了改善大视场角情况下的成像质量，可以增加渐晕系数，设置 VDY 为-0.155，VCY 为 0.155，VCX 为 0.008。根据式（4-10），此时线渐晕系数为 1-VCY=84.5%。Zemax 会根据这几个参数拟合出通光孔径，并追迹光线。

设置第 3、5、7、9、11、13、15、17 面的 Thickness 为变量。设置第 2～13 面的 Conic 为变量。设置第 2～15 面的 4th Order Term、6th Order Term、8th Order Term、10th Order Term、12th Order Term、14th Order Term、16th Order Term 非零值为变量。

在 Optimization Wizard 界面中建立以 Image Quality 为 Spot 评价标准的 Merit Function 函数，设置 Rings 为 10，Arms 为 12；勾选 Glass 复选框，在 Min 文本框中输入 0，在 Max 文本框中输入 1，在 Edge Thickness 文本框中输入 0；勾选 Air 复选框，在 Min 文本框中输入 0，在 Max 文本框中输入 2，在 Edge Thickness 文本框中输入 0。该设置可以防止镜片厚度及间距优化成负数的风险。进一步添加默认的评价函数 DMFS。在 Optimization Wizard 界面中单击 Apply 按钮，软件自动生成的操作符如图 10-32 所示，其中第 1 面厚度约束操作符已经被删除。

Merit Function Editor

Wizards and Operands　　Merit Function: 0.0150216415915803

	Type								
1	DMFS								
2	BLNK	Sequential merit function: RMS spot x+y centroid X Wgt = 1.0000 Y Wgt = 1.0000 GQ 10 rings 12 arms							
3	BLNK	Default individual air and glass thickness boundary constraints.							
4	MNCA	2	2			0.00000000	1.00000000	0.00000000	0.00000000
5	MXCA	2	2			2.00000000	1.00000000	2.00000000	0.00000000
6	MNEA	2	2	0.00000000	0	0.00000000	1.00000000	0.00000000	0.00000000
7	MNCG	2	2			0.00000000	1.00000000	0.00000000	0.00000000
8	MXCG	2	2			1.00000000	1.00000000	1.00000000	0.00000000
9	MNEG	2	2	0.00000000	0	0.00000000	1.00000000	0.00000000	0.00000000
10	MNCA	3	3			0.00000000	1.00000000	0.00000000	0.00000000
11	MXCA	3	3			2.00000000	1.00000000	2.00000000	0.00000000
12	MNEA	3	3	0.00000000	0	0.00000000	1.00000000	0.00000000	0.00000000
13	MNCG	3	3			0.00000000	1.00000000	0.00000000	0.00000000
14	MXCG	3	3			1.00000000	1.00000000	1.00000000	0.00000000
15	MNEG	3	3	0.00000000	0	0.00000000	1.00000000	0.00000000	0.00000000
16	MNCA	4	4			0.00000000	1.00000000	0.00000000	0.00000000
17	MXCA	4	4			2.00000000	1.00000000	2.00000000	0.00000000
18	MNEA	4	4	0.00000000	0	0.00000000	1.00000000	0.00000000	0.00000000
19	MNCG	4	4			0.00000000	1.00000000	0.00000000	0.00000000
20	MXCG	4	4			1.00000000	1.00000000	1.00000000	0.00000000
21	MNEG	4	4	0.00000000	0	0.00000000	1.00000000	0.00000000	0.00000000
22	MNCA	5	5			0.00000000	1.00000000	0.00000000	0.00000000
23	MXCA	5	5			2.00000000	1.00000000	2.00000000	0.00000000

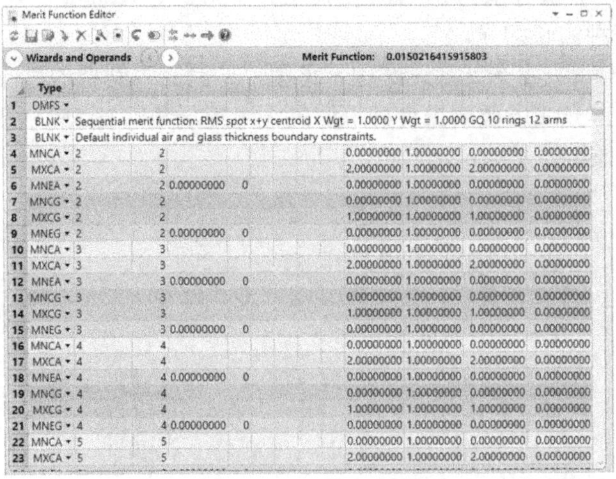

图 10-32　Merit Function Editor 对话框中操作符的设置

单击 Optimize！图标开始优化，可以看到 Current Merit Function 值从 0.015021642 快速减小，降到 0.00012 左右，单击 Stop 按钮退出优化，查看效果，如图 10-33 所示，可以发现此时的 MTF 值、畸变和点列图都有了非常大的提升。可见该专利的初始值还是相当接近专利中性能参数的，稍做优化可以得到较好的性能。

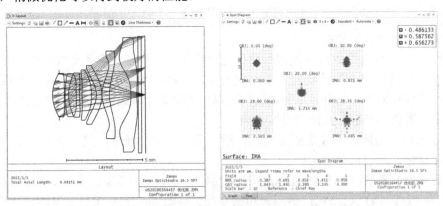

图 10-33　优化后的 Cross-Section 光路结构图、点列图、场曲与畸变曲线和 MTF 曲线

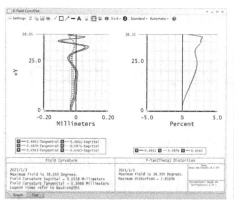
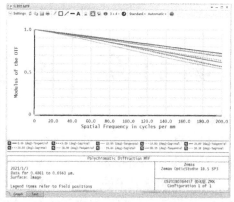

图 10-33　优化后的 Cross-Section 光路结构图、点列图、场曲与畸变曲线和 MTF 曲线（续）

如果读者有兴趣，可以继续按照专利一和专利二中所讲的优化思路，继续优化。例如，继续添加其他像差操作符，但在优化过程中需要考虑实际的非球面加工安装工艺水平。

对于这一版本苹果发布的专利，可以看到苹果为了使光圈更大、视场更大而做了很大的努力，并且不惜增加成本，把非球面镜片增加到 7 片。虽然在成像质量方面牺牲了一些畸变，但 MTF 却有不错的表现，其 200lp/mm 的 MTF 值可以达到 0.5 以上，满足摄像更高分辨率的需求。

3．本例总结

对苹果手机镜头的专利进行了一些基本的分析研究，高次非球面镜是手机镜头中能帮助其满足性能指标的最有效办法。从市场上主流手机镜头的发展和设计角度来看，可以看到以下几个手机镜头设计技术趋势。

（1）随着手机朝着超薄的方向发展，降低手机镜头的厚度一直是技术前行的方向。厂商们力求用最少的非球面镜片达到最佳的效果。

（2）随着 Imager Sensor 工艺的发展，其使用的芯片像素一直不断升级，从开始的 16M 逐渐进化到 108M、206M，发展迅速。这也使得手机镜头对分辨率的要求越来越高，并且像素尺寸的变小会使对镜头光圈的要求越来越大，以便提高光的利用率和成像的清晰度。

（3）手机厂商为了增加用户体验，力求让手机镜头能够拍得更远，视野更广。这样除了要求手机镜头的相对孔径不断变大，还需要不断扩大其视场。

（4）手机朝着多摄像头的方向发展。这对镜头设计提出了更高的要求，如可以实现光学变焦功能，构建三维立体数据用来进行人脸识别，搭载 AR/VR 技术等。

第 11 章　超构透镜光学设计

1. 背景概述

超构材料（Metamaterials）是一种由人工构造的微结构单元所组成的新型材料。与传统的透镜、棱镜等体块光学元件通过光程积累来调控光的工作原理不同，超构材料通过微结构构建特定的介电常数和磁导率的分布来调控入射光场，以实现各种物理特性和现象，甚至可以实现自然材料所无法实现的反常物理现象（如负折射、光学隐身等）。然而由于三维结构加工上的困难，以及光在三维结构中传播不可忽略的损耗，阻碍了三维超构材料走向实际应用。2011 年，哈佛大学的 Capasso 教授团队提出了利用薄层微结构单元局域地调控电磁波振幅、相位及偏振的光学设计，称为超构表面（Metasurface）。超构表面避免了三维超构材料内部的传播损耗问题，且加工更加简单，引起了人们的广泛关注，被认为有希望在一定程度上取代传统的体块光学元件，制备出超薄超轻的新型光学器件，如图 11-1 所示。

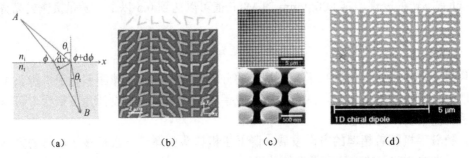

| (a) | (b) | (c) | (d) |

图 11-1　广义折射定律及各种形状的超构表面微结构

超构表面可以在两种介质界面处引入额外相位调制，产生相位突变，经过超构表面调制的光如何传播由广义折射定律确定：

$$\begin{cases} \sin(\theta_r) - \sin(\theta_i) = \dfrac{\lambda_0}{2\pi n_i}\dfrac{d\phi}{dx} \\[2mm] \sin(\theta_t)n_t - \sin(\theta_i)n_i = \dfrac{\lambda_0}{2\pi}\dfrac{d\phi}{dx} \end{cases} \tag{11-1}$$

式中，θ_i、θ_r、θ_t 分别是入射角、反射角和透射角；n_t 和 n_i 分别是界面两侧的介质折射率；λ_0 是工作波长；$d\phi/dx$ 是超构表面引入的相位梯度。根据广义折射定律可以通过设计超构表面引入合适的相位梯度，将入射光反射或折射到任意的方向。超构表面调制光场的原理主要有三种，分别是共振型超构表面、几何相位型超构表面及传播相位型超构表面。共振型超构表面依赖单元结构的形状和几何参数调节共振实现相位、振幅的调制，一般工作带宽较窄，并且共振波长对结构参数敏感，加工精度也有很高的要求。几何相位型超构表面通过调整具有相同几何结构参数的各向异性散射单元的方向来实现相位的调控。研究人员发现，当圆偏振光入射到偶极子天线时，部分散射波转换成相反手性的圆偏振光，其相位变化仅由偶极子的方位决定。几何相位型超构表面相位调制机理不依赖于波长，因此一般工作带宽较宽，但是由于基于圆偏振设计，需要增加额外的起偏、检偏光学元件，对光源利用率较低。此外，高深宽比纳米柱单元结构中的导波模式具有高光学效率，受到人们的关注。由于不同尺寸的纳米柱具有不同的等效传输常数，从而产生不同的相位延迟，因此通过改变纳米柱的直径可以实现传播相位的调控。传播相位型超构表面可具有较高的能量透过率。近年来也有研究人员通过结合不同调制原理，提出了联合调控型超构表面，实现了如消色差超构透镜振幅、相位和偏振等同时调制的复杂功能超构表面，如图 11-2 所示。

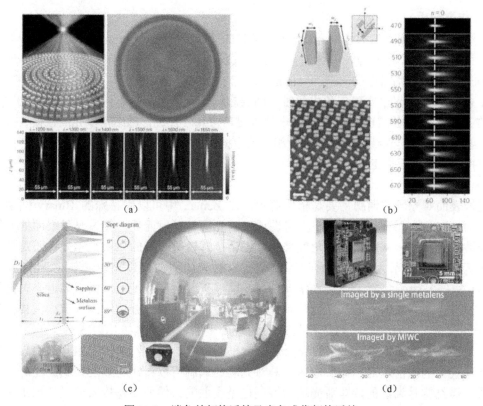

图 11-2 消色差超构透镜及广角成像超构透镜

在超构表面的诸多应用中，超构透镜是最引人关注的方向。相较于传统的体块透镜，超构透镜有两个巨大的优势：一是超薄超轻和平面结构的特性，有利于超构透镜用于集成化和紧凑的设备中；二是超构透镜具有灵活丰富的波前、偏振和频谱的调制能力。2016 年，哈佛大学的 Capasso 教授团队提出了一种基于 TiO$_2$ 材料的介质超构透镜，其某些成像性能可以和成熟的商用镜头相比拟。这让人们看到了超构光学元件在一定程度上取代传统光学元件的可能性，该工作也被评为了当年 *Science* 的十大科学突破。在近几年，对于超构透镜的研发成为人们关注的热点，研究人员通过各种方式尝试提高超构透镜的性能，包括成像效率、工作带宽和成像视场等。由于超构透镜的衍射光学特性，在没有特殊设计的情况下，超构透镜具有明显的色差，这极大限制了超构透镜在彩色成像和彩色显示方面的应用。为了解决这一问题，研究人员通过算法优化的手段，实现了离散波长的消色差超构透镜和连续波段的消色差超构透镜。2018 年，南京大学的李涛团队和台湾的蔡定平教授团队合作，他们巧妙地将几何相位和共振相位相结合，用几何相位实现透镜的基本相位，用共振相位作为色差的补偿，先后实现了红外波段和可见光波段的连续宽带消色差超构透镜。成像视角是成像系统另一个重要的指标。由于受到离轴像差的限制，传统的广角成像是通过复杂的镜头组优化实现的。近年来，人们也尝试了基于超构透镜的广角成像功能的实现，提出了包括单层二次相位超构透镜、双层超构透镜、光阑与二次相位集成的多种方案。尤其是 2022 年南京大学的李涛团队研发出了一种基于超构透镜阵列的平面广角相机，仅用亚微米厚的单层超构透镜阵列就实现了超过 120°视角高质量的广角成像功能，充分发挥了超构透镜超轻超薄的优势。本例将演示双层超构透镜实现广角成像的功能。

2. 仿真分析

本例是美国加州理工大学 Arbabi 等人发表的论文"Nature Communications"中的案例复现，仿真的参数与文中一致，具体包括：工作波长为 850nm、透镜焦距为 500μm、透镜直径为 400μm，两层超构表面的间隔为 1mm，透镜对 60°视角范围进行广角成像。本例首先通过 Zemax 的优化功能得出实现广角成像时，两层超构表面应当满足怎样的相位分布。然后利用如 CST、Lumerical FDTD Solutions 等全波电磁场仿真软件进行微结构单元的建模、参数扫描及相位响应仿真，建立结构参数与对应相位的数据库。最终结合 Zemax 优化相位和结构参数数据库指导超构表面加工。

1）Zemax 优化

超构表面对光场的调制主要是相位调制，在 Zemax 中可以用特殊的 Binary 面型来表示超构表面。Binary 面型作用类似于全息图或衍射光栅等衍射元件，穿过光学表面的微结构会改变光波前的相位。从电磁波的角度来看，无论是透镜等传统的体块光学元件还是超构表面等衍射元件，其调节入射光的原理都是改变入射光的波前。以单个透镜对光聚焦为例，如图 11-3（a）所示，对于体块光学元件，平面波正入射到透镜上，由于靠近光轴的区域光波传播过程中玻璃材料较厚，光程较长，所以相位滞后；而透镜边缘的区域光波传播过程中玻璃材料较薄，光程较短，所以相位超前。最后平面波通过透镜出射为会聚的波面，即聚焦。而如图 11-3（b）所示，超构表面是通过平面上微结构与入射光的相互作用直接将出射光调制为会聚的波前。对于体块透镜，其对光场的调制可以看作连续的调制。而对于超构表面来说，微结构是离散的，即对光场的调制也是离散的。然而在超构表面设计加工中，微结构单元的周期会设置小于波长。一方面，足够量的离散结构，其相位调制作用可以看作和连续的调制相当，如图 11-4 所示；另一方面，由光栅衍射公式可知，周期小于波长可以避免高阶衍射项的存在。

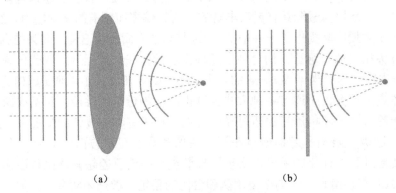

（a）　　　　　　　　　　　　（b）

图 11-3　波前调制示意图

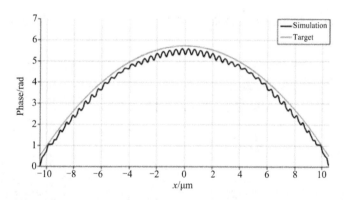

图 11-4　连续相位与离散相位对比

但 Zemax 不直接对波长级凹槽进行建模，相反 Zemax 使用由表面局部表示的相位提前或延迟来改变光线的传播方向。Binary 面型的厚度可以为零，整个表面的折射率没有变化，并且仿真时会忽略其他（如衍射效率和高阶衍射）的影响。因此该面型非常适用于来模拟超构表面对光线的作用。Binary 面型的参数包括形状项和相位项两部分，其中形状项的参数我们都默认设置为 0，该情况下 Binary 面型为平面，其对光线的调制完全由相位项决定。相位项由关于位置坐标(x, y)的幂级数多项式表示。Binary 面型有多种类型，为了实现任意的相位分布，一般仿真可以使用 Binary 1 或 Binary 2 面型的相位项或两种面型的组合实现。其中 Binary 1 面型的相位项表达式为

$$\phi = M \sum_{i=1}^{N} A_i E_i(x, y) \tag{11-2}$$

式中，N 为多项式的项数；M 为衍射级次（一般设置为1）；A_i 是多项式的系数；E_i 是关于 x 和 y 的幂级数。对应于图 11-5，从第 1 列开始依次往后分别是 $x^1y^0, x^0y^1, x^2y^0, x^1y^1\cdots$

X1Y0	X0Y1	X2Y0	X1Y1	X0Y2	X3Y0	X2Y1
0.000	0.000	0.000	0.000	0.000	0.000	0.000

图 11-5　Binary 1 面型相位多项式中各项

Binary 2 面型的相位项表达式为

$$\phi = M \sum_{i=1}^{N} A_i \rho^{2i} \tag{11-3}$$

式中，M 为衍射级次（一般设置为1），A_i 是多项式的系数，多项式每一项为径向距离 ρ 的偶次幂级数（$\rho = \sqrt{x^2 + y^2}$）。通过 Zemax 的优化功能对 Binary 1 和 Binary 2 面型的多项式的系数 A_i 进行优化，以得出满足要求的相位项表达式。在本例中，由于成像器件是轴对称的，因此只需使用 Binary 2 面型即可。基本参数设定如图 11-6 所示。

首先，在 System Explorer 对话框中设定超构表面孔径（第一层超构表面孔径为 400μm）、工作波长（0.85μm）和入射光角度等基本参数。其中入射光角度是设置 Fields，默认的类型为 Angle，由于面型是轴对称的，因此只需要设置一个方向的多个角度分布进行分析优化即可。如图 11-6 所示，设置了 0°、10°、20°、30°四个入射光角度。然后，对整个成像系统进行建模，包括物面、第一层超构表面、第二层超构表面、像面。在 Lens Data Editor 编辑器中设置两层超构表面的间距为 1mm，第二层超构表面与像面距离为 0.5mm，即整体的焦距。两层超

构表面加工在石英衬底（SILICA）的两面，如图 11-7 所示。注意，这里第 1 面和第 2 面的 Surf:Type 为 Binary 2。

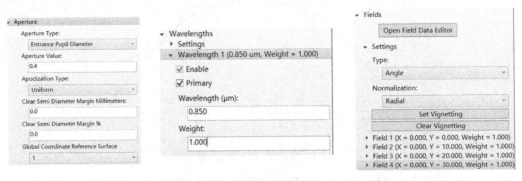

图 11-6　基本参数设定

	Surf:Type	Comment	Radius	Thickness	Material
0	OBJECT Standard ▾		Infinity	Infinity	
1	STOP Binary 2 ▾		Infinity	1.000	SILICA
2	Binary 2 ▾		Infinity	0.500	
3	IMAGE Standard ▾		Infinity	-	

图 11-7　成像模型各面及间距设定

当两层超构表面未优化时，不产生任何相位调制，经过的光仍为平行光出射，如图 11-8 所示。接下来对超构表面进行设置，两层超构表面的最大项数（Maximum Term）均设置为 5，此时最大项为 ρ 的 10 次幂，已足够精确。Norm Radius 均设置为 1，五项多项式的系数均设置为变量，用于后续优化，如图 11-9 所示。

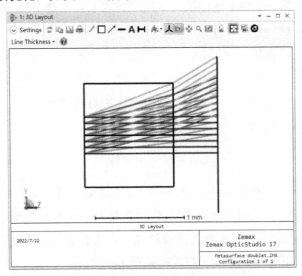

图 11-8　超构表面未优化时的光线分布

	Surf:Type	...er Term	Maximum Term #	Norm Radius	Coeff. on p^2	Coeff. on p^4	Coeff. on p^6	Coeff. on p^8	Coeff. on p^10
0	OBJECT Standard ▾								
1	STOP Binary 2 ▾	0.000	5	1.000	0.000 V	0.000 V	0.000 V	0.000 V	0.000 V
2	Binary 2 ▾	0.000	5	1.000	0.000 V	0.000 V	0.000 V	0.000 V	0.000 V

图 11-9　Binary 2 面型参数设定

接下来进行优化设置，在 Merit Function Editor 对话框中将优化目标 Criteria 设为 Spot Radius，即优化目标为聚焦光斑尺寸最小，如图 11-10 所示，单击 OK 按钮。随后单击 Start 按钮对参数进行优化，如图 11-11 所示。由图 11-11 可见，优化后 Current Merit Function 的值比初始值降低了多个数量级。

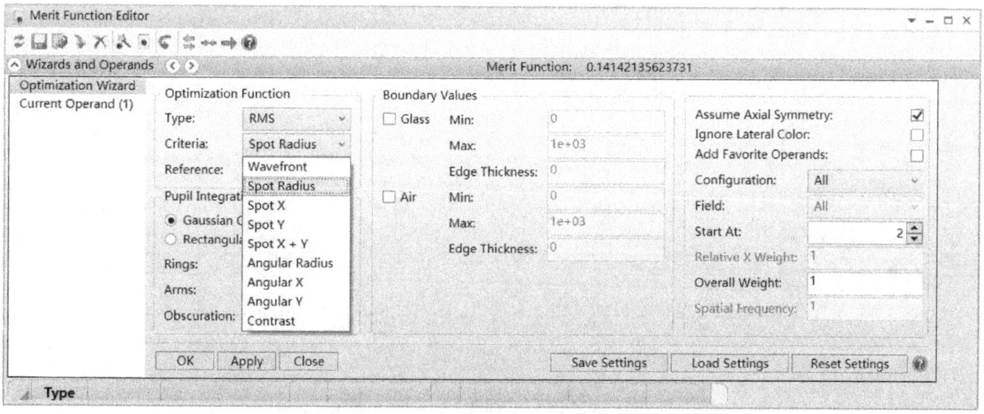

图 11-10　优化目标设定

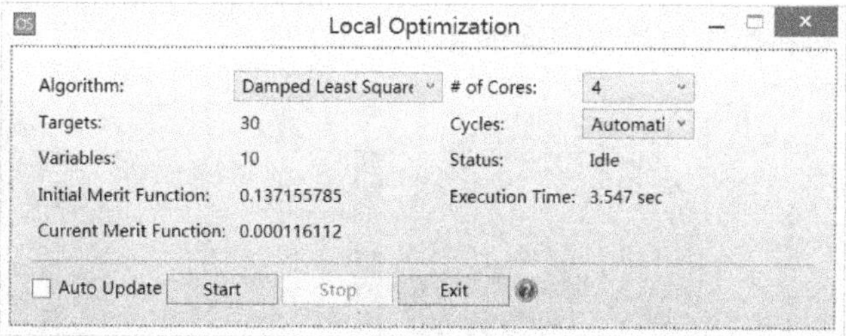

图 11-11　参数优化

查看优化后的超构表面对光线传播的调制，发现各角度的入射光都在成像面聚焦，如图 11-12 所示。查看聚焦光斑质量，发现聚焦光斑绝大多数能量都处于艾里斑范围内，如图 11-13 所示。

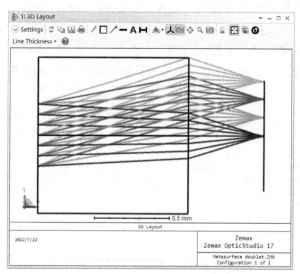

图 11-12　优化后的超构表面对光线调制效果

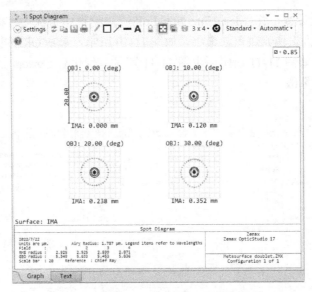

图 11-13　优化后的各角度平行光聚焦光斑

选择 Surface→Phase 命令，可以查看两层超构表面的相位。图 11-14 的中间和右边分别为优化后第一层超构表面和第二层超构表面的相位。

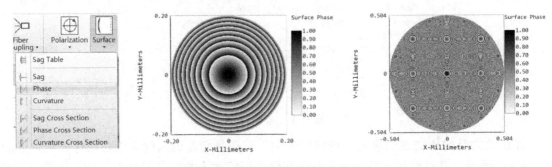

图 11-14　优化后超构表面的相位分布

最后可以对整个系统进行成像仿真，选择 Extended Scene Analysis→Image Simulation 命令，在弹出的对话框的 Input File 下拉列表中选择 Demo picture–640×480.bmp，Field Height 设置为 60，Wavelength 设置为 1，即 850μm 的工作波长，如图 11-15 所示。图 11-16 所示为模拟成像结果，可见像高设置为了 60°视角，图片的各部分均可以清晰成像。

图 11-15　成像仿真测试设置

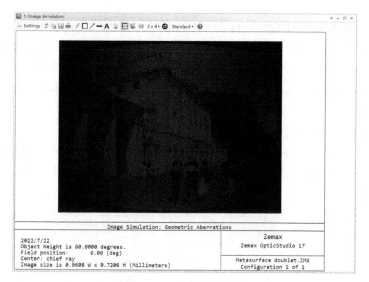

图 11-16　模拟成像结果

2）时域有限差分法（FDTD）仿真

FDTD 是电磁场计算领域的一种常用方法，由 K.S.Yee 在 1966 年提出。该方法基于麦克斯韦方程微分形式出发，通过蛙跳格式进行差分离散而得到一组时域离散迭代方程。FDTD 能模拟各种具有复杂结构形状和复杂材料特性的电磁学和光学问题。由于计算机性能的提升，FDTD 的仿真技术得到了快速发展。在微纳光学等领域，由于其几何尺度接近甚至小于波长，所以无法近似成几何光学直接采用 Zemax 等光学设计软件进行计算，这样 FDTD 等电磁波法被广泛应用于光器件的性能仿真。在本例中我们采用 Zemax 与 FDFD 法相结合的手段完成超构透镜的设计，即通过 Zemax 设计完成超构透镜的整体参数设计，再基于 FDTD 法的仿真软件 Lumerical FDTD Solutions 设计纳米结构的几何尺寸。

由 Zemax 优化得到整个超构透镜的相位分布后，可以根据相位来设计和加工超构透镜结构。我们在 Lumerical FDTD Solutions 软件中进行超构单元结构参数的仿真。对于红外波长，我们用效率较高的硅（Si）纳米柱来制备超构透镜结构。超构透镜加工在石英衬底上。我们采用超构表面传播相位调控方案，由不同结构参数的微结构来实现不同的相位调控。首先我们要建立超构单元结构参数扫描模型，如图 11-17 所示。我们将 Si 纳米柱的高设置为固定的 800nm，将纳米柱的横向尺寸设置为参数扫描的变量，仿真并查看在探测器平面上不同参数的结构所产生的相位响应。

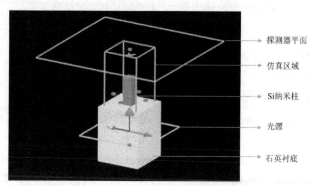

图 11-17　超构单元结构参数扫描模型

　　超构单元结构参数扫描结果如图 11-18 所示。我们在 2π 的相位范围内选取 8 阶相位分布，分别为 0、$\pi/4$、$\pi/2$、$3\pi/4$、π、$5\pi/4$、$3\pi/2$ 及 $7\pi/4$，它们分别对应的结构参数标在了"*"曲线旁，参数对应的透过率均在 90%以上。一般来说，相位阶数设置得越多，肯定调制越连续、越精确。然而考虑到微纳加工的精度，更高阶数的相位所对应的结构尺寸差异难以准确加工出（如本例取的 8 阶相位，已要求结构尺寸的最小差异在 10nm），因此一般取 8 阶相位调制已可以满足绝大多数衍射相位的调制需求。

　　按照图 11-14（中间和右边）优化得到的两个超构表面的相位分布和图 11-18 的参数扫描结果可以得到最终能满足广角成像要求的两层超构表面结构分布。图 11-19 展现了优化出的第一片超构表面的部分结构分布。

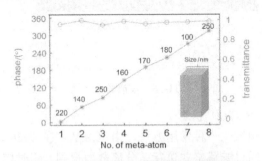

图 11-18　超构单元结构参数扫描结果

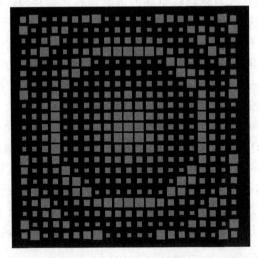

图 11-19　优化出的第一片超构表面的部分结构分布

3．本例总结

　　本例介绍了超构材料、超构透镜的概念、工作原理和应用，并介绍了如何设计一个具有大视角成像功能的超构透镜。主要知识点如下。

　　（1）超构透镜在 Zemax 中优化使用 Binary 面型模拟。

　　（2）超构透镜的相位由 Binary 面型的多项式系数优化得到。径向对称分布的相位可以用Binary2 模拟。

　　（3）优化得到相位后，需要用 CST、Lumerical FDTD Solutions 等仿真软件进行参数扫描，确定不同相位对应的单元结构参数，并根据相位和结构参数得到最终的超构透镜结构。

参考文献

[1] 林晓阳. ZEMAX 光学设计超级学习手册[M]. 北京：人民邮电出版社，2014.

[2] 赵存华. 现代光学设计[M]. 北京：化学工业出版社，2022.

[3] 张欣婷，向阳，牟达. 光学设计及 Zemax 应用[M]. 西安：西安电子科技大学出版社，2019.

[4] 黄振永，卢春莲，苏秉华，等. 基于 ZEMAX 的光学设计教程[M]. 哈尔滨：哈尔滨工程大学出版社，2018.

[5] 高志山，袁群，马骏. 现代光学设计实用方法[M]. 北京：北京理工大学出版社，2022.

[6] 袁旭沧. 现代光学设计方法[M]. 北京：北京理工大学出版社，1995.

[7] 迟泽英，陈文健. 应用光学与光学设计基础[M]. 2 版. 北京：高等教育出版社，2013.

[8] 李湘宁，贾宏志，张荣福，等. 工程光学[M]. 2 版. 北京：科学出版社，2019.

[9] 郁道银，谈恒英. 工程光学[M]. 4 版. 北京：机械工业出版社，2016.

[10] 高文琦. 光学[M]. 3 版. 南京：南京大学出版社，2013.

[11] 安连生. 应用光学[M]. 北京：北京理工大学出版社，2003.

[12] 张以谟. 应用光学[M]. 4 版. 北京：电子工业出版社，2015.

[13] 袁旭沧. 应用光学[M]. 北京：机械工业出版社，1988.

[14] 李林，黄一帆，王涌天. 现代光学设计方法[M]. 3 版. 北京：北京理工大学出版社，2018.

[15] 王之江. 光学设计理论基础[M]. 北京：科学出版社，1985.

[16] MILTON L. 光学系统设计[M]. 4 版. 周海宪，程云芳，译. 北京：机械工业出版社，2017.

[17] 王朝晖，焦斌亮，徐朝鹏. 光学系统设计教程[M]. 北京：北京邮电大学出版社，2013.

[18] 李晓彤，岑兆丰. 几何光学·像差·光学设计[M]. 杭州：浙江大学出版社，2003.

[19] 萧泽新. 工程光学设计[M]. 北京：电子工业出版社，2014.

[20] 母国光，战元龄. 光学[M]. 2 版. 北京：高等教育出版社，2009.

[21] 姚启钧. 光学教程[M]. 5 版. 北京：高等教育出版社，2015.

[22] 赵建林. 光学[M]. 北京：高等教育出版社，2006.

[23] 朱自强，王仕璠，苏显渝. 现代光学教程[M]. 成都：四川大学出版社，1990.

[24] 易明. 现代几何光学[M]. 南京：南京大学出版社，1986.

[25] 吕帆，金成鹏. 眼球光学[J]. 眼视光学杂志，2001（6）：121-122.

[26] 黄一帆，李林. 光学设计教程[M]. 北京：北京理工大学出版社，2018.

[27] 廖延彪，黎敏. 光纤光学[M]. 2 版. 北京：清华大学出版社，2013.

[28] 迟泽英. 光纤光学与光纤应用技术[M]. 2 版. 北京：电子工业出版社，2014.

[29] 石顺祥，马琳，王学恩. 物理光学与应用光学[M]. 3 版. 西安：西安电子科技大学出版社，2014.

[30] 梁铨廷. 物理光学[M]. 5 版. 北京：电子工业出版社，2018.

[31] 陈家璧，彭润玲. 激光原理及应用[M]. 4 版. 北京：电子工业出版社，2018.

[32] 匡国华. 漫谈光通信[M]. 上海：上海科学技术出版社，2018.

[33] 廖延彪. 偏振光学[M]. 北京：科学出版社，2013.

[34] 叶辉，侯昌伦. 光学材料与元件制造[M]. 杭州：浙江大学出版社，2014.

[35] 张旭苹. 全分布式光纤传感技术[M]. 北京：科学出版社，2020.

[36] 祝宁华. 光电子器件微波封装和测试[M]. 2 版. 北京：科学出版社，2021.

[37] DAVID C, DAMIEN H, CHRISTIAN P, et al. Virtual reality headset: USD750, 074[P]. 2015-2-9.

[38] ROMEO I M. CAMERA LENS SYSTEM: US 10, 274, 700 B2[P]. 2015-11-12.

[39] YAO H, YOSHIKAZU S. IMAGING LENS SYSTEM: US 2017 / 0299845 A1[P]. 2016-4-15.

[40] YAO H, YOSHIKAZU S, LIN Y L. IMAGING LENS SYSTEM：US 2018 / 0364457 A1[P]. 2018-5-15.

[41] LENNE. Lumerial FDTD 模拟超构透镜仿真教程[EB/OL]. [2022-4-11].